ACOUSTIQUE
ET
BATIMENT

Bernard GREHANT

Agrégé de Physique Appliquée

Directeur de la Recherche Groupe SOMFY

ACOUSTIQUE
ET
BATIMENT

APPLICATION AUX
PROTECTIONS SOLAIRES ET FERMETURES
MOTORISEES

Préface de Paul DREYFUS

Président du Conseil d'Administration de SOMFY International

LONDRES lavoisier TEC & DOC NEW YORK
PARIS

11, rue Lavoisier
F. 75384 Paris Cedex 08

ISBN : 2-7430-0013-9

PREFACE

Producteurs d'équipements, intégrateurs, installateurs, vendeurs, nous savons tous qu'une tendance irréversible nous conduit à mettre à la disposition d'une clientèle, très sensible sur ce point, des produits de plus en plus silencieux.

Ce combat contre les nuisances sonores fait, depuis plusieurs décennies, partie intégrante de la défense de l'environnement. Si les premiers bruits concernés furent ceux des aéroports, de la circulation, du lieu de travail, le législateur devait vite se soucier également de ceux relatifs à l'habitat, provenant des équipements collectifs ou individuels, qu'ils soient "autonomes" (aspirateur, machine à laver...) ou solidaires de la construction (ascenseur, chaudière individuelle, store ou volet motorisé...).

Et nous voyons maintenant apparaître des réglementations en ce sens, mais que nous avons dû largement anticiper, afin de satisfaire un client final devenant, à juste titre, aussi exigeant vis à vis de ces "produits du bâtiment", hier un peu lointains, qu'il l'est aujourd'hui vis à vis de son automobile.

Pour compléter de nombreux travaux antérieurs, qui ne portaient que sur ses produits, SOMFY a engagé ces deux dernières années un programme de recherches avec le Centre Scientifique et Technique du Bâtiment (CSTB) de Grenoble. Sujet : comment maîtriser au mieux les multiples sollicitations et interactions acoustiques de produits imbriqués, installés dans le Bâtiment ?

Cette recherche a bénéficié d'un soutien conjoint du Plan Construction et Architecture (Ministère du Logement) et de l'Agence de l'Environnement et de la Maîtrise de l'Energie.

Nous avons demandé à Bernard GREHANT d'en exposer les résultats, sans restriction aucune : il nous paraît important de faire profiter au plus tôt nos clients industriels et installateurs, les prescripteurs, et (une fois n'est pas coutume) ... nos confrères, de tous ces éléments qui contribueront, dans l'intérêt de tous, à rendre aussi agréables pour les oreilles qu'ils le sont pour le regard, les multiples cadres de vie conçus par nos architectes.

Paul DREYFUS

Président du Conseil d'Administration de SOMFY International

Une préoccupation qui ne date pas d'hier

Mensuel ECOLOGIE 1977

CONTRIBUTIONS

Michel VILLOT - Claude MARTIN
Ingénieurs acousticiens au CSTB de GRENOBLE

Très sensible à l'amélioration des conditions de confort dans l'habitat, le PLAN CONSTRUCTION ET ARCHITECTURE, qui relève du MINISTERE DU LOGEMENT, et l'AGENCE DE L'ENVIRONNEMENT ET DE LA MAITRISE DE L'ENERGIE, ont apporté leur aide à une partie des études décrites ici. Nous avons bénéficié de la confiance de Claire de MAZANCOURT pour mener à bien ce projet.

Sous la direction de Jacques ROLAND, l'équipe du Laboratoire d'Acoustique du CENTRE SCIENTIFIQUE ET TECHNIQUE DU BATIMENT (CSTB) de Grenoble a largement contribué à fournir la matière expérimentale et l'analyse théorique débouchant sur de nombreuses réflexions et préconisations présentées dans les deuxième et troisième parties de cet ouvrage. Michel VILLOT et Claude MARTIN méritent une mention toute particulière pour leur investissement personnel dans ces travaux, ainsi que pour s'être acquittés des tâches de relecture et d'amélioration de certaines parties du manuscrit.

On trouvera également dans un des chapitres, consacré aux motoréducteurs, la présentation de nombreux éléments issus d'une étude menée au sein du Laboratoire Vibrations & Acoustique de l'INSA de Lyon par MM. GUERIN et BOUCHARD, et supervisée par le Pr. LESUEUR.

Un large souci de connaissance et de compétence sur le comportement vibratoire et acoustique de leurs produits s'est développé chez les industriels. Nous remercions les sociétés clientes de SOMFY pour leurs diverses contributions à ces études, ou à d'autres études encore en cours, sur ce même thème.

SOMFY entend bien être une des locomotives de ce mouvement. La rédaction de ce livre doit ainsi beaucoup aux apports de Claude VISTE, de Georges CHARNAY, d'André BAUD et d'Olivier JACQUET qui, au sein de cette société, intègrent l'acoustique dans la conception, les moyens d'essais, la définition des accessoires et l'organisation des chantiers-tests.

BRUEL & KJAER, 01dB et le CIDB nous ont enfin permis d'illustrer ces pages par des photographies bienvenues, qu'ils en soient remerciés.

TABLE

INTRODUCTION

Le bruit des équipements motorisés lourds du bâtiment (ascenseurs, systèmes de ventilation et de chauffage-climatisation ...) a donné lieu depuis de nombreuses années à études, réglementations, rédaction d'ouvrages spécialisés fort complets et bien faits.

La motorisation croissante d'équipements légers permet de satisfaire de nouveaux besoins de confort, de sécurité, d'économies d'énergie par un contrôle actif de l'enveloppe du Bâtiment. Le plus souvent, cette motorisation a consisté à plaquer un actionneur électrique sur un produit traditionellement à manoeuvre manuelle, alors qu'en terme de vibrations, les comportements sont radicalement différents.

Il nous est alors apparu que les problèmes spécifiques posés par la réduction du bruit dans les équipements motorisés légers du Bâtiment méritaient d'être présentés, à travers un ouvrage, aux concepteurs des bureaux d'études industriels ou architecturaux.

Ce livre s'adresse donc avant tout à des lecteurs techniciens, mais pas nécessairement scientifiques. Il s'adresse également aux architectes et aux prescripteurs du Bâtiment, mais aussi aux installateurs curieux d'en savoir plus que ce qui sera diffusé par ailleurs sous forme de prescriptions. Il s'adresse enfin aux nombreux enseignants soucieux d'illustrer leurs cours par des applications concrètes issues du monde industriel ou du Bâtiment, ... et bien entendu à leurs étudiants.

Comment l'écrire ?

Le bruit présente au premier abord toutes les caractéristiques d'un phénomène agaçant, voire traumatisant.

En tant que victime, chacun d'entre nous a pu ressentir une fois au moins dans sa vie le bruit, à travers ses effets les plus désagréables, et nous avons tous à ce titre une claire conscience de ce qui se cache sous le terme "bruyant".

Mais le bruit peut devenir plus intolérable encore ... quand on s'avise de l'étudier pour mieux le combattre. La littérature scientifique et technique rebutera trop souvent le lecteur par la complexité des phénomènes et l'arsenal mathématique nécessaire.

La simple qualification quantitative d'une source bruyante requiert un niveau d'expertise. Ajoutons-y les aspects biologiques, psychologiques et médicaux : comment ne pas baisser les bras ? Et pourtant...

Et pourtant, derrière cette complexité réelle des causes et des effets, se cache une vérité étonnante : comme un Dieu mythologique, le Bruit est impitoyable pour le concepteur qui refuserait de lui accorder les quelques sacrifices qu'il réclame. Il sait par contre se montrer généreux et discret, pour peu que soient scrupuleusement respectées les règles qu'il impose.

Règles et préceptes paradoxalement fort simples et peu nombreux. Nous irons les découvrir.

Mélangeur de sons, fédérateur de disciplines, le Bruit est aussi un grand rassembleur d'hommes : le partenariat est une composante indispensable de toute action dans ce domaine, et le thème de ce livre nous en fournira une illustration exemplaire.

Un industriel conçoit, fabrique et distribue des moteurs tubulaires. Ceux-ci sont intégrés dans un produit du Bâtiment (volet-roulant, store, écran etc...) conçu et fabriqué par un autre industriel. Lequel produit est alors installé sur une structure pensée par un architecte, réalisée par une kyrielle de corps de métiers...

Un produit motorisé lié au bâtiment : trois acteurs au moins au service d'un même utilisateur final. Trois problèmes indépendants ? Les problèmes d'un seul ? Non, un seul et même problème, une responsabilité collective : il s'agit d'un domaine aux interactions mutuelles extrêmement fortes. Les efforts de l'un des acteurs peuvent s'avérer vains s'ils ne sont accompagnés des efforts complémentaires des autres. En contrepartie, les gains potentiels sont considérables.

Voilà ce que nous voulons ici découvrir avec vous, dans un ouvrage conçu avec la volonté d'aborder tous les phénomènes essentiels à la compréhension du bruit, de ses causes et des traitements, mais en simplifiant autant que faire se peut les aspects théoriques : seul l'inévitable logarithme fera quelques apparitions pour justifier sa présence auprès de ces décibels que de multiples exercices apprendront à apprivoiser...

Les premiers chapitres seront sautés sans peine par le spécialiste au fait d'acoustique et de vibrations, pour rejoindre le coeur de l'ouvrage, qui détaille et commente les résultats d'études menées avec l'efficace collaboration de l'INSA de Lyon, puis du CSTB de Grenoble. Il aura le loisir, lors d'un deuxième passage, de juger de l'intérêt de la présentation simplifiée à laquelle nous nous sommes essayés, et qui emportera, nous le souhaitons, l'adhésion des lecteurs auxquels elle est destinée.

Bernard GREHANT

Première Partie

LES OUTILS

Chapitre 1

VIBRATIONS

1.1 Mouvement alternatif

L'exemple classique du ressort, comprimé sous une masse M, puis écarté de sa position d'équilibre, donne une excellente image d'un mouvement alternatif naturel.

Du fait de son propre poids, la masse tout d'abord comprime le ressort, qui va atteindre un nouvel état d'équilibre.

Nous n'allons nous intéresser qu'aux déplacements ultérieurs de part et d'autre de cette position d'équilibre, repérée par la position 0.

Qu'il soit comprimé ou étiré par l'expérimentateur touche-à-tout que nous sommes, le ressort exerce sur la masse une force de rappel F, qui ramènerait celle-ci aussitôt vers 0 si nous ne la maintenions dans cette position "hors d'équilibre".

Cette force est proportionnelle à l'élongation. On désigne par **raideur** K du ressort, le coefficient traduisant cette proportionnalité. La raideur est un paramère caractérisant chaque ressort, dépendant du matériau et de la géométrie de celui-ci. Pour une force donnée, l'élongation δ est d'autant plus faible que la raideur est grande :

$$\delta = -F / K.$$

Le signe "-" indique que la force est opposée au déplacement.

Si l'élongation est négative (compression), la force tend à produire une extension. Si δ est au contraire positif, alors la force tend à contracter le ressort.

" Le ressort n'aime pas les variations de longueur".

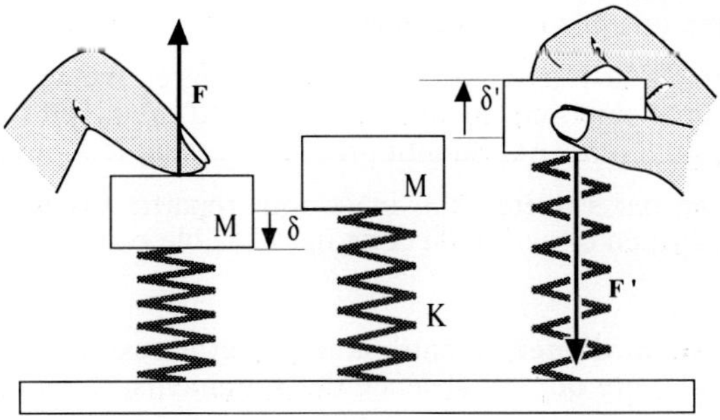

Figure 1.1 Masse, ressort et force de rappel

Après avoir écarté l'ensemble masse-ressort loin de 0, nous libérons enfin la masse, alors confrontée à la force F due au ressort.

Une relation fondamentale de la dynamique, établie au XVIIIème siècle, ... et l'expérience de tous les jours, nous indiquent que M subit une accélération γ proportionnelle à la force appliquée, et inversement proportionnelle à la valeur de M :

$$\gamma = F / M$$

Plus la masse est importante, plus faible est son accélération.

"La masse n'aime pas les variations de vitesse".

Voilà pourquoi la combinaison de ces deux individualités tranchées que sont la masse et le ressort donne de si intéressants effets ...

Que va-t-il se passer ?

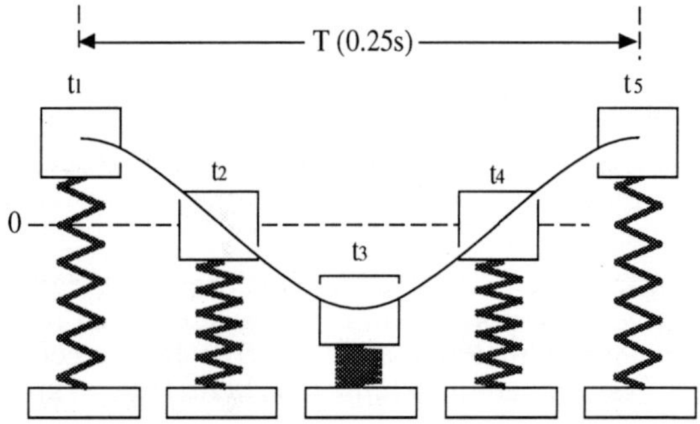

Figure 1.2 Oscillation d'un système masse-ressort

Soumise à F, M démarre un mouvement vers le point d'équilibre. La force et l'accélération diminuent progressivement lorsque M se rapproche de cette position, mais la vitesse continue d'augmenter : ce n'est qu'au passage en 0 que s'annule l'accélération.

Mais M ayant pris de la vitesse, ne peut alors que continuer sur sa lancée (ce qui traduit cette fois, et toujours pour les mêmes raisons, la mauvaise volonté d'un corps massif à s'arrêter une fois mis en mouvement).

C'est donc maintenant la masse qui comprime progressivement le ressort, lequel exerce alors une force opposée au mouvement, et d'autant plus importante que la compression s'accentue, force qui ralentit progressivement le mouvement de M.

La masse finit donc par s'arrêter (t_3), mais pour repartir aussitôt dans l'autre sens, sous l'action du ressort, en direction de cette inaccessible position de repos !

Cet **échange permanent d'énergie** entre la masse et le ressort va donc donner lieu à un mouvement oscillatoire qui, en absence de frottements, durerait jusqu'à la fin des temps.

La figure1.2 donne l'évolution de la position de la masse au cours du temps. Le mouvement est périodique. Il se répète par exemple ici toutes les 0,25 secondes, durée d'un cycle élémentaire qu'on appelle **période** T du mouvement. On a alors : T = 0,25 s (sous entendu : par cycle).

Le nombre de cycles par unité de temps est l'inverse de la période, et caractérise la **fréquence** *f* du mouvement :

$$f = 1 / T .$$

La fréquence s'exprime par secondes : (seconde)$^{-1}$ ou Hertz (Hz). Pour reprendre notre exemple chiffré : 1 / 0,25 = 4 (sous entendu : cycles) / s = 4 Hz.

La variation autour de la position d'équilibre est dite **alternative** : tantôt positive, tantôt négative par rapport à la position d'équilibre. Variation nulle en valeur moyenne. La valeur maximum prise par cette variation s'appelle **l'amplitude** du mouvement, ici égale au déplacement initial de la masse.

On a représenté sur un même graphique (Fig. 1.3), mais avec des unités bien entendu différentes, le déplacement δ, la vitesse (v) et la force de rappel (F) exercée par le ressort sur la masse.

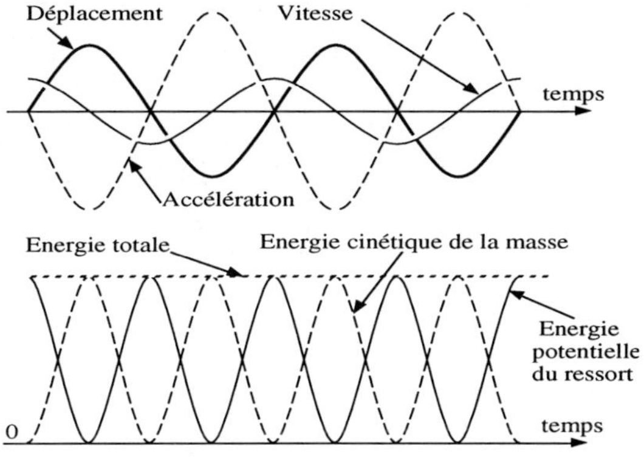

Figure 1.3

Prenez le temps d'observer l'évolution simultanée de ces quantités, et en particulier de repérer comment sont les deux autres au moment où l'une d'entre elles s'annule, ou au contraire passe par un maximum...

La fréquence des oscillations dépend de la valeur de la masse et de celle de la raideur du ressort : d'autant plus importante que la raideur est élevée, et que la masse est faible.

Cette fréquence est désignée par l'expression **fréquence naturelle** d'oscillation (f_n), ceci on le verra pour la distinguer de la **fréquence forcée** prise par le système quand on ne veut pas le laisser évoluer à sa guise.

$$f_n = (1/2\pi) \sqrt{K / M}$$

L'**énergie cinétique** de la masse est proportionnelle au carré de sa vitesse. De même l'**énergie potentielle** du ressort se trouve proportionnelle au carré de son élongation. L'évolution de ces deux grandeurs a été également représentée, en prenant la même échelle de temps, ce qui permet les comparaisons avec la vitesse et le déplacement.

Leur somme est constante, ce qui traduit bien le transfert permanent d'énergie de l'un vers l'autre, et l'absence de toute dissipation par frottement. Cette valeur constante représente ici l'énergie que nous avons dû apporter initialement au système, pour l'écarter de sa position d'équilibre.

1.2 Sinusoïde : un pas vers l'Harmonie

Le mouvement oscillatoire que nous venons de décrire est un mouvement **sinusoïdal**. Il s'agit du plus naturel, du plus régulier, du plus "confortable" des mouvements alternatifs.

Pour s'en convaincre, imaginons que nous prenions place à l'intérieur d'un mobile animé d'un mouvement alternatif, et que nous ayons à choisir entre plusieurs mouvements alternatifs d'allure différente, mais de même amplitude et de même fréquence.

Les enregistrements ci-dessous donnent l'évolution dans le temps de la position du mobile.

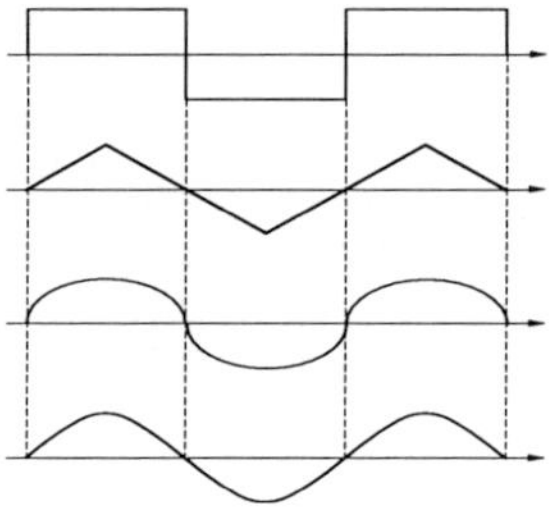

Figure 1.4 Quel est le mouvement le plus "naturel" ?

Mouvement alternatif le plus simple d'apparence : un repos prolongé de part et d'autre de la position d'équilibre. Tout va bien jusqu'au basculement : la rapidité du changement de position nécessite brutalement une vitesse considérable, donc une accélération gigantesque : le plus entraîné des cosmonautes n'y résisterait pas.

Déjà plus acceptable, le mouvement alternatif "triangulaire" correspond à une vitesse constante dans un sens, jusqu'à atteindre la position maximum, puis à une vitesse constante dans l'autre sens. Mais cette variation brutale du sens de la vitesse, au moment du rebond, implique de nouveau une accélération en principe infinie...

Finalement, le cahier des charges du "label confort" d'un mouvement alternatif est assez facile à définir : puisqu'il faut aller d'une extrémité à l'autre et revenir en un temps donné (une période), autant le faire en douceur : variations progressives, et limitées, de l'accélération, donc variations progressives et limitées de la vitesse.

A cet examen, le troisième essai ne donne pas pleinement satisfaction, le mouvement devenant infiniment trop rapide lors des passages par la position moyenne.

Le déplacement sinusoïdal est ici vainqueur. Si nous revenons à la figure 1.3, donnant déplacement, vitesse et accélération en fonction du temps, nous pouvons noter une propriété remarquable : un déplacement sinusoïdal entraîne une évolution de vitesse également sinusoïdale, mais décalée d'un quart de période. La vitesse s'annule quand le déplacement passe par un maximum. A l'opposé, la vitesse est maximum quand le mobile traverse sa position d'équilibre.

On appelle cosinusoïde (co-sinusoïde), cette nouvelle courbe qui accompagne si bien la précédente.

Et l'accélération, qui n'est rien d'autre que la vitesse d'évolution de la vitesse, suit également une variation sinusoïdale, décalée d'un quart de période par rapport à la précédente. Il en résulte que déplacement et accélération sont bien opposés.

Oui, la sinusoïde semble ici l'emporter. Mais qui peut affirmer qu'elle battrait d'autres concurrents ?

Les savants Grecs. Depuis l'Antiquité ceux-ci ont décrété qu'il n'est de plus beau mouvement périodique que celui d'un mobile décrivant une trajectoire circulaire, à vitesse constante. Et les Grecs en savaient long sur la Beauté...

Pour celui qui observe le mouvement non pas de face, mais de profil, ce déplacement semble linéaire, alternatif et ... sinusoïdal. Sinus et cosinus correspondent en effet aux projections d'un rayon du cercle, selon deux directions perpendiculaires.

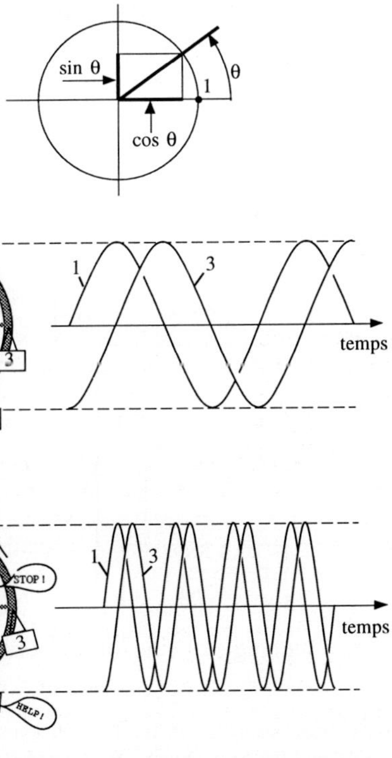

Figure 1.5 Projections d'un mouvement circulaire

La reconnaissance des qualités d'un mouvement circulaire uniforme dans un plan implique sans restriction celle des qualités d'une loi sinusoïdale pour un mouvement alternatif rectiligne...

Un tour de grande roue permettra de se changer les idées avant d'aller plus loin. On a représenté (en haut) simultanément la "photo" de la roue prise à un instant t_0, et l'enregistrement de l'altitude des points d'accrochage des cabines 1 et 3 au cours du temps.

On remarque que le mouvement de 3 est en retard d'un quart de période sur celui de 1. D'un point de vue angulaire, l'écart est de 90° : on dit que 3 est déphasé de 90° (déphasage retard) par rapport à 1. La cabine 7 peut être indifféremment vue comme en retard de 270°, ... ou en avance de 90° sur 1.

La figure du bas résulte d'une fausse manoeuvre qui nous donne le loisir d'observer ce qui se passe à une fréquence supérieure. Amplitude et déphasages respectifs sont ici conservés, mais quelques passagers trop sensibles émettent de sérieuses réserves sur la qualité du mouvement.

1.3 Analyse spectrale

La plupart des systèmes mécaniques ont le bon goût d'avoir un comportement sinusoïdal lorsqu'ils oscillent. Aussi la sinusoïde, son amplitude, et sa fréquence, vont-elles naturellement servir de références à la description de tout mouvement alternatif.

Mais comment, par exemple, rattacher à cette référence sinusoïdale un mouvement aussi peu arrondi que l'aller et retour brutal entre deux positions stationnaires, donnant lieu à une évolution "rectangulaire" dans le temps, vue précédemment ?

Forçons-nous à voir néanmoins, dans cet enregistrement d'une période, une sinusoïde de même fréquence f, et d'amplitude "convenable".

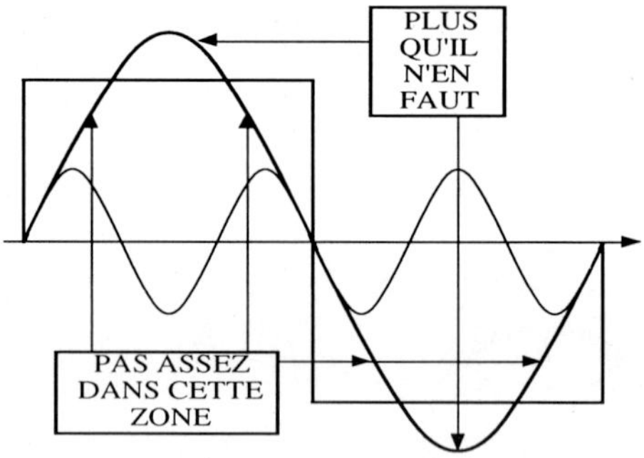

Figure 1.6 Rectangle et sinusoïde : comment faire l'un avec l'autre ?

Celle qui se trouve représentée en trait gras correspond à un bon compromis. Il faudrait bien-sûr ajouter quelque chose sur le premier et le troisième tiers de la demi-période, alors qu'il faudrait au contraire retirer un excédent sur le deuxième tiers...

Mais toutes ces opérations vont se faire très simplement, en ajoutant à la première sinusoïde, une deuxième, de fréquence triple *(3f)*, et de nouveau d'amplitude bien choisie.

De nouveau est représenté en trait plus fin le bon choix, aussi bien en amplitude, qu'en décalage respectif d'une sinusoïde par rapport à l'autre (on n'ose pas parler ici de déphasage, puisqu'il ne s'agit pas d'enregistrements de même fréquence).

Nous n'avons pas fait figurer le résultat, mais on sent que le rectangle n'est pas loin. L'ajout d'une autre sinusoïde, de fréquence *5f*, permettra encore d'améliorer les choses en rabotant ici et là quelques bosses, tout en comblant quelques trous.

Et ainsi de suite. La figure 1.7 pousse ainsi la construction jusqu'à la fréquence *7f*.

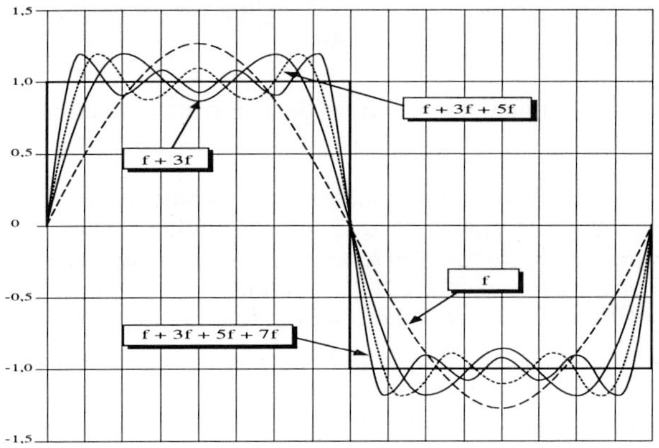

Figure 1.7 Reconstitution d'un signal rectangulaire

Merci au mathématicien grenoblois Joseph FOURIER, de nous éviter de procéder par tâtonnements, en nous ayant communiqué, entre 1768 et 1830, les quelques préceptes qui permettent de calculer rapidement les composantes sinusoïdales d'une grandeur périodique quelconque.

Et tout ceci marche dans les deux sens :

- Ajoutons les bonnes sinusoïdes, nous créons la grandeur périodique de forme quelconque, c'est la **synthèse**.

- Plaçons des "filtres" sur le "signal" de forme complexe, nous récupérons les sinusoïdes qui le composent, c'est **l'analyse**.

La sinusoïde de fréquence égale à celle de la grandeur périodique quelconque est appelée **fondamental** (ou parfois harmonique 1).

Les sinusoïdes de fréquence *2f, 3f, 4f, ... nf*, sont les **harmoniques 2, 3, 4, ... n**. Certains signaux complexes mais symétriques ne contiennent que des harmoniques pairs ou impairs.

Un signal est d'autant plus riche en harmoniques que sa forme s'écarte d'une sinusoïde. Il faudra alors de multiples corrections successives pour le synthétiser correctement.

Le tableau ci-dessous donne trois exemples d'analyse harmonique : celle d'un signal en dents de scie, d'un signal rectangulaire et celle d'un signal triangulaire, tous de même fréquence *f* et de même amplitude A_{max}.

Fréquence	f	2f	3f	4f	5f	6f	7f
Sinusoïdal	1	0	0	0	0	0	0
Dent de scie	0,64	0,32	0,21	0,16	0,13	0,11	0,09
Rectangulaire	1,27	0	- 0,42	0	0,25	0	- 0,18
Triangulaire	0,81	0	- 0,09	0	0,03	0	- 0,18

Tableau 1.1 Premiers harmoniques de 4 signaux de même fréquence

On y constate bien la disparition plus rapide des harmoniques du signal triangulaire, beaucoup plus proche de la sinusoïde que le rectangulaire. (Les valeurs négatives indiquent une opposition de signe entre le maximum du fondamental et celui de l'harmonique correspondant : par exemple, l'harmonique 3 du rectangulaire vu plus haut est maximum négatif lorsque le fondamental est maximum positif).

La représentation graphique de l'amplitude des harmoniques en fonction de la fréquence s'appelle le **spectre** . Apparaissent par exemple sur la figure 1.8 les premières composantes harmoniques d'un signal rectangulaire. La méthode de décomposition s'appelle **analyse spectrale**.

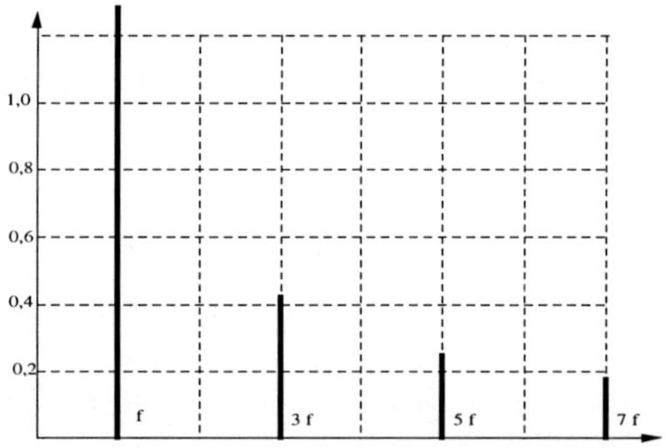

Figure 1.8 Spectre d'un signal rectangulaire

Bien souvent, étudier le comportement (la "réponse") d'une structure mécanique (ou électrique) sollicitée par une oscillation de forme complexe, revient à étudier son comportement pour chacune des composantes sinusoïdales de cette oscillation complexe. C'est le principe de **l'analyse harmonique** des systèmes.

1.4 Amortissement

Reprenons notre ensemble mécanique masse-ressort, mais nous y ajoutons un dispositif amortisseur, provoquant une force de frottement toujours opposée au mouvement. Il peut s'agir par exemple d'un piston perforé se déplaçant à l'intérieur d'un cylindre empli d'un fluide (liquide ou gazeux).

La force de frottement est alors souvent proportionnelle (et opposée) à la vitesse v de déplacement, ce qui caractérise les **amortissements visqueux**. C'est ce qui apparaît en figure 1.9 : pour une même vitesse de déplacement, l'effort à vaincre est d'autant plus important que la viscosité est élevée.

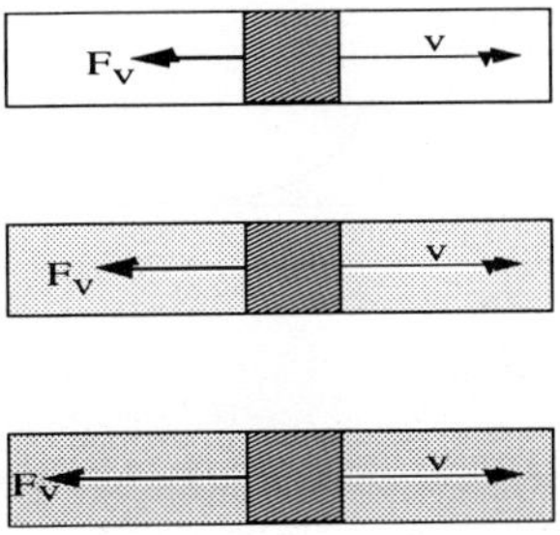

Figure 1.9 De haut en bas : une viscosité croissante

Notons que le seul déplacement de l'ensemble mécanique masse-ressort dans l'air, et non dans le vide, suffit à créer un tel amortissement ("résistance" de l'air).

En présence donc d'un tel amortisseur, que se passe-il si nous écartons de nouveau la masse de sa position d'équilibre pour provoquer des oscillations ?

On constate sur la figure 1.10 que l'amplitude des oscillations décroît cette fois avec le temps. Cette décroissance est dite exponentielle. Elle est d'abord très prononcée, puisque l'amplitude initiale, donc la vitesse, donc la force de frottement sont alors élevées. L'amortissement relatif diminue au fur et à mesure que diminue l'amplitude des oscillations.

On constate également que la période des oscillations augmente légèrement lorsque croît l'amortissement. On parle d'ailleurs de **pseudo-période** pour désigner le temps séparant deux maximums consécutifs, le mouvement n'étant plus réellement périodique du fait de la diminution de l'amplitude.

On désigne généralement par ε *(epsilon)* la valeur du **taux d'amortissement relatif**, qui varie entre 0 et l'infini. La première figure correspond par exemple à $\varepsilon = 0{,}2$.

Dans le deuxième exemple, la viscosité du fluide d'amortissement a été augmentée (ou bien les trous du piston présentent une section plus faible...). Le taux d'amortissement ε vaut cette fois 0,5.

La pseudo-période a encore augmenté.

Le cas $\varepsilon = 0{,}707$, non représenté, donne une seule incursion de l'autre côté de la position de repos.

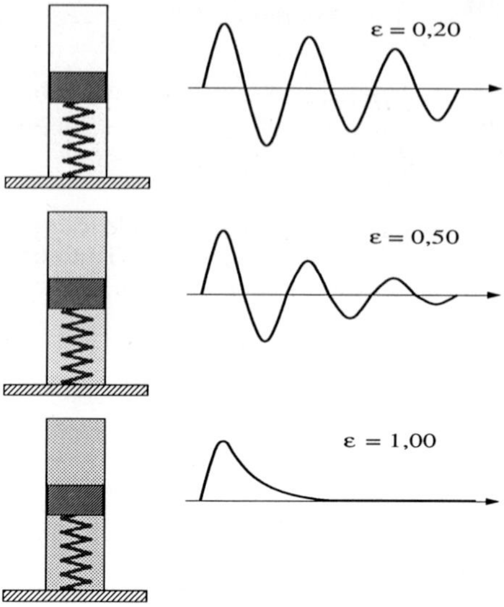

Figure 1.10 Amortissement faible (en haut) et élevé (en bas)

Le troisième exemple correspond à une valeur $\varepsilon = 1$. Le mouvement est cette fois tellement amorti qu'il n'y a plus passage de l'autre côté de la position d'équilibre. C'est ce qu'on appelle l'**amortissement critique**. Au-delà de cette valeur, la forme des enregistrements reste similaire, avec un retour à l'équilibre de plus en plus lent.

1.5 Oscillations forcées et résonance

N'hésitant pas à compliquer les choses, nous relions maintenant l'extrémité du ressort, primitivement fixée au bâti, à un dispositif excitateur, permettant de lui imposer un mouvement sinusoïdal d'amplitude faible, A_0, et de fréquence f réglable.

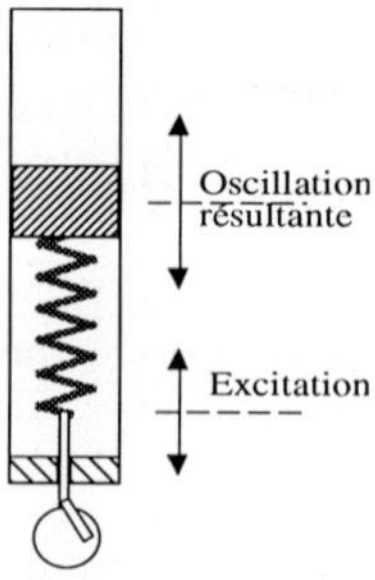

Figure 1.11 Excitation

On se trouve donc en présence d'un système mécanique qui souhaiterait naturellement osciller à une fréquence f_n (ou légèrement inférieure en présence d'amortissement), mais dont une partie subit nécessairement un mouvement à la fréquence d'excitation. Pour des raisons qu'il n'est vraiment pas facile d'expliquer, on montre qu'après un **régime transitoire**, de durée d'autant plus longue que le coefficient d'amortissement est faible, l'ensemble de la structure se plie à la fréquence d'excitation, qu'on appelle de ce fait **fréquence forcée**.

Sur les figures suivantes sont enregistrées les amplitudes de la masse (courbe du haut) et de l'excitateur (courbe du bas) avec une même échelle, pour trois valeurs différentes de la fréquence d'excitation.

- Observons d'abord ce qui se produit pour une très faible valeur de la fréquence d'excitation (Fig. 1.12).

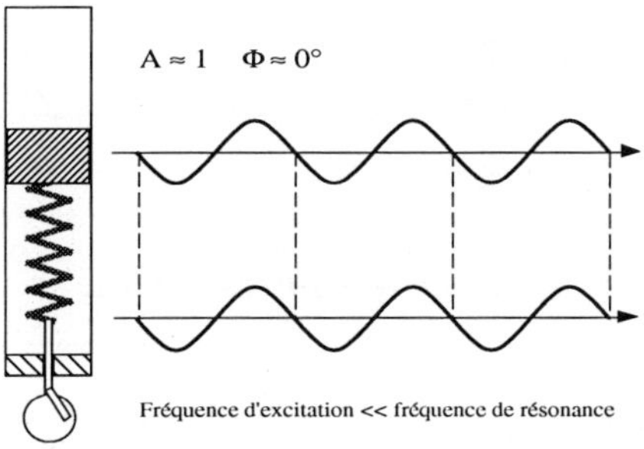

Figure 1.12 Comportement pour une excitation basse fréquence

Le mouvement de la masse ("sortie") suit pratiquement celui du point excitateur ("entrée"), en amplitude et en phase. La transmission est donc égale à 1. Rappelons-nous qu'un ressort n'aime pas les variations de longueur : aux basses fréquences, le comportement du système est dicté par le ressort.

- Pour des valeurs très élevées de la fréquence d'excitation, le mouvement de la masse prend une amplitude très faible : *"c'est trop rapide pour moi, à peine je commence à me déplacer dans un sens qu'il faudrait déjà aller dans l'autre..."*

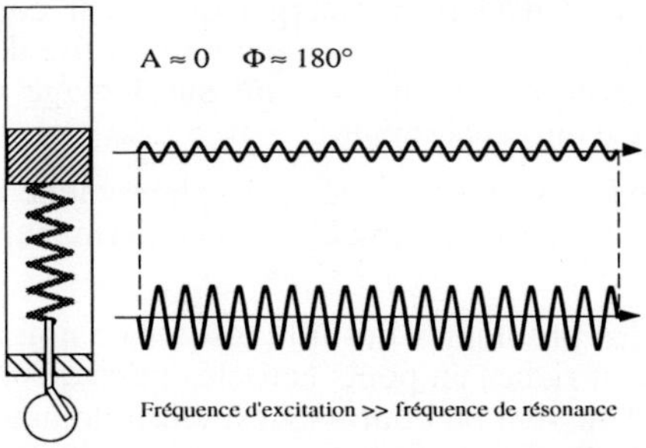

Figure 1.13 Comportement pour une excitation haute fréquence

Rappelons-nous de nouveau qu'une masse a horreur des variations de vitesse : aux hautes fréquences, le comportement du système est dicté par la masse.

La transmission devient proche de 0. Et les mouvements en opposition de phase (déphasage 180°).

- Quelque part entre ces deux cas extrêmes, lorsque la fréquence d'excitation est égale à la fréquence naturelle f_n, on obtient un comportement très intéressant : l'amplitude du mouvement peut devenir très supérieure à celle du dispositif excitateur.

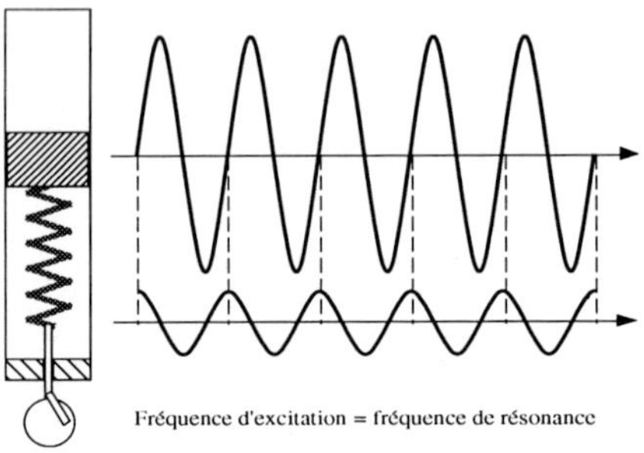

Figure 1.14 Résonance

On remarque, dans cette résonance entretenue, que le mouvement de la masse est décalé d'un quart de période par rapport à celui de l'excitateur.

Tout le secret est là : l'énergie est transmise au bon moment.

La force d'appoint générée par le système excitateur est maximum, et chaque fois dans le bon sens, au moment précis où s'annule la force principale, provoquée par le déplacement de l'extrémité reliée à la masse.

Grace à ce décalage judicieux, l'action prend donc d'autant plus d'importance relative... un peu comme vous avez intérêt à profiter des silences périodiques pour relancer une conversation sur votre sujet d'intérêt, plutôt que tenter de le faire au paroxysme des échanges !

Il y a alors un excellent **couplage** entre le système excitateur et le système mécanique, et un bon transfert d'énergie. Energie qui vient compenser les pertes dues à l'amortissement. Situation tout à fait comparable à celle d'une balançoire munie d'un "excitateur-parent-pousseur", comme figuré sur l'image ci-contre (1.15), qui nous ramène à la nostalgie d'un passé révolu....

A la limite, en absence d'amortissement, ce phénomène d'apport d'énergie pendant chaque période va se traduire par une croissance permanente de l'amplitude... celle ci devenant infinie.

On comprend donc les problèmes liés à la résonance non amortie des structures : les livres de physique sont riches en ponts écroulés parcequ'un bataillon y défilait au pas cadencé, ou du fait d'un vent en bourrasques, tourbillonnant malencontreusement à la fréquence naturelle de l'ouvrage d'art.

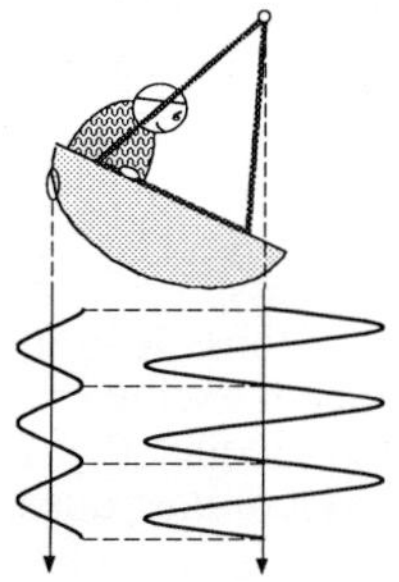

Figure 1.15 Transmettre l'effort au bon moment...

On a représenté ci-dessous la transmission d'un déplacement, dans un système équivalent masse-ressort amorti, en fonction de la fréquence d'excitation et pour différentes valeurs, comprises entre 0.05 et 2, du taux d'amortissement relatif ε.

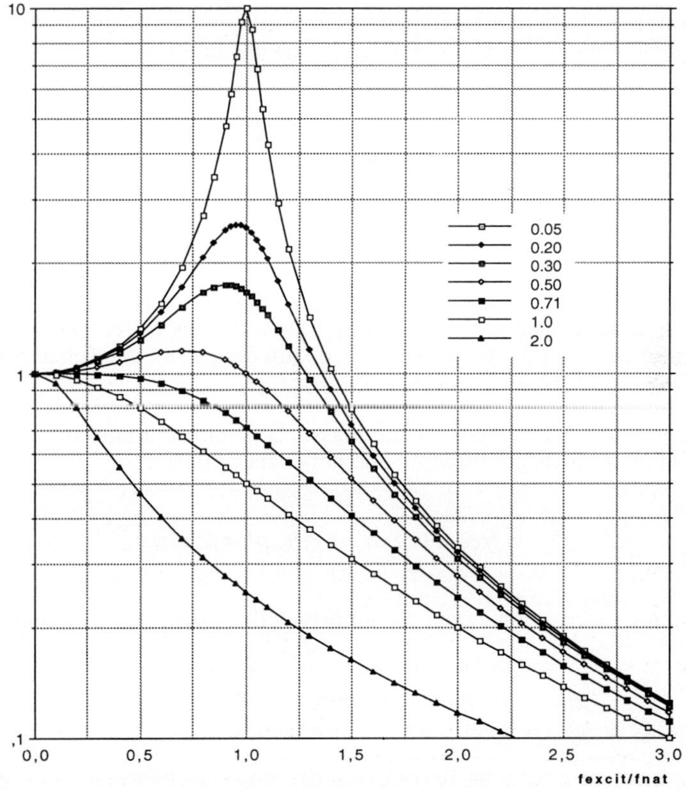

Figure 1.16 Courbes de résonance

Si on désigne toujours par f_n la fréquence naturelle du seul système masse-ressort, on constate que la présence d'un amortissement visqueux à fluide a pour effet de décaler vers le bas la fréquence de résonance f_r du système excité :

$$f_r = f_n\,(1 - 2\,\varepsilon^2)^{1/2}$$

Ces courbes nous révèlent un autre aspect qui sera amplement mis en oeuvre par le concepteur de dispositifs de lutte contre le bruit : si la fréquence naturelle f_n du système est inférieure à la fréquence d'excitation f, et assurément dès que $f > 1{,}4\,f_n$, on se trouve dans un domaine dans lequel il y a atténuation : c'est le principe des suspensions, ou des transmissions visco-élastiques, qui font l'objet du chapitre 7.

1.6 Impédance mécanique

Nous allons terminer ce chapitre en introduisant la notion d'impédance mécanique, que nous rencontrerons par la suite.

Dans un mouvement alternatif, l'impédance mécanique du système traduit la plus ou moins mauvaise volonté de celui-ci à réagir à une excitation.

Comme nous l'avons remarqué sur la figure 1.3, à une force variant de manière sinusoïdale correspond une vitesse également sinusoïdale.

L'impédance Z est définie comme étant le rapport de l'amplitude de la force F, divisée par l'amplitude de la vitesse v :

$$Z = F / v \quad \text{ou encore} \quad v = F / Z$$

v diminue lorsque Z augmente : une forte impédance caractérise donc le refus du système de prendre une vitesse alternative importante sous l'effet d'une force sinusoïdale. On comprend le choix du terme, issu du latin *impedire* : empêcher, résister.

Un système simplement composé d'une masse M, soumise à une force F alternative sinusoïdale et de fréquence f, présente une impédance égale à :

$$Z_M = M \,.\, 2\pi f$$

"plus la fréquence augmente, plus je résiste"

Pour un système formé uniquement par un ressort de raideur K, on obtient :

$$Z_K = K / 2\pi f$$

"plus la fréquence augmente, moins je résiste"

On retrouve bien, au travers de l'expression des impédances respectives, un comportement opposé en ce qui concerne l'effet de la fréquence.

Chapitre 2

PROPAGATION

2.1 Propagation d'un ébranlement

La figure 2.1 représente le début d'une **chaîne linéaire** composée d'une multitude de masses et ressorts, attachés successivement les uns aux autres (les masses sont par exemple distantes de 1 mm). Manière imagée et imparfaite de figurer simplement un **milieu matériel continu** doté d'une certaine élasticité. Une corde élastique tendue horizontalement, par exemple.

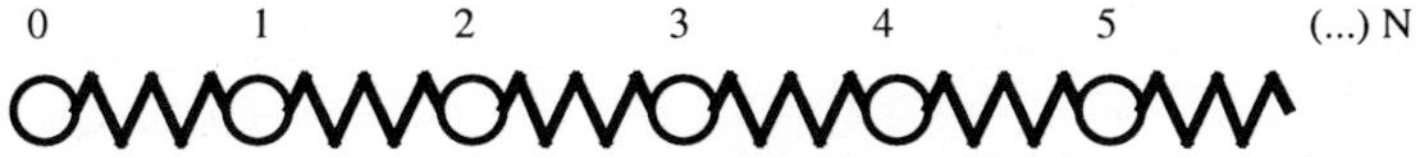

Figure 2.1 Chaîne linéaire

On ne tient pas compte dans la suite de l'action de la pesanteur. Bien tendue, la chaîne reste horizontale au repos.

Nous allons maintenant relier l'extrémité gauche (0) de la chaîne linéaire à un dispositif excitateur, qui permet de lui imposer un mouvement aller-et-retour, puis de rester au repos. Il s'agit d'un déplacement vertical rapide, et de très faible amplitude, qui a été représenté ci-dessous, en fonction du temps (0.01 seconde par division).

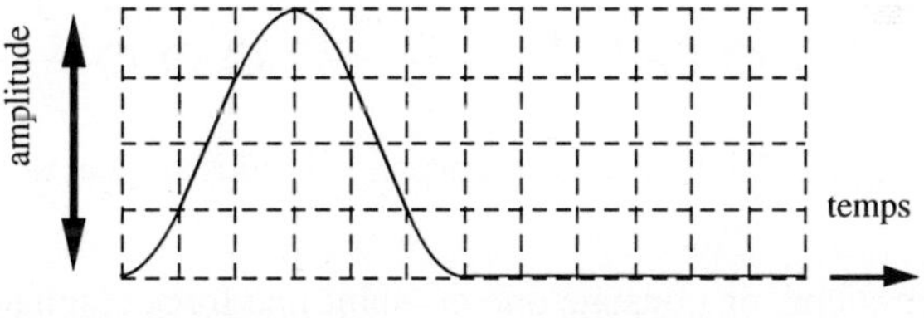

Figure 2.2 Mouvement de l'extrémité gauche (0)

Le "film" des évènements va nous permettre de comprendre pourquoi ce mouvement, cet ébranlement, va se propager tout le long de la structure, à partir de **la source**, constituée par le point (0).

Chacune des "photographies" de la figure 2.3 montre la position des différentes masses, situées à proximité de celle, la plus à gauche, dont le mouvement est imposé.

Figurent également, sous forme de flèches, les forces exercées sur l'une d'elles par les ressorts (non représentés) situés de part et d'autre, ainsi que la somme de ces forces.

Le sens des vitesses de chaque masse en mouvement est indiqué par une flèche, en haut ou en bas. La masse est en phase d'accélération quand la vitesse et la force sont dans le même sens, en phase de freinage lorsqu'il y a opposition.

Les "photos" sont prises aux instants successifs correspondant à l'échelle de temps de l'enregistrement précédent (Fig. 2.2), c'est-à-dire toutes les 0.01 secondes.

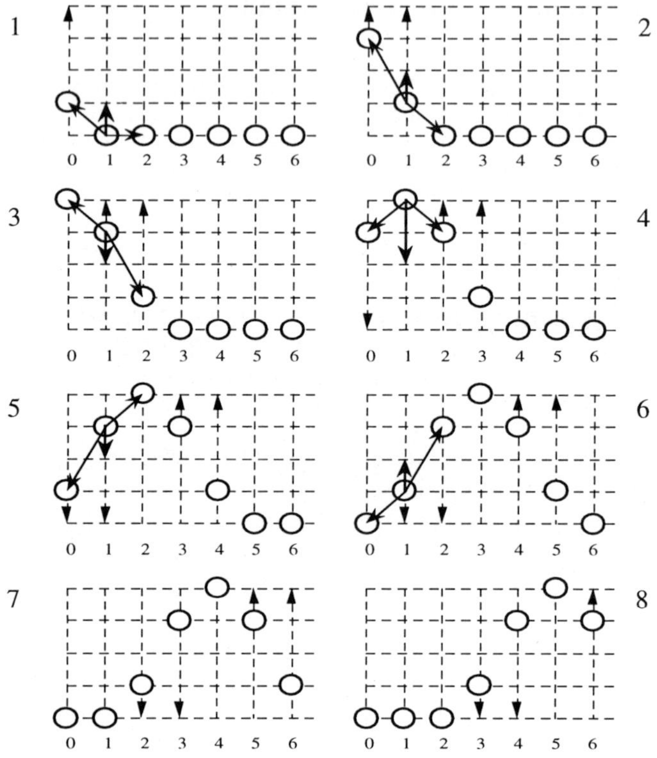

Figure 2.3 Comment se propage le mouvement de la source

Sur le premier cliché, on constate que m_1 subit une force résultante vers le haut, alors que toutes les masses m_2, m_3, m_4 ... subissent des forces, non représentées, qui s'équilibrent mutuellement. Sur le deuxième cliché, m_1 a pris de la vitesse, et subit encore une force vers le haut. On constate que m_2 se trouve maintenant dans une situation identique à celle de m_1 à l'instant précédent. Sur le troisième cliché, m_1 subit maintenant une force de freinage. Passage de m_1 en position haute au bout de 0,04 s, avant le retour à l'équilibre qui est détaillé dans les clichés suivants.

Il y a donc **propagation de l'ébranlement** provoqué à l'extrémité de la chaîne. On parle ici d'ébranlement **transversal.** La figure 2.4 représente la déformation de la chaîne à différents instants.

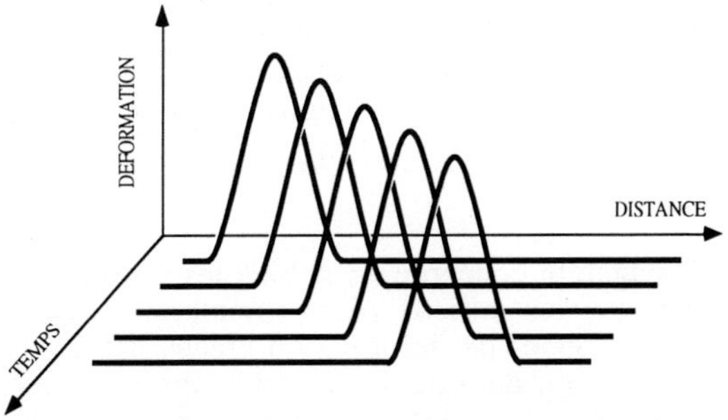

Figure 2.4 Représentation 3D de la propagation

On pourrait, de la même façon, provoquer un ébranlement **longitudinal**, en imposant à l'extrémité un mouvement dans l'axe de la chaîne. L'expérience est facile, sa représentation graphique plus délicate...

La vitesse de propagation de l'ébranlement s'appelle **célérité** c.

Il ne faut pas confondre cette vitesse de propagation de la déformation, avec la vitesse prise par les différentes masses : il est clair dans notre exemple que la vitesse des masses est dirigée verticalement, alors que celle de l'ébranlement est horizontale.

La célérité dépend, on s'en doute, de la valeur des grandeurs en cause : valeur d'une masse élémentaire, nombre de masses par unité de longueur, raideur des ressorts élémentaires, tension initiale de la chaîne.

Dans notre exemple simple, deux masses consécutives suivent le même mouvement avec un décalage de 0.01s. La vitesse de propagation de l'ébranlement est donc de :

1mm / 0.01s = 0.1 mètre par seconde.

Pour un ébranlement longitudinal, on trouverait probablement une vitesse différente, puisque le mécanisme d'additon des forces est différent.

Lors de la propagation libre d'un ébranlement, la valeur a du déplacement d'un point M à l'instant t dépend par conséquent à la fois de l'abscisse x du point (sa position de repos sur l'axe) et de l'instant t considéré, ce qui est noté $a(x,t)$.

En absence d'atténuation, chaque point décrit le même mouvement qu'un point voisin, mais avec un décalage temporel, un retard égal au **temps de propagation** t_P de l'ébranlement sur la distance d séparant les deux points, avec la célérité c, donc :

$$t_P = d / c$$

Remarquons que tout se passe comme si chaque point du milieu de propagation devenait à son tour la source de l'ébranlement, avec un retard plus ou moins important par rapport à cette dernière.

Les ouvrages de physique et de mécanique traitent en premier lieu le cas des **cordes vibrantes**, dans lesquelles masse et élasticité sont uniformément réparties. Une telle corde vibrante, équipant une guitare ou un piano, subit une force de tension F_T extrêmement élevée. Dans ces conditions, les déplacements par rapport à la position d'équilibre sont très faibles, et le raisonnement imagé précédent ne s'applique qu'en considérant que le module (l'intensité) de F_T reste partout constant : seule sa direction varie. La vitesse de propagation dépend alors à la fois de la tension et de la masse spécifique ρ (masse par unité de longueur, kg/m) de la corde :

$$c = \sqrt{(F_T/\rho)}$$

Le phénomène de propagation concerne aussi bien les milieux linéaires comme celui qui vient d'être décrit, que les milieux plans (membrane tendue, paroi, surface de l'eau...), dans lesquels les ondes de déformation créées par une source se propagent sous forme de cercles concentriques de rayons croissant, ou encore les milieux à trois dimensions (solides, liquides, gaz) dans lesquels les ondes se propagent sous forme de sphères concentriques de rayon croissant.

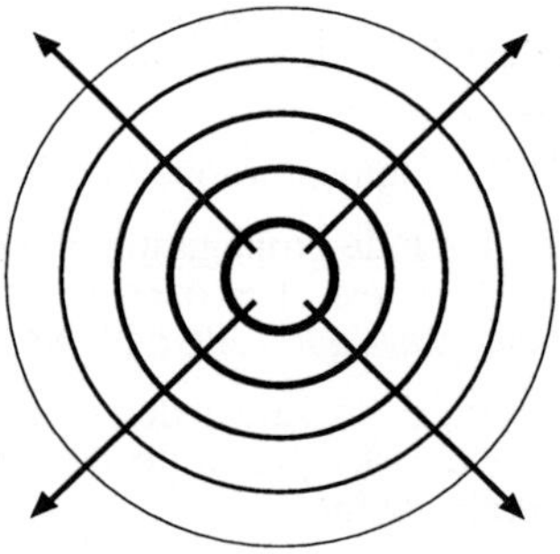

Figure 2.5 Propagation d'ondes circulaires

2.2 Ondes alternatives et sinusoïdales

Si l'excitation est entretenue, et si l'extrémité décrit un mouvement alternatif sinusoïdal, chaque point de la structure décrira le même mouvement, avec un retard correspondant au temps de propagation à partir de la source.

L'allure de la chaîne à un instant donné est donc sinusoïdale, comme sur le cliché ci-contre.

Deux points distants d'une longueur correspondant à la distance parcourue par la déformation en une période du mouvement de la source ont donc le même mouvement : ils vibrent "en phase".

Cette distance est la **longueur d'onde** λ. On a bien entendu :

$$\lambda = c.T$$

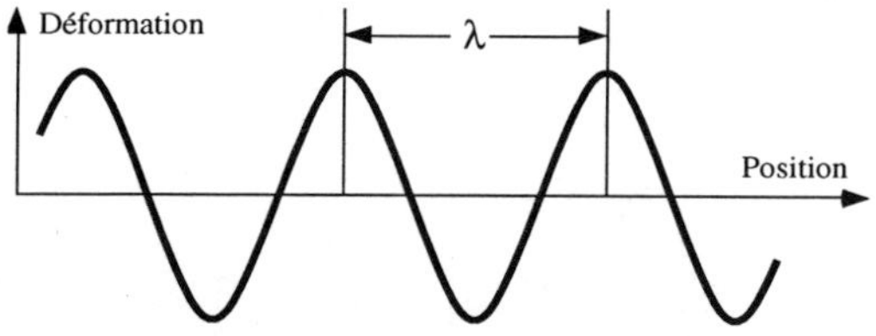

Figure 2.6 Longueur d'onde

Deux points distants d'une demi-longueur d'onde vibrent en **opposition de phase** : l'un monte quand l'autre descend.

A titre d'exemple, le tableau ci-dessous classe les **ondes électromagnétiques** selon leur longueur d'onde, leur période et leur fréquence, en donnant des valeurs typiques. Ces ondes correspondent au déplacement non pas de matière, mais d'une modification du "champ électrique" et du "champ magnétique" du milieu. Elles se propagent dans le vide et dans l'air avec une célérité voisine de 300 000 km/s. Il est frappant de constater qu'un seul et même phénomène physique s'exprime au travers des "avatars" les plus divers (radio, lumière etc...).

	Ondes radio			Infra-rouge		Visible		Ultra-	Rayons X		Rayons
	GO-AM	OC-FM	µ-ondes	lointain	proche	rouge	violet	violet	mous	durs	γ
f (Hz)	10^5	10^8	10^{10}	10^{12}	10^{14}	$5\ 10^{14}$	10^{15}	10^{16}	$3\ 10^{17}$	10^{19}	10^{21}
λ (m)	3000	3	0,03	$3\ 10^{-4}$	$3\ 10^{-6}$	$0,7\ 10^{-6}$	$0,3\ 10^{-6}$	$3\ 10^{-8}$	10^{-9}	$3\ 10^{-10}$	$3\ 10^{-12}$
T (s)	10^{-5}	10^{-8}	10^{-10}	10^{-12}	10^{-14}	$2\ 10^{-15}$	10^{-15}	10^{-16}	$3\ 10^{-18}$	10^{-19}	10^{-21}

Tableau 2.1 Ondes électro-magnétiques

Dans les solides, plans ou volumiques, on pourra rencontrer plusieurs types d'ondes de déformation transversales (déformation perpendiculaire à la propagation), et/ou longitudinales (déformation parallèle à la propagation).

Ces ondes (de flexion, de torsion ...) font intervenir les caractéristiques d'élasticité et de cisaillement des solides : leur célérité (différente selon qu'il s'agit d'une onde transversale ou longitudinale) dépend de la masse volumique du solide, de son module d'élasticité E, de son coefficient de Poisson ν. L'ordre de grandeur est de 500 à 1000 m/s.

Dans les liquides ou les gaz, les **ondes sonores** correspondent à la propagation de variations (infinitésimales) de pression. (Pas d'ondes sonores dans le vide !). La célérité dans l'air dépend de la pression atmosphérique et de la température.

La célérité c est prise pour 340 m/s dans le tableau ci-dessous, qui donne également quelques valeurs typiques

	Infra-sons		Audible		Ultra-sons	
			grave	aigu	classiques	phonons
f (Hz)	0,2	20	50	5000	20 000	200 M
λ (m)	1700	17	6,8	$6{,}8\ 10^{-2}$	$17\ 10^{-3}$	$1{,}7\ 10^{-6}$
T (s)	5	$50\ 10^{-3}$	$20\ 10^{-3}$	$0{,}2\ 10^{-3}$	$50\ 10^{-6}$	$5\ 10^{-9}$

Tableau 2.2 Ondes sonores dans l'air

2.3 Influence de la distance à la source

La figure 2.7 reproduit le "signal" reçu en deux points A et B situés à deux distances différentes r_A et r_B d'une même source S.

Le décalage horizontal entre les deux signaux ne nous surprendra pas : il résulte du temps de propagation de l'onde de A à B. Mais pourquoi l'amplitude est-elle plus faible en B ?

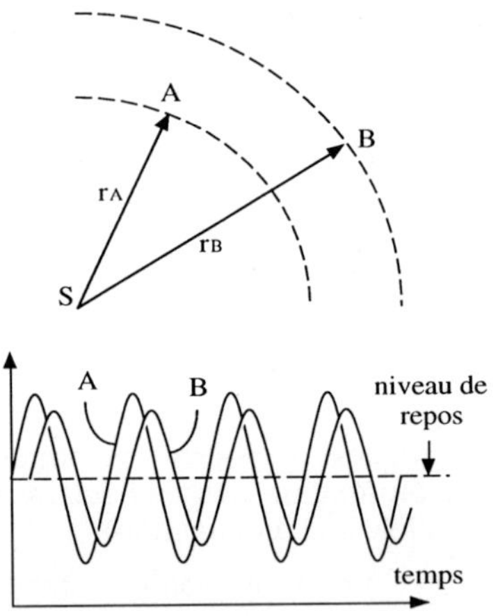

Figure 2.7 Effet de l'éloignement

Prenons tout d'abord le cas d'une source **isotrope**, c'est à dire non directive : émettant de la même façon dans toutes les directions, et un milieu de propagation également isotrope, c'est à dire permettant la même propagation dans toutes les directions. Ce milieu est supposé sans pertes, c'est à dire qu'il ne prélève aucune énergie à l'onde.

❑ **Cas d'une propagation dans le plan** : (cet exemple s'applique aux rides circulaires à la surface de l'eau, une eau sans la moindre viscosité, représentées en Fig. 2.5) :

La puissance rayonnée se trouve répartie sur des cercles, dont le rayon r croît pendant la propagation. Pour un récepteur d'ouverture donnée, la puissance W reçue diminue donc lorsque r augmente, et on peut écrire que la puissance reçue est inversement proportionnelle à r :

$$W = W_0 .\ r_0/r$$

W_0 étant la puissance reçue lorsque le récepteur est situé à r_0 de la source.

(En décibels : -3dB par doublement de longueur, on le verra au chapitre 3)

❑ **Cas d'une propagation dans l'espace** :

La puissance émise se répartit maintenant sur des sphères concentriques de rayon croissant. La surface d'une sphère étant proportionnelle au carré de son rayon, on aura cette fois une puissance reçue, pour un capteur de surface donnée, inversement proportionnelle au carré de la distance. La décroissance est donc plus rapide que dans le cas précédent :

$$W = W_0 .(r_0/r)^2$$

(En décibels : -6dB par doublement de longueur. Cf. exercice 3.5 p. 48)

❑ **Cas d'une propagation linéaire** :

Cette fois, la puissance émise se conserve tout au long de la propagation, puisqu'il n'y a pas cet effet de "dilution" rencontré dans les deux cas précédents. On obtiendra le même résultat dans les dispositifs de **propagation guidée** (fibres optiques, guides d'ondes) .

❑ **Absorption :**

Aux mécanismes d'atténuation dus à la dilution de la puissance, du fait de la distance, s'ajoute en général une perte de puissance du fait de l'absorption du milieu, qui correspond à une transformation d'une partie de l'énergie en chaleur. On montre alors que la décroissance de la puissance utile de l'onde dans le milieu est exponentielle :

$$W = W_0 .e^{-r/L}.$$

(En décibels : l'atténuation s'exprime cette fois en dB/m. Cf. exercice 3.6 p. 48)

Dans la suite de ce chapitre, on négligera les phénomènes d'atténuation, quelle que soit leur origine.

2.4 Interférences

Nous supposons maintenant que deux sources identiques et de même fréquence agissent simultanément, et en phase. Un point M reçoit donc maintenant simultanément deux ondes, d'amplitudes supposées égales, mais dont les effets peuvent, selon les valeurs des distances r_1 et r_2, soit s'ajouter, soit se retrancher.

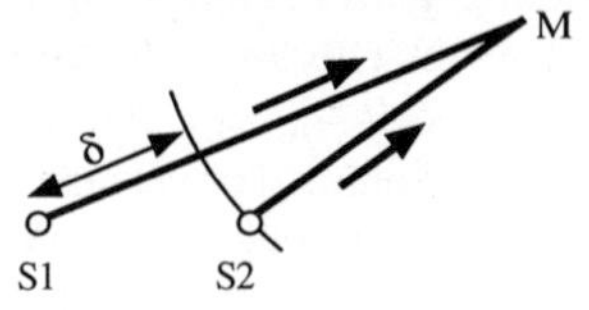

Figure 2.8 Ondes parvenant en M, issues de deux sources

En effet, soit $\delta = r_2 - r_1$, l'écart entre les distances, appelé **différence de marche**. Suivant la position de M par rapport aux deux sources S1 et S2, on peut trouver tous les cas possibles entre deux extrêmes :

-Si δ est un nombre entier de longueurs d'onde, alors les deux ondes arrivent en phase, et l'amplitude résultante en M est double de celle qu'on aurait avec une seule source (figure 2.9). La puissance reçue en M, proportionnelle au carré de l'amplitude, est donc 4 fois supérieure à celle reçue lorsqu'il n'y a qu'une source !

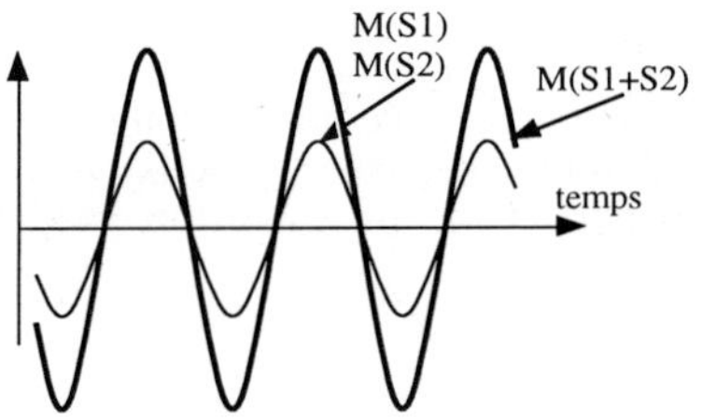

Figure 2.9 Ondes arrivant en phase

-Si δ est un nombre entier de longueurs d'onde plus une demi-longueur d'onde, alors les deux ondes arrivent en opposition de phase, et l'amplitude résultante en M est nulle (figure 2.10). La puissance reçue par tous les points obéissant à cette condition sur δ est donc également nulle.

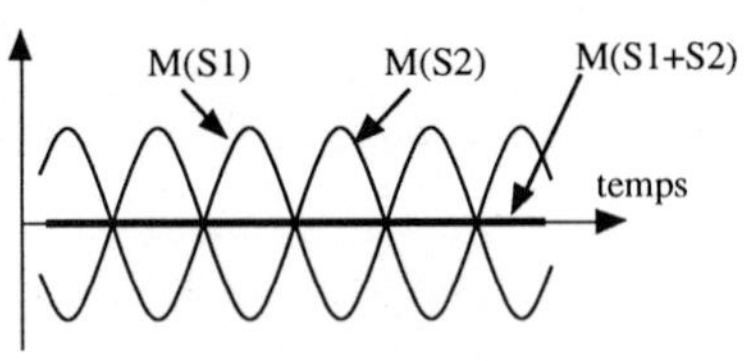

Figure 2.10 Ondes arrivant en opposition

Ceci arrange bien le bilan énergétique : la puissance totale ne peut qu'être égale à deux fois celle d'une seule source, elle se répartit donc entre les points précédents favorisés, et ceux-ci pénalisés. Bien entendu, les résultats précédents sont inversés si les deux sources S1 et S2 vibrent en opposition de phase.

Lorsque δ a une valeur intermédiaire, l'amplitude résultante est donc comprise entre 0 et 2 fois l'amplitude en présence d'une seule source (figure 2.11).

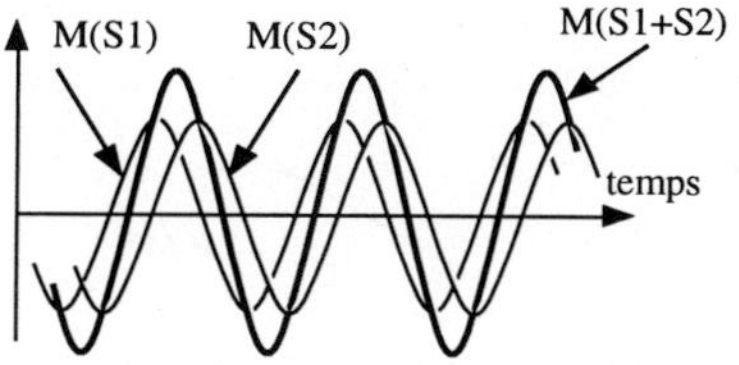

Figure 2.11 Décalage quelconque des ondes

Le calcul, ou une construction graphique (dite de FRESNEL) ci-contre permettent de la déterminer.

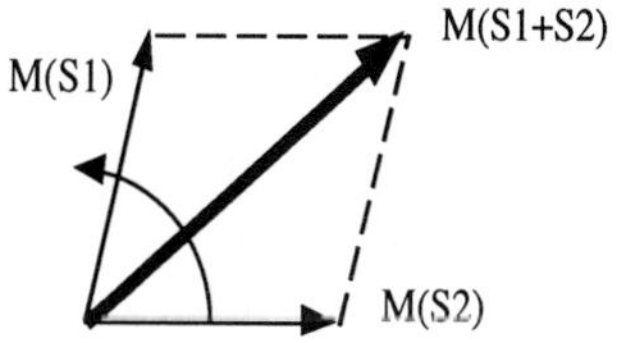

Figure 2.12 Une façon d'obtenir l'amplitude résultante

Largement exploité dans le cas d'ondes électromagnétiques (en optique, en radio-navigation), le phénomène d'interférences va être retrouvé sous diverses formes par la suite, y compris dans le domaine des ondes sonores.

En utilisation volontaire de ce phénomène en acoustique, notons le développement actuel des dispositifs dits de **contrôle actif du bruit**, qui consistent à générer un "contre-bruit", destiné, **dans une zone donnée**, à provoquer un affaiblissement du signal reçu. De tels moyens sont particulièrement judicieux lorsqu'ils peuvent utiliser des haut-parleurs déjà présents pour sonoriser la zone en question : c'est le cas des habitacles d'automobile ou des cabines d'avions de ligne. On le verra au chapitre 3, le bruit s'écarte notablement d'un son pur, de fréquence et d'amplitude bien déterminés. Cela rend la conception des systèmes actifs délicate, et nécessite l'usage d'un traitement numérique des signaux.

Le CSTB utilise ce principe pour réaliser des **fenêtres actives**, présentant une isolation renforcée, en contrôlant la pression de la lame d'air entre les deux vitrages.

2.5 Directivité d'une source

Le phénomène d'interférences explique également le caractère plus ou moins directif d'une source, variable selon les dimensions géométriques de celle-ci.

Supposons en effet qu'on dispose d'une source formée par un disque de diamètre supérieur à λ, et dont tous les points vibrent en phase. Chacun de ces points peut être considéré comme une source rayonnant dans toutes les directions (source alors qualifiée par le terme : **isotrope**). Qu'en est-il pour la source globale ?

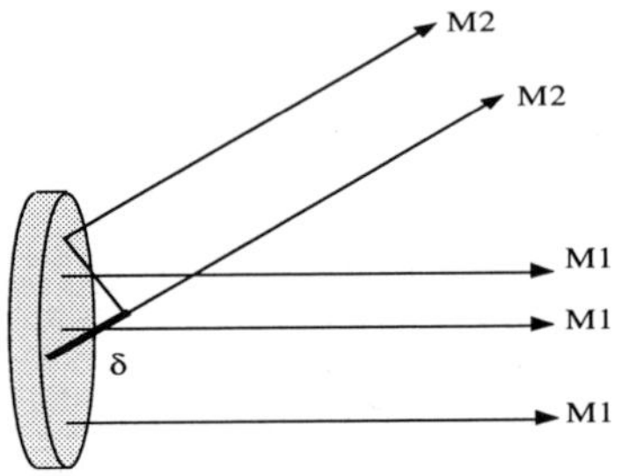

Figure 2.13 Interférences et directivité

Plaçons-nous d'abord loin de ce disque, et tout d'abord dans son axe. Tous les points de la source sont alors sensiblement à la même distance du récepteur, placé très loin, en M1 : les effets s'ajoutent, et l'amplitude reçue est maximale.

Il n'en est pas de même dans une direction θ par rapport à l'axe, vers un point M2 éloigné, puisque la différence de marche δ entre deux points de la source n'est alors pas négligeable. Par exemple, pour $\theta = 90°$, on trouvera toujours, pour chaque point de la source, un deuxième point tel que $\delta = \lambda/2$. L'énergie rayonnée dans la direction $\theta = 90°$ est alors nulle.

En revanche, si le diamètre de la source est petit devant λ, la différence de marche reste petite devant $\lambda/2$, même pour $\theta = 90°$ et en prenant des points sources situés à des extrémités opposées : l'amplitude résultante n'est plus nulle.

Il existe donc, du fait des interférences, un rapport direct entre la directivité d'une source et ses dimensions :

- **dimensions << λ : source non directive (isotrope)**
- **dimensions >> λ : source très directive.**

Le cône d'émission, ou diagramme de rayonnement d'une source, est l'image de sa directivité : on y trace l'amplitude reçue à une distance fixe R (ou le carré de l'amplitude, correspondant à la puissance captée), en fonction de l'angle du récepteur par rapport à l'axe de la source. La figure 2.14 donne le diagramme de rayonnement de différentes sources, selon le rapport de leur diamètre a et de la longueur d'onde. On passe d'une source peu directive en haut à gauche pour $a = \lambda/8$ à une source très directive pour $a = 3\lambda$. (Pour $a >> \lambda$, il apparaît en fait également d'autres directions privilégiées, donnant naissance à des "lobes secondaires" non représentés ici.)

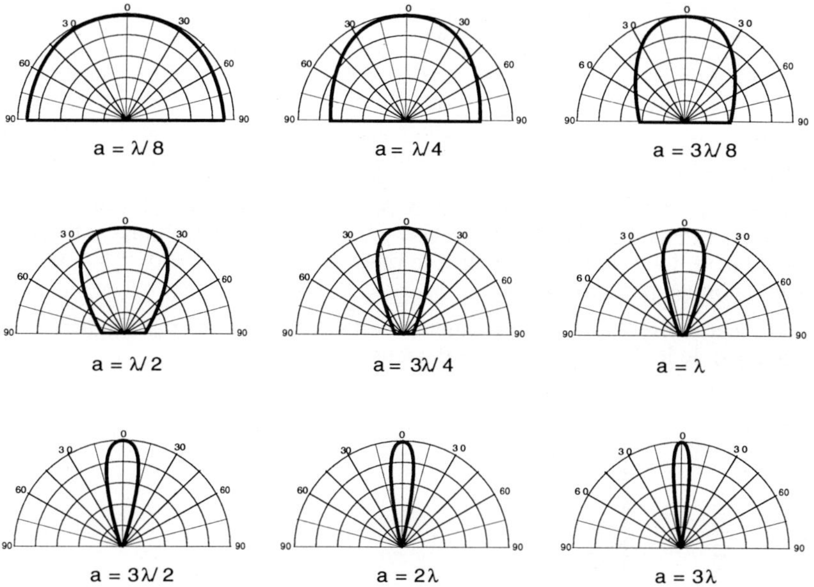

Figure 2.14 Dimensions de la source et directivité (d'après CSTB-REEF [1])

Cinq demi-cercles concentriques représentent, par rayons croissants, une intensité reçue égale à 20, 40, 60, 80 et 100%. Si on prend par exemple $a = \lambda$ on voit qu'on reçoit, à 15° de l'axe, 75% seulement de la puissance qu'on recueillerait dans l'axe.

D'une façon générale, une source émettant plusieurs fréquences est donc beaucoup plus directive pour les fréquences aigües, pour lesquelles la longueur d'onde est plus faible. Un haut-parleur de diamètre 20 cm sera très peu directif à 100 Hz (λ = 3,4 m), alors qu'il le deviendra fortement à 10 KHz (λ = 3,4 cm). (Une enceinte acoustique contient en fait plusieurs haut-parleurs, munis de filtres et adaptés à chaque gamme de fréquence. En particulier pour limiter la directivité, les *tweeters* sont beaucoup plus petits, mais ce n'est pas la seule raison : pour donner une puissance égale, l'amplitude d'une vibration de basse fréquence est plus élevée qu'une vibration de haute fréquence.)

Un réducteur d'actionneur SOMFY, considéré globalement, se présente comme une source de diamètre 5 cm et de longueur 10 cm. Les phénomènes de directivité se présenteront pour des fréquences supérieures à environ 10 kHz.

2.6 Réflecteurs

Il arrive très souvent qu'on dispose de sources de dimensions inférieures à la longueur d'onde, donc non-directives, alors qu'on souhaite les rendre directives dans une direction donnée. Il faut alors utiliser un réflecteur, dont les dimensions seront grandes devant λ. Nous verrons par la suite le mécanisme de la réflexion, mais nous pouvons déjà nous interroger sur le meilleur choix.

Prenons tout d'abord un réflecteur plan (Fig. 2.15), devant lequel est placée la source, et plaçons le récepteur en M, très loin dans la direction $\theta = 0°$, donc quasiment à égale distance de tous les points du réflecteur. Ces points ne sont pas atteints en même temps par une onde issue de la source S, donc ne vibrent pas (s'il s'agit d'une onde de déformation) en phase. Les ondes qu'ils émettent à leur tour arrivent donc en M déphasées, et, si le réflecteur est assez grand, on trouvera toujours, pour un point donné de celui-ci, un deuxième point tel que $\delta = \lambda/2$: la somme résultante est donc nulle. Le réflecteur ne joue donc ici aucun rôle dans la direction $\theta = 0°$: la source cache son image, donnée par le réflecteur.

Par contre, cette disposition peut permettre certaines directions privilégiées θ, dont la valeur dépend de la distance source-réflecteur.

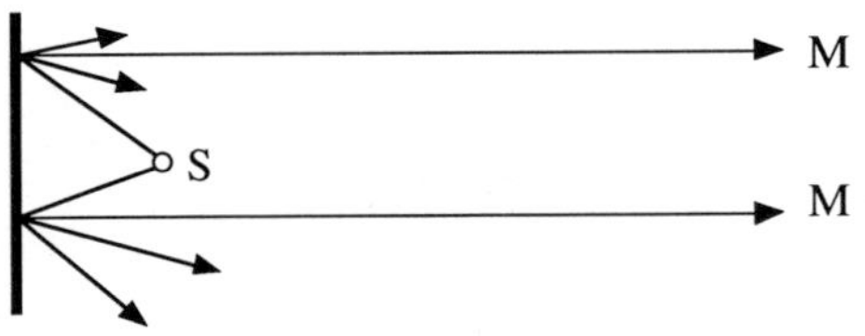

Figure 2.15 Réflecteur plan

Renouvelons la tentative avec un réflecteur hémisphérique (Fig. 2.16). Cette fois, tous les points de ce dernier vibrent bien en phase, puisqu'atteints simultanément par une onde issue de la source. Mais ils ne sont plus à la même distance de M, d'où de nouveau une différence de marche δ entre points voisins, et on obtient une onde résultante, due au réflecteur, nulle dans la direction $\theta = 0°$.

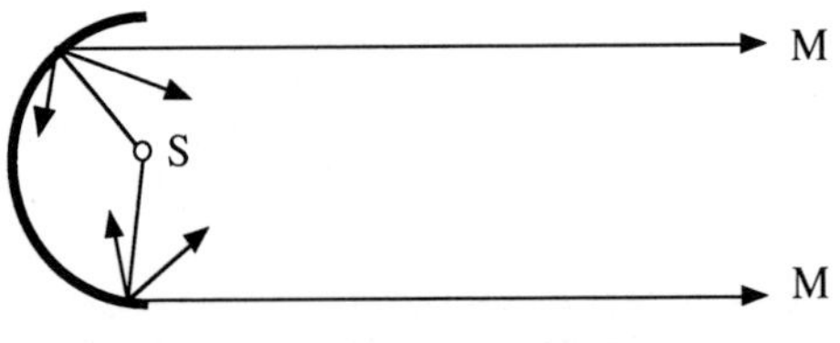

Figure 2.16 Réflecteur sphérique

Il nous faut donc trouver un compromis entre le plan, dont tous les points sont équidistants de M, mais pas de S, et la portion de sphère centrée sur M, qui possède la propriété inverse. Est-ce à force de tordre ce réflecteur qu'Archimède nous a légué le **paraboloïde**, figure engendrée par la rotation d'une parabole autour de l'axe passant par son foyer ? Toujours est-il qu'il n'y a pas mieux pour réaliser la condition : même distance SM parcourue, quelle que soit la position du point choisi sur le réflecteur, si S est au foyer, et M très loin, "à l'infini" dans la direction de l'axe (Fig.2.17).

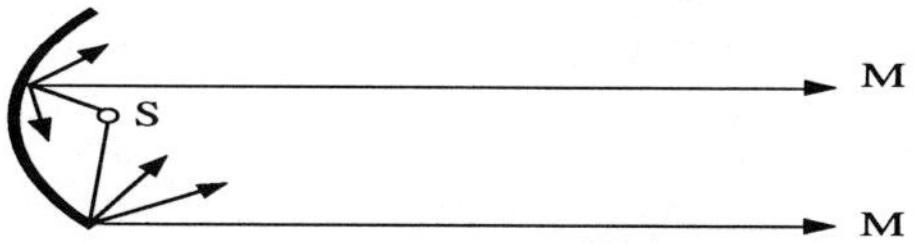

Figure 2.17 Réflecteur parabolique

Descartes ferait remarquer, avec la figure 2.18 et non sans raison, que c'est aussi cette courbure parabolique qui permet de satisfaire la condition angulaire $i = r$ en tout point de la surface du réflecteur, et ainsi d'obéir à sa première loi (cf. Fig. 2.20).

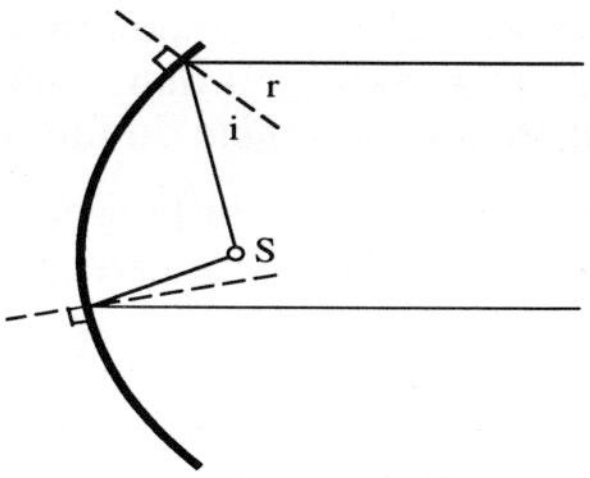

Figure 2.18 Propriété du paraboloïde

2.7 Des ondes aux faisceaux et rayons

Maintenant qu'à l'aide du réflecteur construit précédemment, nous disposons d'une source parfaitement directive dans la direction $\theta = 0°$, nous pouvons nous interroger à nouveau sur le mécanisme de propagation rectiligne du faisceau ainsi réalisé.

Dans le cas d'une chaîne linéaire, nous avons constaté que chaque point de la chaîne se comporte à son tour comme une source lorsqu'il entre en vibration et entraîne les points suivants. Il en est strictement de même pour une onde se propageant dans l'espace. Dans le cas d'une onde de pression, tout volume élémentaire (microscopique) δV atteint par l'onde devient le siège de variations de pression, et se comporte donc comme une source. Comme il s'agit d'un volume de très faible dimension devant λ, il rayonne de l'énergie de façon isotrope, comme représenté par ce cube élémentaire, isolé au sommet de la figure 2.19.

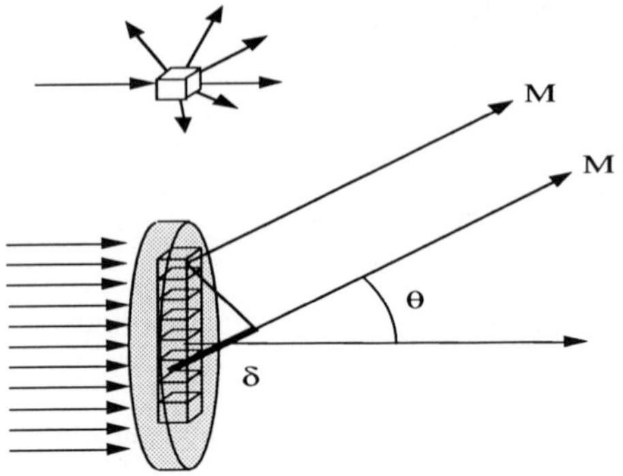

Figure 2.19 Explication de la propagation rectiligne

Alors se pose la question : pourquoi le faisceau parallèle créé à l'aide du réflecteur chemine-t-il en ligne droite à travers l'air ? Rencontrant en permanence une multitude de volumes élémentaires, qui tous rayonnent dans toutes les directions, ne devrait-il pas aussitôt se produire une diffusion complète du faisceau ?

La figure 2.19 représente, sur une tranche du faisceau, le mécanisme de divergence qu'on s'attendrait à trouver partout. Mais de nouveau interviennent les interférences entre rayonnements issus de la tranche. En effet, le faisceau créé par le réflecteur a nécessairement une section de diamètre très grand devant λ. Dans ces conditions, tous les volumes d'air δV situés sur une même section droite du faisceau sont donc atteints simultanément, et rayonnent en phase, comme une source étendue. Nous nous trouvons donc, pour l'ensemble de cette section, dans le cas étudié précédemment : l'énergie rayonnée résultante est nulle dans toute direction ... sauf dans la direction de l'axe. Il y a donc auto-entretien de la directivité du faisceau !

Ce raisonnement a été tenu, il y a trois siècles déjà, par le physicien hollandais Huyghens, pour expliquer la propagation rectiligne de la lumière, dont on avait découvert le caractère ondulatoire après les premières expériences d'interférences optiques. On peut ainsi expliquer et retrouver les lois de la **réflexion** et de la **réfraction**, correspondant à la déviation des rayons lors du passage d'un milieu de célérité c_1 à un autre milieu de célérité c_2, , lois que nous devons à Descartes.

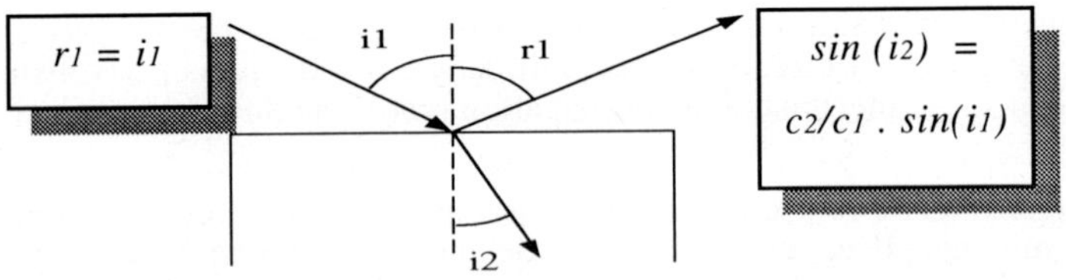

Figure 2.20 Réflexion et Réfraction : Lois de Descartes

On explique aussi ainsi le phénomène de **diffraction** d'un faisceau parallèle par une ouverture de dimensions inférieures, ou de l'ordre de λ. Du fait de l'obstacle, seul un volume élémentaire δV peut être excité, et cette fois, rien ne vient compenser son rayonnement dans toutes les directions.

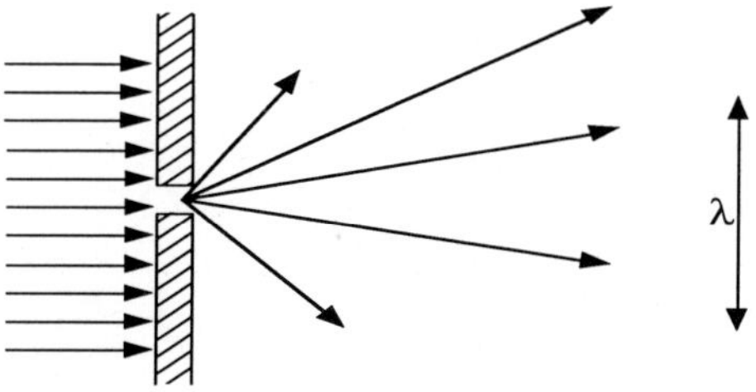

Figure 2.21 Diffraction par une fente

Cette petite incursion dans une réflexion sur les mécanismes de propagation "rectiligne" dans un milieu à trois dimensions nous incitera à nous méfier, en acoustique, des représentations sous forme de rayons ou faisceaux, comme on peut les pratiquer en optique géométrique : la propagation rectiligne a un sens pour un faisceau lumineux laser de diamètre 0,1 mm lorsque la longeur d'onde vaut 0.5 µm, soit 200 fois moins, et l'expérience montre bien qu'il y a très peu de divergence.

Pour obtenir la même qualité de parallélisme d'un faisceau acoustique, à une fréquence moyenne de 1 kHz (λ = 34 cm), il faudrait un faisceau de diamètre : 200x0.34 = 68 mètres ... et dix fois plus encore à 100 Hz !

Ce n'est qu'au sein de salles de très grandes dimensions qu'une représentation "géométrique" des propagations sonores trouve un sens. Remarque qui ne nous empêchera pas cependant d'avoir parfois recours à cette représentation commode.

2.8 Dernières réflexions

Le mécanisme proprement dit de la réflexion mérite un retour à la chaîne linéaire.

Nous supposons maintenant que l'ébranlement simple, vu précédemment, arrive sur une **discontinuité** de la structure. Par exemple, tout simplement, la deuxième extrémité, supposée fixe, de la chaîne.

De nouveau, une séquence de clichés pour expliquer le phénomène. On y a représenté non seulement la position réelle de chaque masse, mais aussi, en grisé, la position qu'elle aurait occupée s'il n'y avait eu cette discontinuité.

La dernière masse *N*, est donc fixe. Dès le deuxième cliché, on constate la perturbation subie par l'avant dernière, *N-1*, qui est soumise à une force deux fois plus importante que "prévu". La masse *N-1* est donc condamnée à faire demi-tour avant d'avoir atteint le maximum, situation représentée sur le troisième cliché, sur lequel on constate également la forte valeur de *F*.

Le quatrième cliché donne une impression trompeuse de retour à l'équilibre : en fait, les masses *N-3*, *N-2* et *N-1* sont en train de passer de l'autre côté, avec, pour les deux dernières, une vitesse très élevée, puisqu'elles subissent des forces importantes, agissant dans ce sens, depuis le cliché 2...

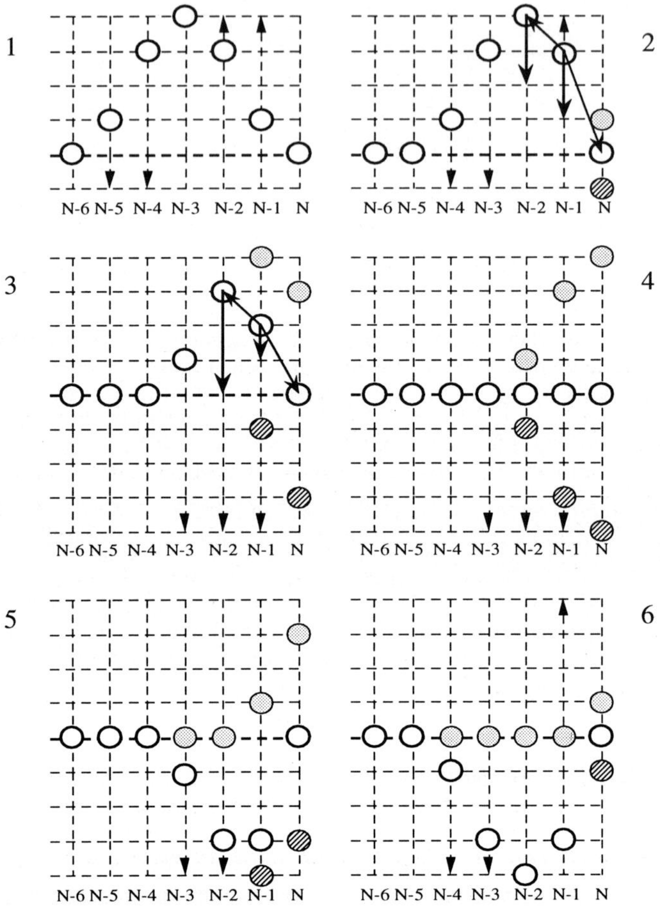

Figure 2.22 Détail de la réflexion sur un point immobile (N)

On aboutit ainsi aux situations des clichés 5 et 6 : **la déformation est cette fois négative, et se propage dans le sens opposé.**

On a représenté en hachuré le déplacement qu'il faudrait ajouter à la position non contrariée (grisée), pour obtenir la position réelle.

On constate que tout se passe comme s'il y avait superposition de deux ébranlements : l'un, positif, venant de la source réelle, et se propageant vers la droite, et l'autre, négatif, venant d'une source "image", et se propageant vers la gauche. La figure 2.23 donne une illustration de ce qui se passe "de l'autre côté du miroir".

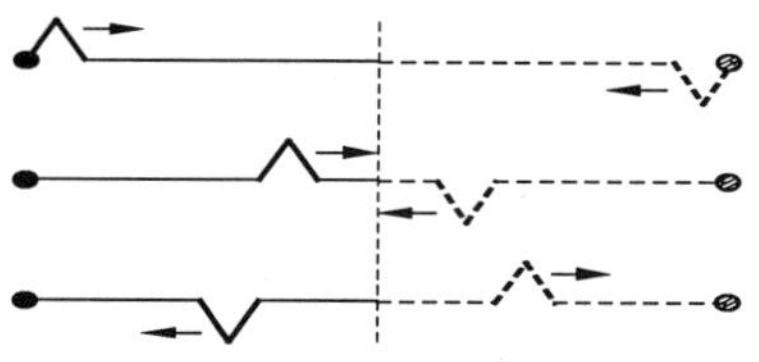

Figure 2.23 Source réelle à gauche, virtuelle à droite. Au centre : l'extrémité fixe

Ce mécanisme de réflexion est général, chaque fois qu'il y a discontinuité dans le milieu de propagation. Cette discontinuité peut correspondre à une extrémité libre, plutôt que fixe : on montre alors que la réflexion a lieu sans changement de signe.

La discontinuité peut également être due à une modification des caractéristiques du milieu : valeur des masses, ou de la raideur des ressorts. Elle se traduit alors par une modification de la célérité d'un milieu à l'autre.

Dans ce dernier cas, une partie de l'ébranlement continue à se propager dans le nouveau milieu, tandis que l'autre est réfléchie.

Dans le cas d'une source alternative entretenue, on appelle **coefficient de réflexion** le rapport des amplitudes de l'onde réfléchie par rapport à l'onde incidente, et **coefficient de transmission** le rapport des amplitudes de l'onde transmise, et de l'onde incidente. On parle de **facteur de transmission** pour le rapport des énergies ou des puissances, celles-ci étant proportionnelles aux carrés des amplitudes.

2.9 Ondes stationnaires et modes propres

Le terme "stationnaire" dans un chapitre consacré à la propagation des ondes a de quoi surprendre. Nous allons étudier deux ondes entretenues, de même fréquence et se propageant en sens inverse. Pour simplifier, les ondes sont représentées avec une forme triangulaire, et pour fixer les idées, on considère qu'il s'agit d'une déformation transversale, qui se propage.

La figure 2.24, en page suivante, représente, en grisé, les ondes à différents instants, ainsi que leur superposition, en trait plein. La résultante se présente comme une onde triangulaire aplatie, ... et il n'y a plus propagation ! On s'en convaincra en se reportant à la figure 2.25 (à gauche), qui superpose les neuf images de la résultante seule.

Situation donc nouvelle, dans laquelle deux points voisins n'ont plus le même mouvement vertical, simplement décalé dans le temps, mais au contraire un mouvement simultané, éventuellement de sens opposé, et d'amplitudes différentes. Certains points ne vibrent d'ailleurs pas du tout (**noeuds** de vibration), alors que d'autres vibrent avec une amplitude double (**ventres** de vibration).

Nous obtenons en fait un résultat déjà vu de façon plus générale à propos des interférences : nous sommes à présent simplement dans l'axe des deux sources S1 et S2, produisant les deux ondes.

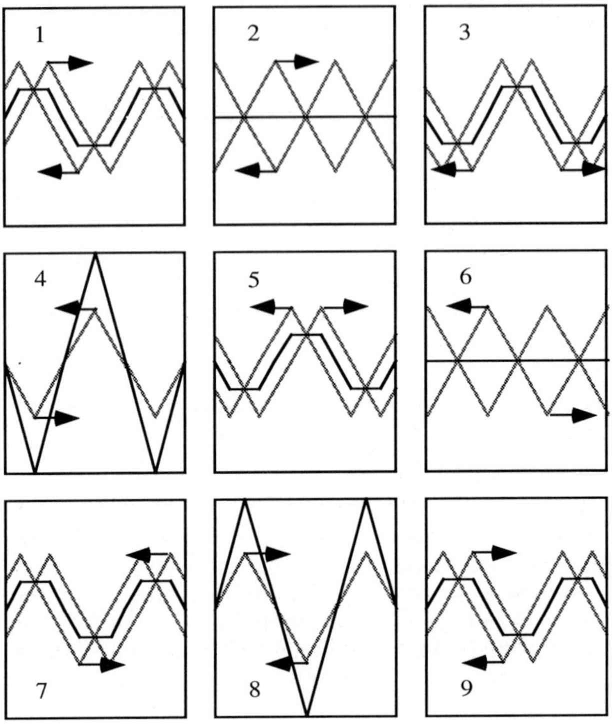

Figure 2.24 Ondes opposées : onde stationnaire résultante

La superposition d'images beaucoup plus rapprochées dans le temps donnera une image en **fuseaux** caractéristique des ondes stationnaires (Fig. 2.25 à droite). On remarquera que deux ventres consécutifs sont séparés de $\lambda/2$. Il en est de même pour deux noeuds consécutifs.

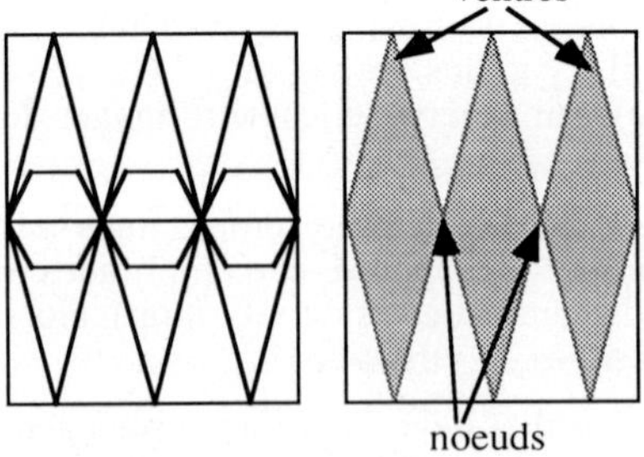

Figure 2.25 Mouvement résultant

On retrouve exactement les mêmes résultats avec des ondes sinusoïdales, avec cette fois une résultante également sinusoïdale, propriété qui constitue un excellent exemple d'application de formules trigonométriques classiques.

Il nous reste maintenant à franchir un grand pas en combinant ondes stationnaires, réflexions et résonance...

Nous prenons de nouveau une chaîne linéaire, de longueur L, maintenue aux deux extrémités. Une de ces extrémités, S, subit, à l'aide d'un dispositif excitateur extérieur, un mouvement vertical entretenu d'amplitude très faible, qui se propage donc le long de la corde avec une longueur d'onde λ.

Supposons pour commencer que $L = \lambda/2$. Au bout d'un temps suffisant (quelques centièmes de seconde pour une corde bien tendue de l'ordre du mètre), tout point de la corde sera donc soumis à deux ondes se propageant en sens inverse : celle issue de la source, celle réfléchie par l'extrémité réellement fixe (et semblant provenir d'une source image S') : nous voilà en présence d'une onde stationnaire, à un seul fuseau puisque $L = \lambda/2$.

Mais n'avons-nous réellement que deux ondes en présence ?

Les ondes issues de S', et se propageant vers la gauche, vont à leur tour se réfléchir en S, et de nouveau se propager vers la droite, en semblant provenir de S", image de S', et ainsi de suite.

Du fait de ces réflexions multiples (comme dans le cas de deux miroirs parallèles), **on se trouve en présence d'une infinité d'ondes stationnaires, dont la superposition donne une amplitude d'onde stationnaire résultante sans commune mesure avec l'amplitude de l'excitateur placé en S** (ce qui justifie a posteriori qu'on puisse considérer le point S comme fixe malgré la présence de l'excitateur).

Tout ceci ne marche, comme dans tout phénomène de résonance, que si les ondes successives se présentent au bon moment au bon endroit. Cela résulte ici du fait que nous avons choisi la longueur de la corde telle que $L = \lambda/2$, ce qui nous conduit au mode de résonance (ou mode propre) fondamental de la corde.

Mais on se convaincra facilement que le même raisonnement puisse s'appliquer à plusieurs fuseaux, correspondant, pour une longueur de corde donnée, à une fréquence d'excitation plus élevée, donc à une longueur d'onde plus faible : il suffit en fait de satisfaire la condition :

$$L = n \, . \, \lambda/2$$

avec n : nombre entier, égal au nombre de fuseaux. Chaque valeur de n définit ce qu'on appelle un **mode propre** de la corde.

L'amplitude des vibrations n'est alors limitée que par les pertes d'énergie dues à l'amortissement à l'intérieur du matériau, et par l'éventuel écart de précision sur la condition $L = n \, . \, \lambda/2$.

Si la fréquence de l'excitation s'écarte par exemple de plus de 10% de la bonne valeur, alors les différentes ondes réfléchies se superposeront avec des déphasages rapidement quasi-aléatoires, ce qui donnera une résultante nulle. Tout phénomène de résonance se traduit par une forte sensibilité à la fréquence, d'autant plus importante que l'amortissement est faible (cf. p 13).

La condition $L = n \cdot \lambda/2$ nous indique, pour une longueur donnée, quelles sont les fréquences susceptibles de provoquer un système résonnant d'ondes stationnaires :

$$f = n.c / (2L)$$

Pour une corde de 1 mètre, une célérité de 1000 m/s, on obtiendra :

mode 1 : (1 fuseau, $\lambda = 2$ m) f = 500 Hz,

mode 2 : (2 fuseaux, $\lambda = 1$ m) f = 1000 Hz,

mode 3 : (3 fuseaux, $\lambda = 0.67$ m) f = 1500 Hz,

mode 4 : (4 fuseaux, $\lambda = 0.50$ m) f = 2000 Hz.

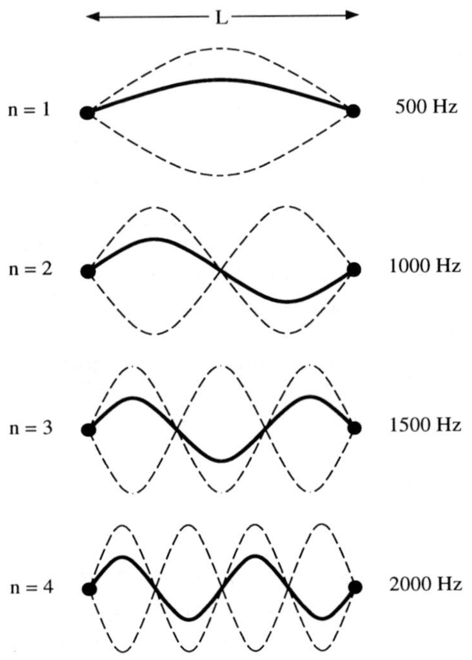

Figure 2.26 Les quatre premiers modes stationnaires d'une corde

Supposons que la source sinusoïdale ait pour fréquence 1000 Hz. Elle excite donc le deuxième mode de la corde. Mais où faut-il placer l'excitateur, le long de la corde, pour obtenir le meilleur résultat ?

Si l'excitateur impose le mouvement du point de la corde auquel il est relié, nous n'avons aucun intérêt à le disposer au niveau d'un ventre de vibration : un tel choix condamnerait en effet ce ventre de vibration à avoir l'amplitude de l'excitateur : aucun gain si on voulait provoquer des vibrations importantes : il y a alors un **très mauvais couplage entre la source et le milieu** résonnant.

Au contraire, le fait de disposer la source au voisinage immédiat d'un noeud de vibration, nous place de nouveau dans la configuration initiale, qui permet d'obtenir un ventre d'amplitude sans commune mesure avec celle de la source : il y a alors un **excellent couplage entre la source et le système résonnant**. Dans l'exemple représenté, la source peut être efficacement disposée aux deux extrémités, ou encore au milieu de la corde, pour le mode considéré (mode 2).

Il arrive souvent, notamment en acoustique et vibrations mécaniques, qu'une source contienne plusieurs fréquences (harmoniques divers, ou source multiple). Pour une géométrie donnée du système résonnant, elle peut donc exciter plusieurs modes (par exemple ici les modes 1 et 2 si la source contient simultanément les fréquences 500 et 1000 Hz).

Mais la disposition de la source peut être telle que certains modes seront bien couplés, et d'autres beaucoup moins. Supposons en effet que la source soit disposée au milieu de la corde : le mode 2 sera très bien couplé à la source, alors que le couplage du mode 1 sera pratiquement nul.

Dans les systèmes mécaniques pour lesquels une liaison source-bâti est inévitable, s'il se trouve que le bâti a des modes bien identifiés et que la source présente des fréquences pures, on s'efforcera de placer les points de contact aux emplacements de ventres de vibration pour les modes considérés, de façon à avoir un très mauvais couplage. Exemple à suivre ...

On retrouvera la possibilité d'exciter des modes propres de vibration dans tout système physique et/ou mécanique à deux ou trois dimensions.

Dans chaque cas, les conditions aux limites, imposées par la géométrie du système, seront satisfaites pour plusieurs valeurs de la fréquence.

Dans le cas d'un dispositif à une dimension, chaque mode propre est caractérisé par la valeur du nombre entier n.

Pour un système à deux dimensions, une plaque par exemple, **deux nombres entiers (m et n) caractériseront chaque mode**. Les fréquences de résonance d'une plaque de longueur L et de largeur l sont ainsi données par :

$$f_{(m,n)} = (c/2)\sqrt{(m^2/L^2 + n^2/l^2)}$$

Pour un système à trois dimensions, un parallélépipède de longueur L, de largeur l et de hauteur h, par exemple, **trois entiers (m, n, p) caractérisent chaque mode** :

$$f_{(m,\,n,\,p)} = (c/2)\sqrt{(m^2/L^2 + n^2/l^2 + p^2/h^2)}$$

Le mode (1, 0, 0) correspond à un systrème d'ondes stationnaires provoquées par la réflexion d'ondes se propageant uniquement dans la direction de la longueur L.

Le mode (1, 1, 1) correspond à un systrème d'ondes stationnaires provoquées par la réflexion d'ondes se propageant uniquement dans la direction de la diagonale du parallélépipède, etc...

Le nombre de modes résultant de toutes ces combinaisons est infini, mais une source de caractéristiques données ne pourra exciter que les modes dont la fréquence est très proche des fréquences qu'elle contient.

Le jeu consiste donc à savoir combien de modes risquent d'être excités dans une bande de fréquence de largeur Δf donnée.

On montre que, pour des fréquences grandes devant la fréquence de résonance la plus basse (celle du mode 1, 0, 0), ce nombre est égal à :

$$4\pi f^2 \, V \, \Delta f / c^3$$

ou encore :

$$(4\pi f^3 \, V / c^3) \, (\Delta f / f)$$

Sous cette dernière forme, on constate que, si on compare des bandes de fréquences relatives constantes, ce qui est toujours le cas en acoustique (avec la représentation spectrale en octaves ou tiers d'octaves qui sera vue par la suite), alors le nombre de modes par bande est **proportionnel au cube de la fréquence**. On appelle **densité modale** le nombre de modes dénombrés dans une bande de fréquence donnée.

Par exemple, il y a 1000 fois plus de modes à exciter dans le tiers d'octave centré sur 1000 Hz (entre 891 et 1122 Hz) que dans le tiers d'octave centré sur 100 Hz (entre 89 et 112 Hz).

Autant dire que, dès que les fréquences sont élevées, on ne peut éviter d'exciter les très nombreux modes propres de la structure.

Chapitre 3

LE SON - CARACTERISATION

3.1 Qu'est-ce que le son ?

❑ **L'air est massif !**

Un litre d'air, pris dans les conditions usuelles de température et de pression (22°C, 1 Bar) a une masse de 1,18 grammes. Voilà qui est peu, mais suffit à expliquer l'énorme valeur de la **pression atmosphérique** : force égale au poids de l'air situé au dessus d'une surface donnée.

L'atmosphère s'étend, du sol jusqu'à une altitude de 10 000 mètres environ. Au dessus d'une surface au sol de $1m^2$, on a donc un volume de 10 000 m^3, soit une masse de 11,8 tonnes (en supposant uniformes la densité de l'air et la pesanteur). Soit 1,18 kg au dessus d'un cm^2.

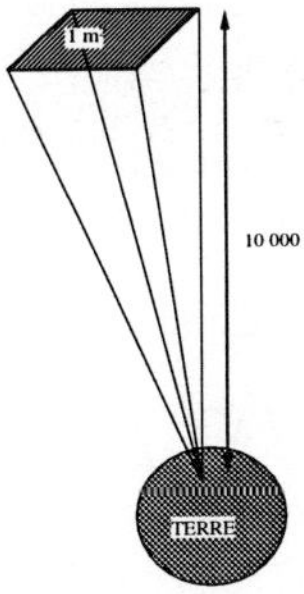

Figure 3.1 Colonne d'air au dessus de $1m^2$ au sol

La valeur réelle de la masse est plus proche de 1 kg (densité et pesanteur diminuent avec l'altitude), soit un poids voisin de 10 N, ou encore une pression voisine de 10 N/cm^2 (= 1bar, = 1000 hecto-pascals).

❑ **L'air est élastique !**

Nous savons tous qu'un piston (une pompe à vélo bouchée par exemple) comprimant un volume d'air est le siège d'une force de rappel.

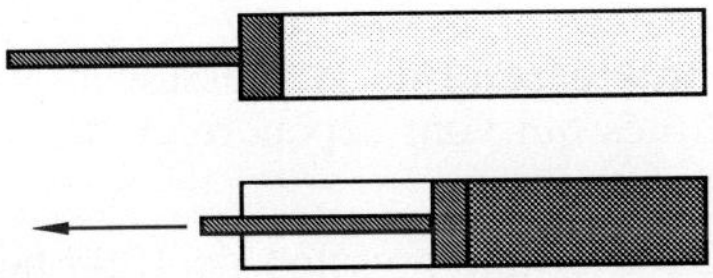

Figure 3.2 Force de rappel exercée par l'air comprimé

❑ L'air = masses plus ressorts = un milieu propice à la propagation.

Entourés d'air que nous sommes, nous voilà, comme dans le chapitre précédent, immergés dans un système masses-ressorts, mais cette fois à trois dimensions : le déplacement d'un volume d'air élémentaire entraînant une variation de pression dans les volumes voisins (Fig. 3.3), qui à leur tour entraîneront d'autres déplacements...

Toutes les conditions sont réunies pour qu'il y ait propagation de ces déplacements, de ces variations de pression.

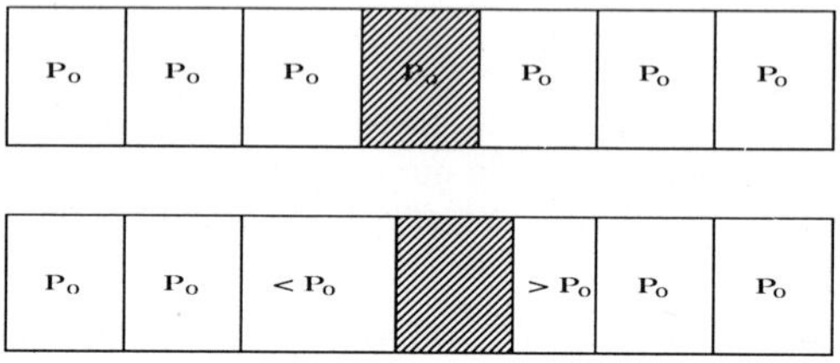

Figure 3.3 Déplacement ⇒ variations de pression ⇒ déplacements...

Si la source créant la perturbation est alternative il y a propagation continue **d'ondes sonores**, se traduisant en tout point de l'espace par une **variation alternative de la pression** p_a autour de sa valeur d'équilibre P_0 (la pression atmosphérique).

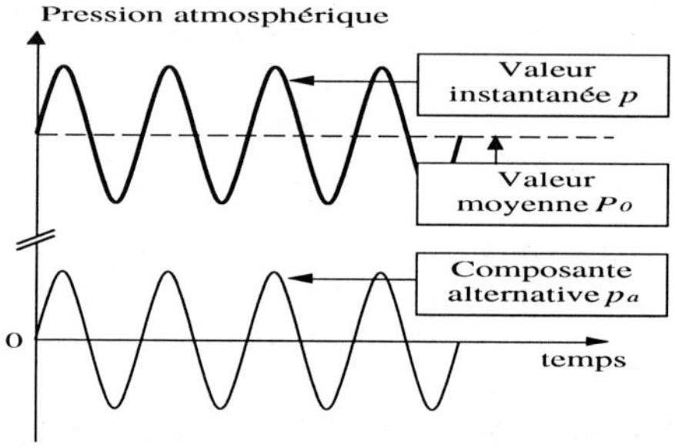

Figure 3.4 Le son : une variation infinitésimale de la pression atmosphérique

Composante alternative de la pression atmosphérique, et vitesse alternative des particules d'air, sont les deux composantes des ondes sonores dans l'air (ou dans un gaz), comme force et vitesse l'étaient précédemment dans le cas des ensembles masses-ressorts.

La célérité des ondes sonores dépend de la pression moyenne de l'air P_0, et de sa masse volumique ρ_0. Quantités qui vont dépendre en particulier de la température et de l'altitude.

Pour une température de 22°C et une pression de 1000 hecto-pascals la célérité des ondes sonores est de 345 m/s.

3.2 Les sources sonores

Une source sonore est donc un dispositif produisant des variations de pression alternatives.

D'une façon un peu académique, on distingue les sources de pression et les sources de déplacement (Fig. 3.4). Une membrane tendue, un piston, une plaque rigide, animés d'un mouvement alternatif mettent en mouvement les particules d'air les avoisinant : il s'agit d'une source imposant une variation alternative de la vitesse, la même de part et d'autre de la source. Cette vitesse alternative provoque, indirectement, des variations de pression, qui sont de signe opposé de part et d'autre de la source.

Inversement, une petite sphère pulsante, une paroi pulsante, induisent, de part et d'autre de la source, des variations de pression de même sens, et des vitesses opposées. On les désigne par source de pression.

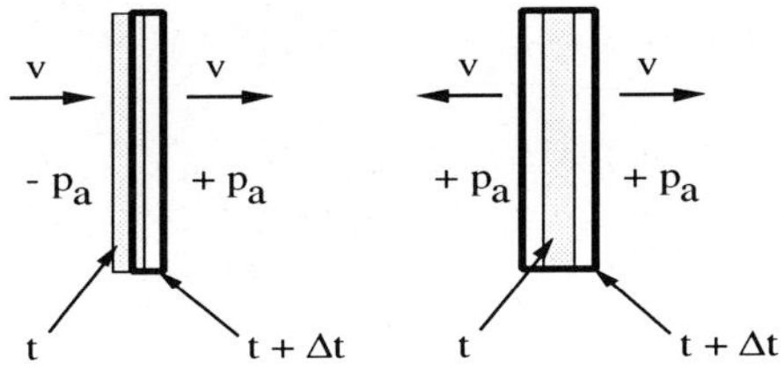

Figure 3.4 Source de vitesse (à gauche) et de pression (à droite)

Tout ce qui a été remarqué à propos de l'influence de la géométrie d'une source, et du rapport étroit entre dimensions, longueur d'onde, et directivité, s'applique bien entendu aux sources sonores.

Enfin, nous verrons plus loin que le seuil de perception de l'oreille humaine correspond à une valeur alternative de la pression un million de fois inférieure à la pression atmosphérique.

Les amplitudes de déplacement des particules d'air correspondant à une fréquence de 1000 Hz sont alors ... 16 fois plus faibles que le diamètre d'une minuscule molécule d'hydrogène.

Il suffit donc qu'une surface, au contact de l'air, ait des vibrations de très faible amplitude pour se comporter en source sonore !

(... s'il y a par ailleurs un bon couplage entre cette surface et l'air).

A titre d'exemple, l'amplitude des vibrations d'une membrane de haut-parleur de diamètre 15 cm, émettant une puissance sonore de 0,2 W à 500 Hz (soit un niveau de 92 dB à 3 mètres, voir plus loin), est de l'ordre de 30 µm. Cent fois plus pour une fréquence dix fois plus faible.

3.3 Oreille humaine : structure.

L'oreille humaine (ou des mammifères en général) est un instrument remarquable par la précision de sa structure, et par sa sensibilité. Son rôle est de convertir en signaux électriques, acheminés vers le cerveau par le nerf auditif, les variations rapides de pression p_a caractéristiques de l'onde sonore.

Le **pavillon** joue un rôle d'entonnoir, en augmentant la surface de réception de l'oreille, et en canalisant les ondes acoustiques vers le **conduit auditif**, lequel se termine par une membrane tendue, le **tympan**, susceptible de se déformer sous l'effet des variations de pression de l'onde sonore.

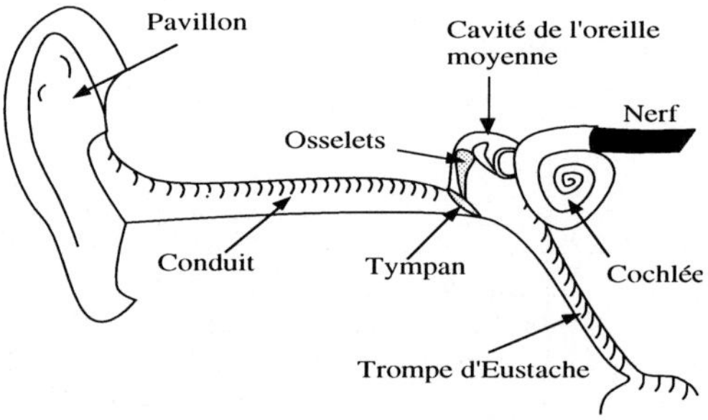

Figure 3.5 Oreille humaine : coupe

Arrêtons-nous un moment sur la solution retenue par la Nature pour que le tympan, membrane très mince, parvienne à réagir à une très faible pression alternative sonore, tout en supportant la pression atmosphérique, plusieurs millions ou milliards de fois supérieure.

Cette pression atmosphérique P_0 est en fait équilibrée sur les deux faces du tympan.

D'une part, la face externe du tympan est soumise à la pression $P_0 + p_a$, provenant du conduit auditif, et d'autre part, sa face interne est soumise à la pression d'air provenant également de l'extérieur, mais par l'ensemble bouche, nez, pharynx et trompe d'Eustache, ensemble à travers lequel les faibles variations de la composante alternative de la pression sont totalement atténuées.

On a donc $P_0 + p_a$ d'un côté, et P_0 de l'autre : seule p_a agit alors sur le tympan et on se trouve donc en présence d'un **capteur différentiel** naturel (Fig. 3.5).

(En fait, la liaison trompe d'Eustache-pharynx, ne s'ouvre qu'un bref instant, au moment de chaque déglutition. Ceci ne change rien à ce qui vient d'être dit si la pression atmosphérique P_0 reste constante. Dans le cas, par contre, d'une rapide variation de la pression atmosphérique, due par exemple à une chute d'altitude, il n'y a plus égalité entre la valeur de P_0 sur la surface externe, et la valeur de P_0 sur la surface interne, qui correspondait à l'instant de la déglutition précédente. D'où une déformation importante, et douloureuse, du tympan, et une perte de sensibilité. Il suffit d'avaler de nouveau un peu de salive, pour que les choses rentrent dans l'ordre.)

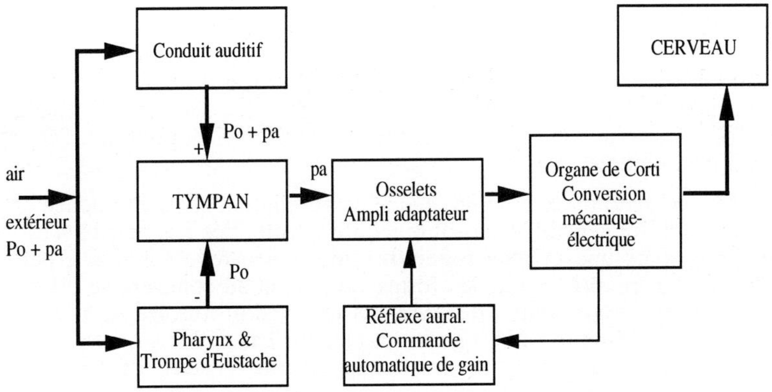

Figure 3.6 Oreille humaine : schéma bloc

Logés dans l'oreille moyenne, des osselets aux noms évocateurs (Marteau, Enclume, Etrier) constituent un amplificateur micro-mécanique exceptionnel, qui transmet les vibrations, amplifiées, vers l'oreille interne. Celle-ci a une paroi spirale, la **cochlée** ou limaçon, et est emplie d'un liquide à travers lequel se propagent les vibrations, lesquelles agissent enfin sur la **membrane basilaire (organe de Corti)**, qui supporte environ 15 000 cellules ciliées qui transforment en signaux électriques les déformations qu'elles subissent (comme le feraient des détecteurs piézo-électriques).

3.4 Oreille humaine et analyse fréquentielle : octaves

La forme particulière de la membrane basilaire est telle que l'onde sonore ne fera vibrer, par résonance, que certaines parties, suivant la ou les fréquence(s) du son.

Le cerveau reçoit alors les signaux des seules cellules concernée, ce qui lui permet de discerner la fréquence du son !

Evidemment, ce dispositif merveilleux a ses limites : les signaux de fréquence inférieure à 20 Hz sont en général incapables d'exciter des vibrations de cette membrane, et ne sont donc pas perçus. Il en est de même pour les signaux de fréquence supérieure à 16 000 Hz.

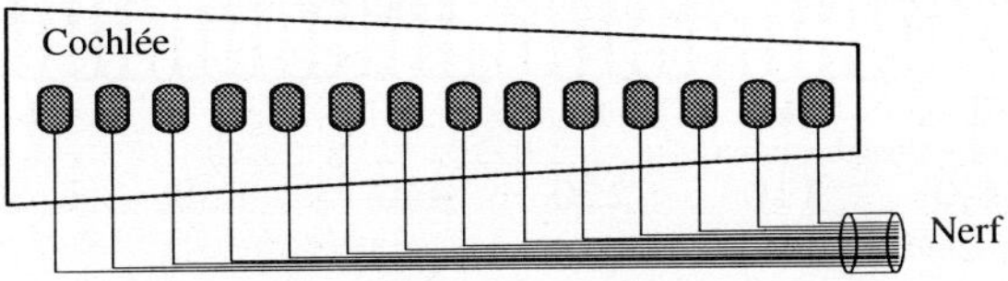

Figure 3.7 Membrane basilaire (ou Organe de Corti)

Infra-sons d'un côté, **ultra-sons** de l'autre, **domaine audible** au centre. Il s'agit d'une moyenne. Chaque individu a ses propres caractéristiques ... et une tendance inévitable : le rétrécissement de la **bande passante** avec l'âge.

Autre limite : nous sommes en général incapables de faire la différence entre un son pur (sinusoïdal, fréquence unique) de 2000 Hz, et un son de fréquence 2004 Hz, de même amplitude. Par contre, et sans avoir une oreille exceptionnelle, nous pouvons facilement distinguer un son de 50 Hz et un son de 54 Hz. Et pourtant, l'écart absolu en fréquence est le même : 4 Hz.

Ce n'est pas l'écart absolu qui compte, mais l'écart relatif. Plus la fréquence est élevée et plus faible est notre sensibilité absolue. Notre échelle des fréquences n'est pas une échelle linéaire, mais une **échelle logarithmique** : une telle échelle, à partir d'une valeur médiane, se comprime vers les fortes valeurs, et au contraire se dilate vers les faibles valeurs. On a représenté en figure 3.8 une vision linéaire de l'intervalle des fréquences audibles, et une vision logarithmique, en "base 10" : un même intervalle y sépare deux fréquences dont l'une est dix fois supérieure à l'autre (cf. §3.11).

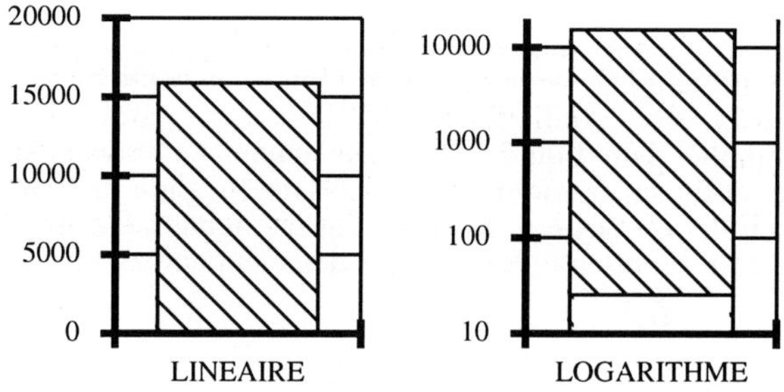

Figure 3.8 Représentations de l'intervalle 20 Hz-16 kHz

Les musiciens ont adopté une échelle à base 2 : un même intervalle sépare deux fréquences dont l'une est double de l'autre. Un tel intervalle s'appelle une **octave**.

Dans une **gamme chromatique**, une octave est divisée en douze demi-tons, tous en progression géométrique, c'est à dire que la fréquence d'un demi-ton se déduit de la précédente en multipliant par un nombre q constant (q = racine douzième de 2, ainsi on aboutit à la féquence double au bout de 12 multiplications par q).

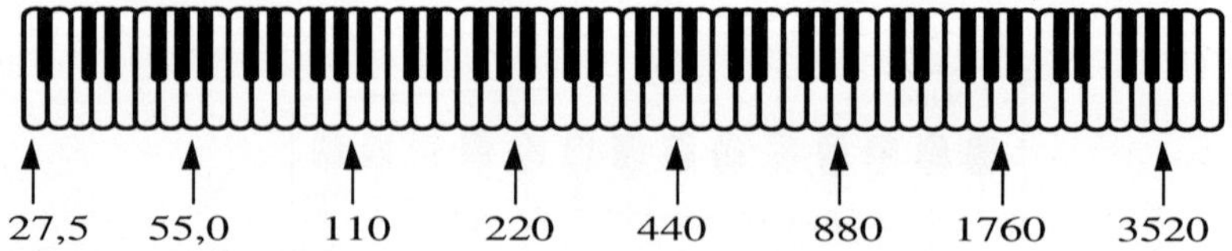

Figure 3.9 Clavier de piano

Deux notes séparées d'une octave portent le même nom, avec un indice différent. Ainsi le clavier de piano moderne va-t-il du la_0 (27,5 Hz), au do_8 (4186 Hz) en balayant 7 octaves 1/3 en 88 notes. La note médiane la_4 se situe à 440 Hz, fréquence usuelle pour les diapasons, ... ou la tonalité du téléphone.

Un son est **aigu** lorsque sa fréquence est élevée, **grave** dans le cas contraire. La **hauteur** d'un son est l'image de sa fréquence. Enfin, un son non sinusoïdal contient nécessairement un fondamental et des harmoniques. Le son est d'autant plus **plat** qu'il est pauvre en harmoniques, il présente d'autant plus de **timbre** qu'il est riche en harmoniques. La même note jouée par deux instruments (piano et guitare par exemple) donne la même fréquence pour le fondamental, mais des harmoniques différents.

3.5 Oreille humaine et sensation d'intensité sonore

Pour une fréquence donnée, l'ensemble oreille-cerveau perçoit également de façon différente des sons correspondant à des amplitudes de pression alternative différentes.

Là aussi, mais pour de tout autres raisons que précédemment, le comportement n'est pas linéaire, mais logarithmique : plus le niveau est faible, plus la sensibilité est élevée, plus le niveau est élevé, plus la sensibilité devient faible. Ainsi le dispositif est-il capable, on l'a déjà mentionné, de détecter des variations de pression infimes, de réagir à des puissances captées de l'ordre de 10^{-16} watts. Mais il fonctionne encore, même si c'est assez désagréable, pour une puissance captée un milliard de fois supérieure.

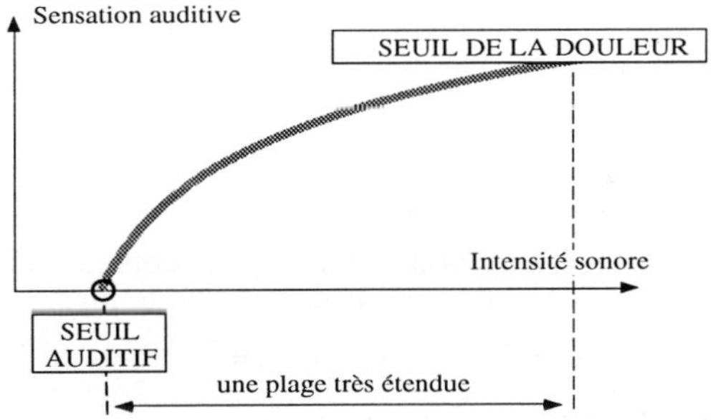

Figure 3.10 Du seuil de perception à celui de la douleur

Notre deuxième grand capteur, l'oeil, se situe incomparablement très au-dessous de l'oreille pour la sensibilité et la plage de fonctionnement (la dynamique). Ces grandes qualités de l'appareil auditif ne sont pas l'apanage de l'espèce humaine, et tiennent pour l'essentiel au dispositif d'auto-limitation de l'amplification, qui tolère les fortes valeurs, tout en permettant une grande sensibilité à bas niveau.

La Nature avait-elle des prédispositions pour les logarithmes ? Très certainement, et les exemples ne manquent pas... Nous pouvons voir ici le résultat de l'**évolution**, qui, par le jeu des mutations accidentelles se répétant sur des millions d'années, a su retenir les organes les plus intéressants : une féroce loi de sélection naturelle éliminait impitoyablement l'animal à l'oreille trop peu sensible pour détecter l'approche d'un prédateur, au au contraire trop sensible et rendu sourd au premier coup de tonnerre...

Afin de ne pas éliminer à notre tour les lecteurs non mathématiciens, nous avons placé à la fin de ce chapitre un court paragraphe d'introduction aux logarithmes.

3.6 Puissance, Intensité, Amplitude, Niveaux : Décibels

Une source sonore transmet à l'air environnant une certaine énergie. Ramenée à l'unité de temps, cette énergie transmise par seconde représente la **puissance sonore** de la source, exprimée en watts. Cette grandeur **(notée *W* en acoustique, pour la différencier de la pression *P*)**, et la description de sa répartition spectrale, caractérisent parfaitement la source.

A l'exception de l'usage d'un réflecteur, ou du cas d'un conduit sans pertes (guide d'onde) canalisant intégralement la puissance émise, celle-ci se répartit dans l'espace. La répartition spatiale, ou diagramme de rayonnement, qualifie la directivité plus ou moins grande de la source dans un espace libre.

L'intensité sonore *I* caractérise la puissance reçue en un point de l'espace, par mètre carré de surface efficace de capteur. La surface efficace étant la surface équivalente au capteur quand celui-ci est dans l'orientation optimum.

Prenons l'exemple d'une sphère pulsante, de surface 1 m^2 (rayon = 0,28 m), émettant une puissance sonore de 20 watts.

Dans un espace sans obstacle, les ondes sphériques se propagent. Mais toute l'énergie contenue, au départ sur une sphère de surface 1 m^2, l'est, 100 fois plus loin (à 28 m), sur une sphère de 10 000 mètres carrés (la surface d'une sphère est proportionnelle au carré de son rayon).

L'intensité sonore à cette distance est donc de 2 mW/m^2. Un capteur d'ouverture égale à 1 cm^2 capte alors une puissance égale à 0,2 µW.

Afin de qualifier l'intensité *I* d'un son, d'une façon compatible avec la sensation auditive, représentée à la figure 3.10, on utilise une échelle logarithmique.

❑ Le **niveau d'intensité sonore** L_I s'exprime en décibels (dB) (L pour "level" : niveau).

On le détermine par la formule :

$$L_I = 10 \log (I/I_{ref})$$

Dans cette expression, le logarithme est en base 10, avec les propriétés (cf. 3.11) :

$$\log 1 = 0\ , \log 10 = 1,\ \log (A)^n = n.\log (A)\ ,\ \log (A.B) = \log (A) + \log (B)$$

La valeur $L_I = 0\ dB$ correspond à $I = I_{ref}$.

On a pris pour référence : $I_{ref} = 10^{-12}\ W/m^2$, c'est la valeur du seuil de perception moyen.

❑ De la même façon, et du fait que tout accroissement de puissance conduit à un accroissement proportionnel d'intensité, le **niveau de puissance sonore** d'une source L_W s'exprime en décibels, à partir de la même formule :

$$L_W = 10 \log (W / W_{ref})$$

La valeur $L_W = 0\ dB$ correspond à $W = W_{ref}$.

On a pris pour référence : $W_{ref} = 10^{-12}\ Watt$.

Bien souvent, les capteurs n'indiquent pas directement la valeur de la puissance, mais plutôt d'une grandeur physique, dont le carré donne l'énergie ou la puissance.

Par exemple, dans le cas d'ondes sonores, c'est un capteur de pression, ou d'accélération (dont on déduit la vitesse), qui sera utilisé. Et l'intensité sonore en un point est proportionnelle au carré de la valeur efficace de la composante alternative (notée ici P) de la pression en ce point (voir Annexe 1) :

$$I = k \,.\, P^2 = (1/\rho o.c)\, P^2 = 1/(400) \,.\, P^2 \quad \text{(dans l'air)}$$

On a souhaité assez logiquement, dans la représentation en niveaux, qu'une même valeur en décibels caractérise aussi bien l'intensité sonore que l'amplitude de la grandeur associée (pression, vitesse) caractérisant celle-ci.

Ce choix entraîne deux conséquences :

- utilisation de la propriété : si $I \sim P^2$, alors : $\log I \sim \log P^2 = 2 \log P$,
- choix de niveaux de référence équivalents pour I_{ref} et P_{ref} : $I_{ref} = (1/400) P_{ref}^2$

❑ D'où la définition du **niveau de pression sonore** L_P, en décibels :

$$L_P = 20 \log (P / P_{ref}).$$

La valeur $L_P = 0\ dB$ correspond à $P = P_{ref}$.

On a pris pour référence : $P_{ref} = 2\ 10^{-5}\ Pascal$, c'est la valeur du seuil de perception moyen.

(Rappel : pression atmosphérique : 1015 hecto-pascals, presque un million de fois plus).

3.7 Comparaison et addition de niveaux.

Il faut un tout petit peu d'entraînement pour se familiariser avec les niveaux exprimés en décibels. Nous avons regroupé à cet effet plusieurs exemples d'application, qui illustrent plusieurs cas que nous rencontrerons par la suite.

❑ Exercice 3.1 : Conversion de Puissance en Décibels

" Quel est le niveau de puissance acoustique de la super-chaîne HiFi 40 watts, réclamée par mon fils pour son anniversaire ? "

Nous admettons que l'étiquette indique effectivement la puissance acoustique transmise par les enceintes, et non la puissance électrique fournie à celles-ci.

$$L_W = 10 \log (W / W_{ref}) = 10 \log (40 / 10^{-12}) = 136 \text{ dB}$$

C'est le niveau de puissance d'un orchestre symphonique de 75 instruments jouant simultanément. Sous la pression des voisins, le potentiomètre de volume restera sagement au minimum...

Figure 3.11 2x20 Watts = 136 dB

❑ Exercice 3.2 : Conversion Décibels en Puissance

" Une conversation murmurée doucement correspond à un niveau moyen LW = 30 dB. Quelle est la puissance sonore correspondante ? "

$$W = W_{ref} \log^{-1} (L_W / 10) = 10^{-12} \log^{-1} (30 / 10) = 10^{-9} \text{ watt}$$

❑ Exercice 3.3 : Addition de deux puissances égales

" J'utilise simultanément deux sources de même puissance W. Quel est le niveau total LW' correspondant à la puissance W' = 2.W ? "

$$L_W = 10 \log (W / W_{ref})$$

$$L_{W'} = 10 \log (W' / W_{ref}) = 10 \log (2W / W_{ref})$$

$$= 10 \log (W / W_{ref}) + 10 \log (2) = L_W + 3 \text{ dB}$$

En effet, le logarithme d'un produit AB est égal à la somme des logarithmes de A et de B.

Doubler la puissance de la source, c'est ajouter 3 dB au niveau de puissance initial

Vérifions pour W = 40 watts :

$$L_W = 10 \log (W / W_{ref}) = 10 \log (40 / 10^{-12}) = 136 \text{ dB}$$

$$L_{W'} = 10 \log (W' / W_{ref}) = 10 \log (80 / 10^{-12}) = 139 \text{ dB}$$

On trouve bien un écart de 3 dB.

Pour une multiplication par 10 de la puissance, on montre qu'il faut ajouter 10 dB.

❑ Exercice 3.4 : Addition de puissances différentes

" Deux sources sont caractérisées par LW1 = 54 dB et LW2 = 41 dB. On pressent le piège sur le niveau total : certainement pas 95 dB ? "

En effet. Nous venons de voir que si les deux sources fournissaient chacune 54 dB, comme la plus puissante ici, le niveau global ne serait jamais que de 54 + 3 = 57 dB.

Que valent les puissances correspondantes ? En utilisant la démarche de l'exemple 2, on calcule :

$$10^{-12} \log^{-1}(5{,}4) = 251\ 10^{-9}\ watt \qquad 10^{-12} \log^{-1}(4{,}1) = 12{,}6\ 10^{-9}\ watt$$

$$L_W = 10 \log (W / W_{ref}) = 10 \log (264\ 10^{-9} / 10^{-12}) = 54{,}2\ dB$$

Autant dire que le niveau total est pratiquement égal ici au niveau de la source la plus puissante, tant est grand ici l'écart qui les sépare : l'une est en fait 20 fois plus puissante que l'autre.

Retrouvons ce ratio des puissances sans faire le calcul effectif de celles-ci :

Ecart de 13 dB entre L_{W1} et L_{W2} = 10 dB + 3 dB

= multiplication par 10 + multiplication par 2 = multiplication par 20

❑ ❑ ❑ Règles pratiques des acousticiens pressés (d'après SRL [2]) :

si les niveaux à ajouter diffèrent de	le total est le niveau le plus élevé plus
0 ou 1 dB	3 dB
2 ou 3 dB	2 dB
4 à 9 dB	1 dB
plus de 10 dB	0 dB

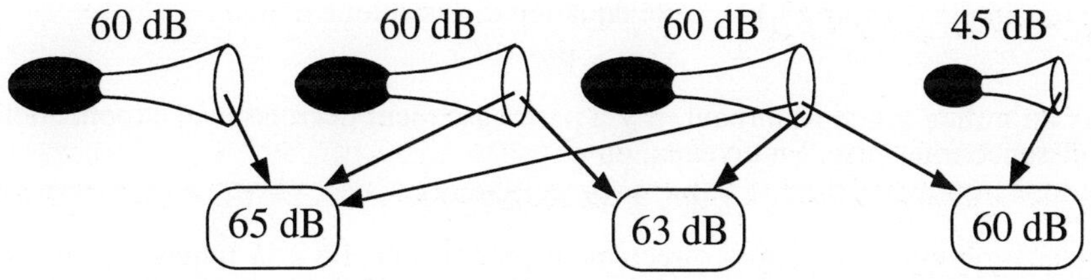

Figure 3.12 Somme de puissances exprimées en niveaux

❑ Exercice 3.5 : Décroissance avec la distance

" Comment décroît le niveau d'intensité *LI*, capté par un récepteur, lorsqu'on l'écarte d'une source émettant des ondes sphériques ? "

Si le milieu n'est pas absorbant, l'énergie contenue sur une sphère reste constante lorsque le rayon *R* de celle-ci augmente.

On a , pour deux rayons R_1 et R_2, correspondant à deus valeurs successives de *R* :

$$I_2 = W_2 / S_2 \quad I_1 = W_1 / S_1 \quad W_1 = W_2 \quad S_1 = 4\pi R_1^2 \quad S_2 = 4\pi R_2^2$$

Donc :

$$I_2 / I_1 = S_1 / S_2 = (R_1 / R_2)^2 = I_2\, I_{ref} / I_1\, I_{ref}$$

$$10 \log(I_2\, I_{ref} / I_1\, I_{ref}) = 10 \log (R_1 / R_2)^2 = 20 \log (R_1 / R_2)$$

$$10 \log(I_2 / I_{ref}) - 10 \log(I_1 / I_{ref}) = 20 \log(R_1 / R_2)$$

$$LI_2 - LI_1 = - 20 \log(R_2 / R_1)$$

Si $R_2 = 10\, R_1$, $LI_2 - LI_1 = -20\ dB$ ⇨ **Atténuation = -20 dB / décade de distance**

Si $R_2 = 2\, R_1$, $LI_2 - LI_1 = -6\ dB$ ⇨ **Atténuation = -6 dB / doublement de distance**

❑ Exercice 3.6 : Atténuation d'une onde guidée dans un matériau absorbant

" Si l'onde est canalisée, le mécanisme d'atténuation n'est pas, comme précédemment, la répartition de l'énergie dans un espace de plus en plus grand, puisque l'onde est guidée, mais éventuellement la dissipation par le matériau qui emplit le guide.

Comment se manifeste alors la décroissance de l'onde ? "

On découpe le volume traversé par l'onde, en tranches élémentaires, d'épaisseur *dr*. La puissance *dW* perdue (: négative) dans chaque tranche est proportionnelle :

- à un coefficient d'atténuation, noté *k*,
- à la puissance *(W)* traversant la tranche,
- à l'épaisseur *(dr)* de la tranche.

$$dW = - k \,.\, W \,.\, dr$$

k a les dimensions de l'inverse d'une longueur. Sa valeur dépend du matériau.

Une fois intégrée (voir §3.11), cette équation différentielle donne :

$$W = W_0 \,.\, e^{-k.r}.$$

Dans un milieu guidé absorbant, il y a par conséquent décroissance exponentielle de la puissance transmise. En niveaux, on a :

$$LW = LW_0 - (10/2{,}3)\, k \,.\, r\,.$$

L'atténuation en dB est alors directement proportionnelle à la longueur *r* parcourue par l'onde dans le milieu, et s'exprime en (dB/m) ou (dB/km). Deux exemples :

- Faisceau sonore 1000 Hz dans l'air à 20°C et 30% d'humidité relative : 0,005 dB/m. C'est très faible. Une onde sonore bien guidée est peu atténuée dans l'air (porte-voix).

- Onde lumineuse dans une fibre optique en silice de bonne qualité : 0,15 dB/km. (Un répéteur amplificateur tous les 500 km suffit, s'il présente un gain de +75 dB).

❑ Exercice 3.7 : Effets de réflecteurs plans

" En règle générale, une source n'est jamais isolée dans l'espace, mais placée à proximité d'au moins un réflecteur constitué par le mur de fixation, ou le sol. Il en résulte une d'intensité sonore *I* ', plus élevée que l'intensité *I* obtenue avec la source seule, là où s'ajoutent faisceau direct et faisceau réfléchi. Le **facteur de directivité *Q*** est le coefficient multiplicatif passant de *I* à *I'*. En niveaux, on a *LI'* > *LI*.

En négligeant tout phénomène d'interférences, que faut-il ajouter à *LI* pour obtenir *LI* ' si on dispose derrière la source :

- Un réflecteur plan ?
- Deux réflecteurs plans à 90° (formant un dièdre) ?
- Trois réflecteurs plans à 90° (formant un trièdre) ? "

Dans le premier cas, on recueille deux fois plus de puissance dans la moitié d'espace contenant la source (Q = 2), ce qui revient à y ajouter partout 3 dB. On aura alors :

$$I' = 2I \quad LI' = LI + 3\ dB$$

Dans le deuxième cas, on recueille quatre fois plus de puissance (Q = 4) dans le quart d'espace qui contient la source, soit :

$$I' = 4I \quad LI' = LI + 6\ dB$$

Dans le dernier cas, la puissance émise par la source est répartie dans le huitième de l'espace. Il en résulte un niveau 8 fois plus important (Q = 8) dans cette portion privilégiée qui contient la source ... et nul partout ailleurs :

$$I' = 8I \quad LI' = LI + 9\ dB$$

❑ Exercice 3.8 : Bandes 1/3 d'octave

" De combien sont multipliées les fréquences, quand on passe d'une bande 1/3 d'octave à la suivante ? Quelles sont les limites de la bande 1/3 d'octave centrée sur 100 Hz ? "

Lorsqu'on parcourt une bande 1/3 d'octave complète, la fréquence de départ est multipliée par un nombre q, tel qu'on doit obtenir un facteur multiplicatif égal à 2, si l'opération est répétée trois fois, puisque les fréquences correspondant aux extrémités d'une octave sont dans un rapport 2.

$$q = \sqrt[3]{2} = 1{,}26$$

Si maintenant on divise cette bande en deux, on peut répéter le raisonnement : lorsqu'on parcourt une bande 1/6 d'octave complète, la fréquence de départ est multipliée par un nombre q', tel qu'on doit obtenir un facteur multiplicatif égal à 1,26, si l'opération est répétée deux fois, puisque les fréquences correspondant aux extrémités d'une bande 1/3 d' octave sont dans un rapport 1,26.

$$q' = \sqrt{1{,}26} = \sqrt[6]{2} = 1{,}12$$

La bande 1/3 d'octave centrée sur 100 Hz est donc limitée par :

$$100 / 1{,}12 = 89\ Hz \quad et \quad 100 \,.\, 1{,}12 = 112\ Hz$$

3.9 Correction physiologique

Les avantages des échelles en décibels sont assez nombreux pour que nous adoptions cette représentation, qui, de plus, élève au dessus du commun des mortels ceux qui la pratiquent. Nous en mesurerons toute la finesse dans la description des phénomènes d'atténuation.

Il nous reste cependant à raccorder ce que nous savons de l'addition des puissances sonores de différentes sources, à la sensibilité en fréquence de l'oreille : une source de puissance sonore donnée n'a pas du tout le même effet à 10 Hz, à 1000 Hz, à 100 kHz.

Cet effet se manifeste à l'intérieur même du domaine audible : à puissance égale, les sources de basse fréquence produisent moins d'effet que celles situées dans le domaine de plus forte sensibilité : entre 1 et 5 kHz.

Pour chaque valeur de la fréquence, il convient donc de multiplier la puissance par un coefficient plus ou moins élevé, ou encore d'ajouter un nombre correctif au niveau exprimé en décibels. Plusieurs types de correction sont proposés. La correction (A) est la plus utilisée. Ses valeurs sont données sur le tableau, ou la courbe équivalente regroupés ci-dessous.

Fréquence (Hz)	correction (dB)
50	-30
63	-26
80	-22,5
100	-19,1
125	-16,1
160	-13,4
200	-10,9
250	-8,6
315	-6,6
400	-4,8
500	-3,2
630	-1,9
800	-0,8
1000	0
1250	0,6
1600	1
2000	1,2
2500	1,3
3150	1,2
4000	1
5000	0,5

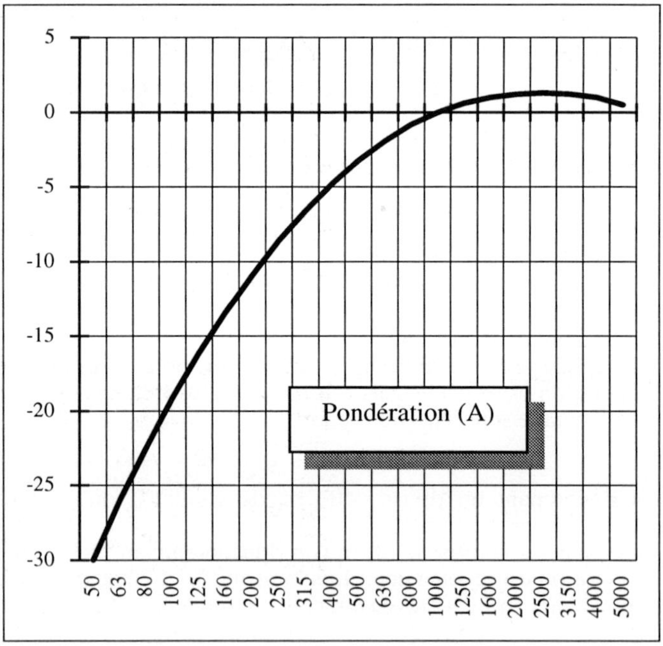

Figure 3.13 Correction physiologique de type (A)

Dans chaque bande tiers d'octave, la correction est appliquée aux niveaux individuels de puissance (ou de pression), en ajoutant la valeur indiquée. Le niveau global pondéré est obtenu par "sommation" des niveaux individuels.

Afin qu'il n'y ait aucune ambiguïté, les valeurs de pression, d'intensité ou de puissance sonores ainsi corrigées s'appellent **pression acoustique**, **intensité acoustique** ou **puissance acoustique**, et on indique par une lettre A, B, C, le type de pondération utilisée dans ces niveaux corrigés.

PUISSANCE SONORE CORRIGEE = PUISSANCE ACOUSTIQUE

INTENSITE SONORE CORRIGEE = INTENSITE ACOUSTIQUE

PRESSION SONORE CORRIGEE = PRESSION ACOUSTIQUE

Les niveaux correspondants s'expriment en dB(A), dB(B) ou dB(C). Cependant, il ne sera pas rare de rencontrer le terme "acoustique" pour des valeurs non corrigées, ce qui choque la sémantique mais est consacré par l'usage. On exprime alors en dB(lin).

3.10 Valeurs typiques de niveaux acoustiques LW et LP

Les tableaux ci-après indiquent des valeurs typiques de niveaux de pression acoustique, ou de puissance acoustique, afin de fixer quelques ordres de grandeur.

Puissance (watts)	LW (dBA)	Source
100 000	170	Avion à réaction
10 000	160	-
1 000	150	-
100	140	-
10	130	Avion de tourisme
1	120	Groupe Turbo-Alternateur 1MW
0,1	110	Marteau-piqueur
0,01	100	Voiture à 130 km/h
0,001	90	Soufflante à feuilles mortes portative
0,000 1	80	
0,000 01	70	Sèche-linge classique
0,000 001	60	Machine à laver classique
0,000 000 1	50	Machine à laver super-silence
0,000 000 01	40	Balayeur de feuilles mortes
0,000 000 001	30	Voix : murmure très léger

Tableau 3.1 Niveaux de Puissance Acoustique LW

LP (dB)	Source
130	Sirène 36 kW à 30 mètres
120	Intérieur d'une chaudronnerie
110	Avion à réaction au décollage (100 mètres) Niveau maximum de baladeurs vendus en France
100	Marteau-piqueur, à l'emplacement manipulateur
90	Niveau dangereux pour 8 heures d'exposition Niveau moyen d'écoute des baladeurs en France
80	Autoroute ou Train de marchandises à 30 mètres Niveau maximum des baladeurs vendus au Japon
70	Compréhension difficile d'un interlocuteur très proche Aspirateur à 3 mètres. Forte circulation urbaine (façade)
60	Petite circulation urbaine, mesurée en façade
50	Restaurant calme
40	Quartier résidentiel urbain de nuit
30	Zone rurale loin d'une route. Appartement très calme

Tableau 3.2 Niveaux de Pression Acoustique LP

Remarquons en particulier que le niveau de puissance caractérise globalement l'équipement, alors que le niveau de pression, de même qu'un niveau d'intensité, n'a de sens qu'en un point donné (la distance à la source est alors indiquée, sauf lorsque les sources sont diffuses, ou placées dans une salle réverbérante et que le niveau est uniforme).

3.11 Logarithmes

Nous allons justifier ici, pour le lecteur peu familier avec ces êtres mathématiques, l'insidieuse présence des fonctions exponentielles et logarithmes dans de très nombreuses lois physiques, statistiques ou naturelles.

Ces fonctions représentent des phénomènes caractérisés par une grandeur y dont le **taux de variation** par rapport à la variable x (dont dépend y) obéit à une relation très simple de proportionnalité, soit avec y elle même, soit avec l'inverse de x.

❑ Taux de variation

Pour préciser les notations, rappelons que le taux de variation d'une grandeur y en fonction de la variable x dont elle dépend exprime tout simplement le rapport de la variation de y par celle de x lorsque ces variations sont devenues suffisamment faibles pour qu'on puisse assimiler la courbe $y(x)$ à une portion de droite (Fig. 3.14). On note alors dy et dx ces variations, et le taux de variation s'écrit : dy / dx .

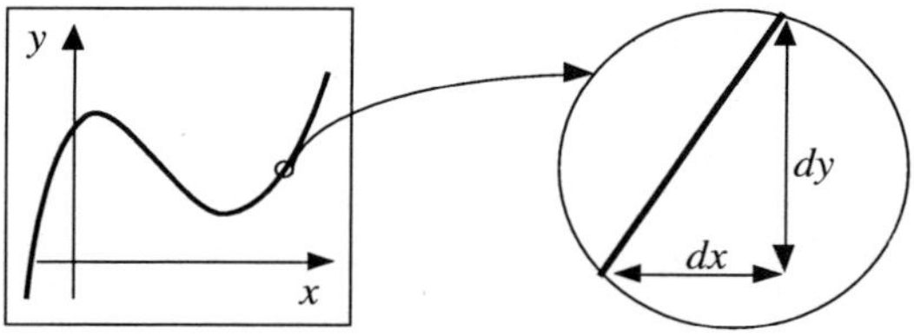

Fig. 3.14 Taux de variation

❑ Loi exponentielle

Dans un phénomène obéissant à une loi exponentielle, le taux de variation est proportionnel à la valeur de *y* :

$$dy / dx = k\, y$$

Cette loi traduit les comportements du type :

"Plus il y en a déjà, plus ça augmente encore !"

Chacun pourra faire le lien entre *y* et la grandeur de son choix, selon son humeur : piles de dossiers sur le bureau, capital investi, pression fiscale, nombre de fissions nucléaires dans une réaction en chaîne non contrôlée, couples de lapins...

Evidemment, pour tracer une telle évolution, nous avons besoin d'une valeur de départ pour *y*. Nous voyons par exemple qu'un choix initial $y = 0$ donnera naissance à un taux de croissance nul, et donc à une valeur de *y* stationnaire.

La valeur initiale $y = 1$ est plus intéressante : elle donne un taux de croissance unitaire si *k* vaut également 1. C'est un choix neutre, équilibré qui convient parfaitement pour démarrer : tout peut arriver !

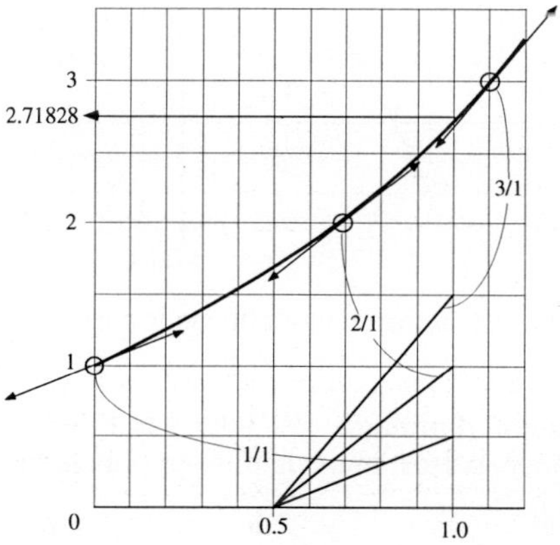

Fig. 3.15 Croissance exponentielle

Retenons-le pour tracer, sur la figure 3.15, l'évolution ultérieure de y. Plus y augmente, plus fort devient encore son taux de croissance : quand y atteint la valeur 2, elle croît deux fois plus vite que x, trois fois plus rapidement quand elle atteint 3 etc... Bien entendu, cette croissance est progressive, mais extrêmement rapide. Les phénomènes exponentiels conduisent à l'explosion si rien ne vient les contrebalancer !

La relation entre y et x se note :

$$y = e^{x} \qquad \text{On a : } e^{0} = 1 \text{ et } e^{1} = 2{,}718 = e$$

❑ Loi logarithmique

Dans un phénomène obéissant à une loi logarithmique, le taux de variation est inversement proportionnel à la variable x :

$$dy / dx = k' / x$$

Cette loi traduit les comportements du type :

"Plus la commande est élevée, moins ça produit d'effet !"

De nouveau, chacun pourra accrocher ce dicton aux phénomènes les plus divers. Nous venons dans ce chapitre de voir à quel point l'oreille obéit à ce principe d'auto-saturation, qu'on retrouvera souvent dans les circuits électriques (condensateurs...).

Dans le cas où on se débarrasse de k' en lui donnant la valeur 1, on voit que c'est pour $x = 1$ qu'on pourra démarrer, comme précédemment avec un taux de croissance équilibré. Que se passe-t-il ensuite (Fig. 3.16) ?

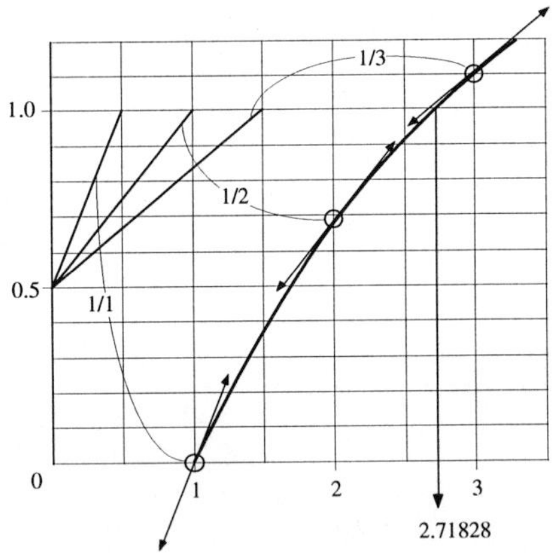

Fig. 3.16 Construction d'une courbe logarithmique

Le taux de variation ne cesse de diminuer : 1/1 pour $x = 1$, 1/2 quand $x = 2$, puis 1/3 pour $x = 3$. Toujours croissance, certes, mais de plus en plus lente.

La relation entre y et x se note :

$$y = \ln(x) \qquad \text{On a : } \ln(1) = 0 \text{ et } \ln(2{,}718) = \ln(e) = 1$$

Ces logarithmes particuliers doivent leur nom de "népériens" et leur symbole "ln" au mathématicien écossais Napier (Neper) qui les a légués à la postérité en 1614.

On remarquera, sur les deux figures qui précèdent, que la loi logarithme est la réciproque de la loi exponentielle : on passe de l'une à l'autre en permutant x et y.

$$dy / dx = y \quad \leftrightarrow \quad dx / dy = x \quad soit : \quad dy / dx = 1 / x$$

$$y = ln(x) \leftrightarrow x = e^{y}$$

$$x = ln(y) \leftrightarrow y = e^{x}$$

❑ Logarithme décimal

Nous nous sommes permis de simplifier en prenant précédemment un coefficient k' égal à 1, ce qui nous donne un taux de croissance unitaire lorsque $x = 1$. On pourrait faire le choix d'un taux de croissance plus faible en ce point, ce qui revient à prendre une autre valeur de k', également plus faible.

Compte tenu de nos habitudes arithmétiques, héritées de notre nombre de doigts, un choix particulièrement intéressant consiste à prendre un taux de croissance initial tel qu'il faille attendre que la variable x ait atteint la valeur 10 pour que la grandeur y prenne la valeur 1.

Ce choix conduit aux logarithmes décimaux, notés "log". Il se traduit par la courbe de la figure 3.17, avec un taux de croissance initial de 0,435 donc 2,3 fois plus faible que le taux unitaire d'un logarithme népérien.

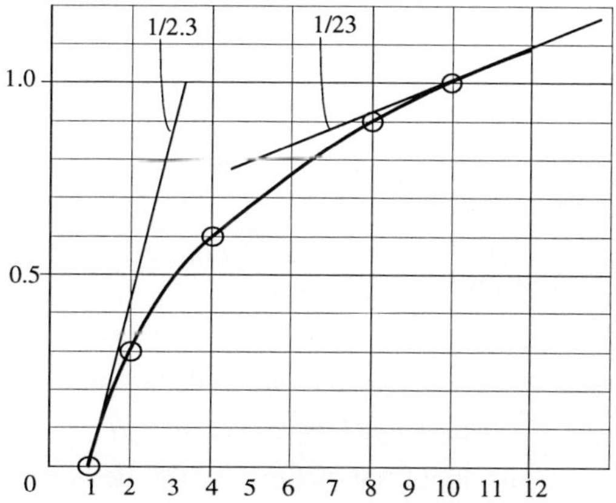

Fig. 3.17 Logarithme décimal

Lorsque x atteint la valeur 10, le taux de croissance de y est par définition 10 fois plus faible (0,435/10) que lorsque $x = 1$. Si on prend ce point $x = 10$ comme nouveau départ, il nous faudra donc 10 fois plus de variation sur x pour provoquer le passage de y de 1 à 2 qu'il nous en a fallu pour passer de 0 à 1. C'est donc quand x atteint la valeur 100 que y vaut 2. Le taux de croissance est alors le 1/100 de sa valeur initiale, et de la même façon, il faudra attendre cette fois que x atteigne 1000 pour que y =3.

❑ Logarithme d'un produit

Notons tout d'abord que dans la notation *dy* et *dx* introduite pour exprimer le taux de variation *dy/dx*, le signe *d* signifie tout simplement : "toute petite variation de...", et encore mieux : variation infiniment petite.

Ainsi *dy* représente une toute petite variation de *y*. Assez petite on l'a dit pour pouvoir assimiler la courbe *y(x)* à une portion de droite.

Si on revient à la définition générale des logarithmes ("Log"), on a:

$$dy / dx = k' / x \quad \text{soit : } dy = d[Log\ (x)] = k'\ dx / x$$

Prenons maintenant un produit S de deux quantités *a* et *b*, dont nous allons supposer qu'elles augmentent respectivement de *da* et de *db*. Quelle est l'augmentation *dS* du produit *ab* ? Valeur initiale :

$$S = a.b$$

Nouvelle valeur :

$$S + dS = (a + da)\,(b + db) = a.b + b.da + a.db + da.db$$

Soit :

$$dS = b.da + a.db + da.db = b.da + a.db$$

da et *db* sont supposés infiniment petits devant *a* et *b*. Il en résulte que le terme *da.db* est parfaitement négligeable devant les deux autres... qui ne valent déjà pas grand chose, ce qui explique sa disparition.

Divisons maintenant par $S = a.b$:

$$dS / S = (da / a) + (db / b)$$

Remarquons au passage l'usage que nous pouvons faire d'une telle relation qui permet de calculer la variation relative d'un produit connaissant les variations relatives de chacun des termes, ... pourvu que ces variations soient faibles : si l'un des termes varie de +0,5% pendant que l'autre varie de -0,3%, alors leur produit varie de +0,2%.

Mais rapprochons cette dernière expression de la définition des logarithmes, il suffit de tout multiplier par *k'* et on obtient :

$$d[Log\ (S)] = d[Log\ (a)] + d[Log\ (b)]$$

Or, une somme de variations est égale à la variation de la somme :

$$d[Log\ (S)] = d[Log\ (a) + Log\ (b)]$$

Et d'autre part, deux grandeurs dont les variations sont égales sont elles-mêmes égales à une constante *C* près. Il en résulte que :

$$Log\ (S) = Log\ (a.b) = Log\ (a) + Log\ (b) + C$$

Prenons $b = 1$. Comme Log(1) = 0, il faut nécessairement que $C = 0$. Et donc :

$$\boxed{Log\ (a.b) = Log\ (a) + Log\ (b)}$$

En particulier :

$$\boxed{Log\ (a^{n}) = n\ Log\ (a)}$$

Chapitre 4

PROPAGATION ET ATTENUATION DU SON DANS LES LOCAUX

4.1 Atténuation et éloignement

Chacun sait que le moyen le plus efficace de se protéger des effets d'une source sonore est ... de s'en éloigner. Ce précepte n'est en fait totalement vérifié que dans des conditions idéales, dites de **champ libre**, c'est à dire sans le moindre obstacle à la propagation des ondes sonores.

Si la source est ponctuelle, ou, ce qui revient au même, si elle est non directive et suffisamment éloignée du récepteur, alors les ondes sonores sont sphériques : tous les points situés à égale distance *d* de la source sont atteints simultanément par l'ébranlement, et vibrent donc en phase. Plus on s'écarte de la source, plus le nombre de points atteint par l'ébranlement est important. Il augmente comme la surface de la sphère, donc comme le carré de la distance à la source (voir ex. 3.5 page 48 et Annexe 1).

L'énergie de vibration, transmise à tout instant par la source, ramenée à l'unité de temps correspond à la puissance sonore. Cette puissance se répartit sur un nombre de points de plus en plus grand quand on s'écarte de la source : **l'intensité sonore captée par un récepteur donné diminue donc comme le carré de la distance à la source** : 4 fois moins si on double la distance *d*, 9 fois moins si on la triple.

Exprimée en niveau d'intensité, cette loi s'écrit :

***LI* décroît de 6 dB lors de chaque doublement de de la distance à la source**

L'intensité est proportionnelle au carré de l'amplitude de la composante alternative de la pression. Cette dernière décroît donc proportionnellement à la distance. Mais du fait de la présence d'un facteur multiplicatif 20 au lieu de 10 dans l'expression en niveaux, on retrouve la même formulation en niveau de pression :

***LP* décroît de 6 dB lors de chaque doublement de la distance à la source**

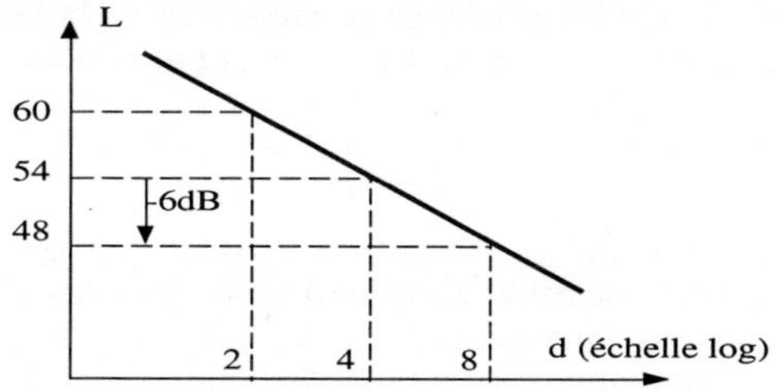

Figure 4.1 Décroissance des niveaux avec la distance

4.2 Réverbération

Il est bien rare de se trouver en pratique dans les conditions du champ libre, sans prendre de très nombreuses précautions. Même en extérieur, il faut au moins tenir compte des réflexions sur le sol. La présence de réflexions amoindrit considérablement l'atténuation due à la distance, et peut même la supprimer !

Pour s'en convaincre, il suffit de considérer les effets d'un réflecteur volontaire, de forme parabolique, dont la source occupe le foyer. Dans des conditions idéales, le récepteur ne constate aucune atténuation tant qu'il est dans le faisceau réfléchi, et quelle que soit la distance, et au contraire, une atténuation complète en dehors du faisceau.

Dans un local fermé, le phénomène de réflexion des ondes sonores sur l'ensemble des parois porte le nom de **réverbération**. Ce phénomène explique que la voix porte beaucoup plus loin dans une salle qu'à l'extérieur, il est à la base de l'étude de l'Acoustique des salles.

Si les parois sont parfaitement réfléchissantes, l'énergie sonore va se répartir uniformément dans l'ensemble du volume, après un grand nombre de réflexions. Tout se passe en fait comme s'il y avait autant de sources sonores virtuelles que d'images possibles par réflexions multiples à travers les miroirs constitués par les parois. On dit alors qu'on est en **champ réverbéré**, ou **champ diffus**.

Figure 4.2 Réverbération multiple sur les parois

Dans une salle réverbérante idéale, non seulement le niveau mesuré dans le volume devrait partout croître indéfiniment en présence d'une source sonore continue (apport permanent d'énergie), mais il devrait aussi se conserver indéfiniment après la coupure de celle-ci, comme le ferait un écho perpétuel.

En pratique, il va de soi que les parois ne peuvent être parfaitement réfléchissantes : soit parce qu'elles transmettent une partie des vibrations vers l'extérieur, soit parce qu'elles en absorbent une partie, soit les deux simultanément. C'est bien d'ailleurs parcequ'une partie de l'énergie acoustique est dissipée dans les parois que celle-ci n'augmente pas indéfiniment en présence d'une source.

Le cas limite est celui de parois totalement absorbantes : un tel local nous ramène aux conditions du champ libre : c'est le procédé utilisé dans les **chambres sourdes** ou **anéchoïques**. Dans les cas intermédiaires d'une réflexion partielle, la quasi-totalité des situations, on se trouve donc face à une combinaison de champ libre, à proximité de la source, et de champ réverbéré quand on s'éloigne de celle-ci, et que l'effet des réflexions prend une plus grande importance relative. Un local tapissé de matériau très absorbant est dit **semi-anéchoïque**.

Les figures ci-dessous illustrent les trois situations : chambre sourde idéale, salle ré verbérante idéale, et cas courant.

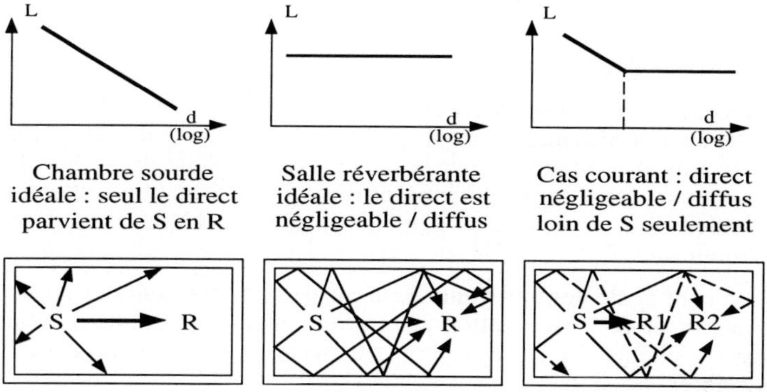

Figure 4.3 Décroissance des niveaux avec la distance

Du fait que les parois absorbent, ou transmettent, une partie de l'énergie, la coupure de la source se traduit, dans une situation réelle, par une diminution de l'énergie sonore emmagasinée dans le volume. On montre (Annexe 2) que cette décroissance est exponentielle : par exemple 90% de l'énergie W disparaît par unité de temps t, donc il reste $W/10$ au bout de t, $W/100$ au bout de $2t$, $W/1000$ au bout de $3t$ etc...

Exprimée en niveaux (échelle logarithmiquc), cette décroissance est linéaire. La durée au bout de laquelle le niveau a chuté de 60 dB (intensité initiale divisée par 1 million) définit le **temps de réverbération** T_R de la salle.

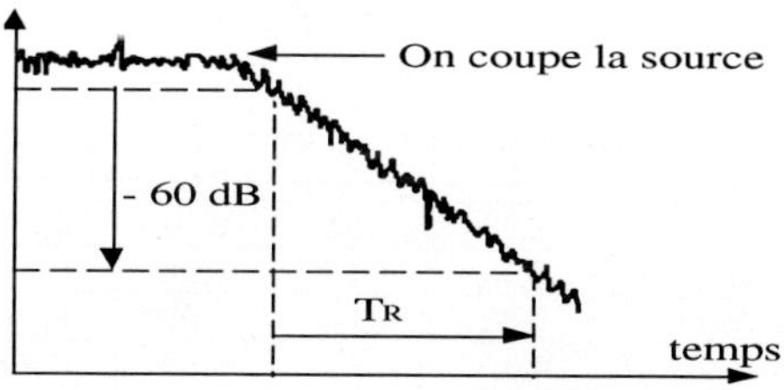

Figure 4.4 Temps de réverbération

Dans une chambre sourde idéale, T_R est nul (en pratique inférieur à 0.1 s). Dans une salle réverbérante idéale, T_R est infini (en pratique supérieur à 5 s). Une pièce d'habitation meublée a un T_R de l'ordre de 0,5 s. Une salle de conférence doit être légèrement réverbérante, de façon que l'orateur n'ait pas à élever la voix, ... mais pas trop, sinon il y a chevauchement des syllabes successives, ce qui force à parler lentement, en articulant. Une cathédrale présente un *TR* de l'ordre de 5 à 10 s.

4.3 Absorption

❑ Absorption par dissipation.

L'absorption sonore par dissipation est un mécanisme de transformation de l'énergie vibratoire en énergie thermique. Pour qu'il y ait absorption, il faut que la surface de contact entre l'air et le matériau soit la plus élevée possible dans un volume donné : situation rencontrée dans les **matériaux poreux**. Il en résulte un frottement important entre particules d'air et matériau, d'où dissipation de chaleur, et décroissance de l'énergie vibratoire.

L'absorption peut également provenir de la mise en mouvement des particules du matériau lui-même, et de la dissipation par frottement au sein même du matériau. Dans tous les cas, le phénomène d'absorption par dissipation augmente avec la fréquence de l'onde sonore.

Les matériaux absorbants sont de type fibreux (laine de verre, laine de roche, fibragglos, fibres de bois) ou encore cellulaires, mais à cellules ouvertes (mousse d'argile, béton cellulaire, mousses souples de polyuréthane, mousse d'amiante, liège). Les matériaux à cellules fermées (polystyrène expansé, mousse rigide de polyuréthane) sont de bons isolants thermiques mais de mauvais absorbants acoustiques. Le plâtre non enduit est l'un des matériaux absorbants les plus économiques.

Les matériaux absorbants sont beaucoup plus utilisés en revêtements, pour diminuer les réflexions d'une paroi, que pour agir sur la transmission de celle-ci. Ceci explique que les coefficients d'absorption α, qui caractérisent les différents matériaux, correspondent à un essai en réflexion, le matériau étant disposé sur une paroi réfléchissante.

α exprime la proportion d'énergie vibratoire qui, arrivant dans toutes les directions sur le matériau, n'est pas réfléchie. Si $\alpha = 0$, il y a absorption nulle, réflexion totale. Si $\alpha = 1$, il y a absorption totale, réflexion nulle.

Fréquence (Hz)	125	250	500	1000	2000	5000
Verre : 3 ou 4 mm	0,20	0,15	0,10	0,07	0,05	0,05
Verre épaisseur > 4mm	0,10	0,07	0,04	0,03	0,02	0,02
Béton, ciment granuleux	0,02	0,02	0,02	0,04	0,05	0,05
Plâtre étalé sur paroi massive	0,0,3	0,03	0,02	0,03	0,04	0,05
Plâtre acoustique étalé	0,30	0,35	0,50	0,70	0,70	0,70
Plâtre panneau séparé	0,30	0,15	0,10	0,05	0,40	0,05
Métal perforé + absorbant	0,20	0,55	0,80	0,80	0,80	0,75
Moquette	0,10	0,15	0,25	0,30	0,30	0,30
Rideau épais	0,05	0,15	0,35	0,55	0,65	0,65
Laine minérale 25-50 mm	0,15	0,35	0,65	0,80	0,75	0,70

Tableau 4.1 Valeurs de coefficients d'absorption (Source SRL[2])

Le coefficient d'absorption dépend de l'épaisseur, des conditions de montage, de la fréquence (Tableau 4.1).

A partir de la connaissance des coefficients de réflexion $\alpha_1, \alpha_2 \ldots \alpha_n$, des matériaux tapissant les surfaces $S_1, S_2, \ldots S_n$, d'une salle de volume V(m^3), il est possible de prédéterminer le temps de réverbération de la salle T_R (s), en utilisant la formule de SABINE (Annexe 2) :

$$T_R = 0{,}16\ V/A$$

Dans cette formule A (m^2) représente **l'aire équivalente d'absorption** :

$$A = \alpha.S \quad \text{ou} \quad A = \alpha_1.S_1 + \alpha_2.S_2 + \ldots + \alpha_n.S_n$$

c'est à dire une surface globale, pondérant chaque surface de la salle par son coefficient d'absorption. Le temps de réverbération est d'autant plus grand que les surfaces absorbantes sont faibles.

❑ **Absorption par technique résonnante.**

Cette technique d'absorption consiste à provoquer la résonance d'un élément placé contre la paroi dont on veut limiter la réflexion : à la fréquence de résonance, il y a transfert maximum d'énergie entre l'onde incidente et le dispositif résonnant, donc diminution de l'onde réfléchie.

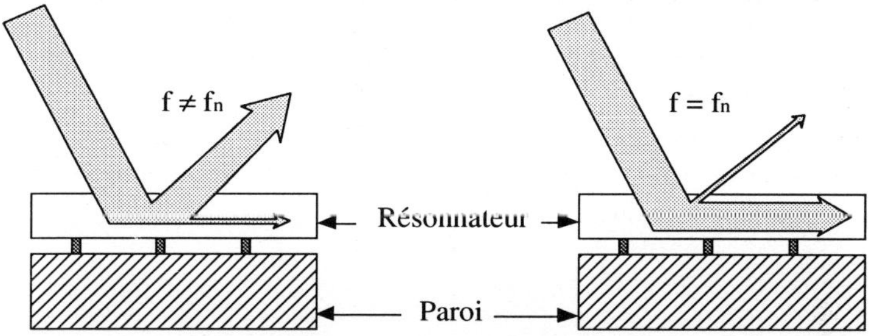

Figure 4.5 Effet de la mise en résonance d'un panneau

Le résonateur de ce type le plus simple est le résonateur plan, ou **panneau fléchissant**. Il s'agit d'un panneau plein (bois, plâtre cartonné, tôle...), séparé de la paroi par une lame d'air, avec ou sans matériau absorbant.

La fréquence de résonance f dépend de la masse surfacique du matériau m (kg/m^2) et de l'épaisseur d (m) de la lame d'air :

$$f = 60 / \sqrt{(m.d)}.$$

Un autre résonateur couramment utilisé est formé par un ensemble de **cavités de Helmoltz** : toute cavité reliée au milieu extérieur par un conduit (de longueur l, d'ouverture S) constitue un résonateur, dont la fréquence d'absorption dépend de la géométrie. Intuitivement, celle-ci est d'autant plus élevée que les dimensions sont petites.

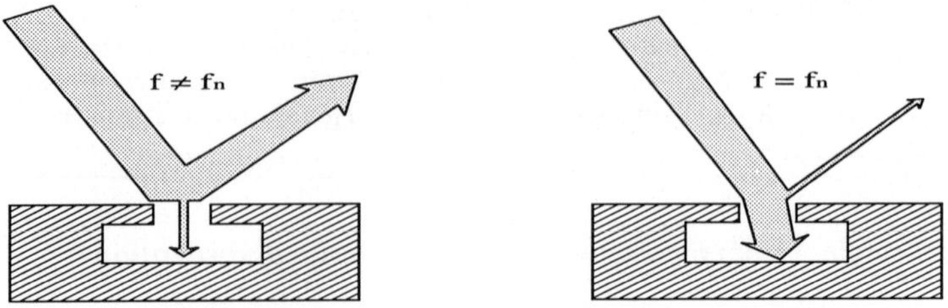

Figure 4.6 Effet de la mise en résonance d'une cavité

Les propriétés d'absorption acoustique des briques perforées, des agglomérés de béton ouverts vers l'extérieur, s'expliquent par cet effet. Très couramment, on utilise un panneau métallique ou de bois perforé, comme représenté en figure 4.7, qui explique comment on se passe des séparations physiques entre cavités, sans trop pénaliser les résultats. Cette simplification permet une fabrication très aisée. Un matériau absorbant est en général intercalé entre le panneau perforé et la paroi.

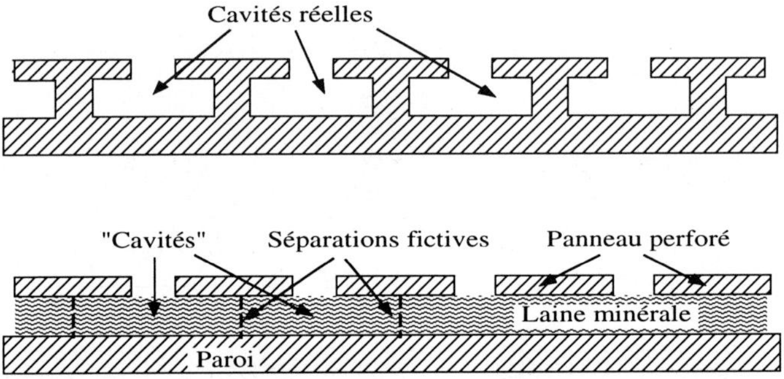

Figure 4.7 Panneau perforé : principe et réalisation

Les résonateurs de Helmoltz sont beaucoup plus efficaces que les autres techniques d'absorption, mais dans une bande de fréquence beaucoup plus restreinte (Fig. 4.8).

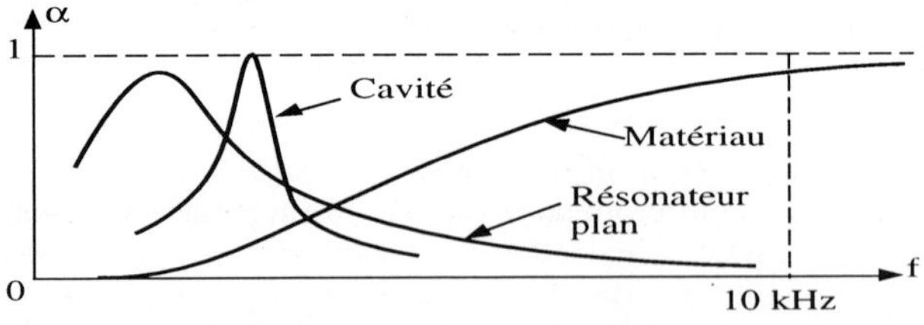

Figure 4.8 Absorption comparée des différentes techniques

4.4 Affaiblissement acoustique d'une paroi

Nous nous préoccupons maintenant de caractériser la façon dont l'énergie sonore peut se propager à travers une paroi. Cette paroi peut être une cloison, mais aussi un coffre de volet roulant, un tube, ... tout dispositif chargé de faire écran entre la source sonore et son environnement.

La paroi peut être caractérisée par son facteur de transmission t, rapport entre la puissance transmise W_2 et la puissance incidente W_i. Ce facteur est compris entre 0 (paroi étanche) et 1 (transparence acoustique) :

$$t = W_2 / W_i$$

L'inverse du facteur de transmission ($1/t$) traduit l'affaiblissement de la paroi (W_i/W_2), variant cette fois entre l'infini et 1. Si on passe aux niveaux de puissance :

$$10 \log (1/t) = 10 \log (W_i/W_2) = 10 \log (W_i) - 10 \log (W_2) = LW_i - LW_2 = R$$

L'indice d'affaiblissement acoustique R exprime, en décibels, l'inverse du facteur de transmission de la paroi.

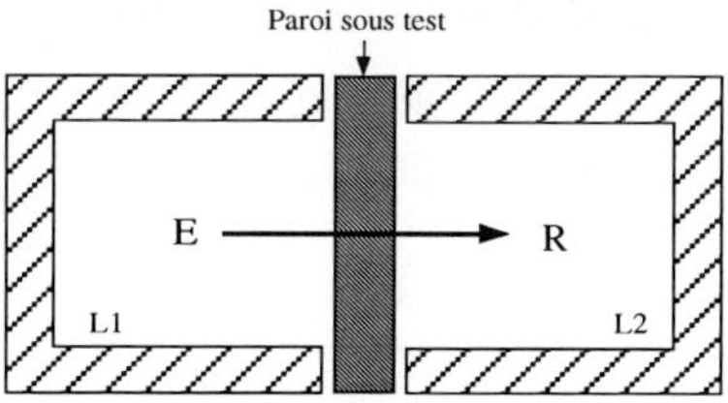

Figure 4.9 Mesure de l'affaiblissement acoustique

Cet indice est mesuré en laboratoire, en désolidarisant le local d'émission du local de réception. La détermination de R s'effectue en fait à partir de la mesure des niveaux de pression acoustique LP_1 et LP_2 dans les deux locaux. On montre en Annexe 3 qu'on a :

$$R = LP_1 - LP_2 - 10.\log A/S$$

A = aire équivalente d'absorption de la pièce réceptrice, S = aire de la paroi sous test.

Pour avoir une idée de la valeur élevée que doit présenter l'indice d'affaiblissement d'une paroi, il faut savoir que pour R = 30 dB, une conversation à niveau normal dans une pièce est entendue clairement dans la pièce contiguë.

Pour R = 40 dB, la conversation est encore intelligible. Pour 50 dB, elle reste audible, mais inintelligible. Il faut un affaiblissement de 60 dB pour que la conversation devienne inaudible !

Conséquence : la présence d'un matériau absorbant superficiel, d'épaisseur raisonnable, pèse très peu dans l'indice d'affaiblissement d'une paroi. En effet, dans le meilleur des cas, le coefficient d'absorption atteint 0.9, ce qui représenterait 0.1 en transmission : on est très loin des 0.000 001 équivalents à 60 dB d'atténuation.

C'est en fait essentiellement le caractère massif des parois qui est responsable de leur plus ou moins grand isolement acoustique.

Le mécanisme de la transmission d'énergie à travers la paroi est le suivant :

du côté de la source, la paroi (de surface S) est soumise à des variations alternatives de pression, donc à une force alternative qui va la faire osciller. L'accélération d'une surface unité est donc proportionnelle à la pression incidente, et inversement proportionnelle à la masse. Dans un système oscillant, la vitesse du mouvement est proportionnelle à l'accélération, et inversement proportionnelle à la fréquence. Cette vitesse est donc proportionnelle à la pression incidente, inversement proportionnelle à la masse et à la fréquence.

Le mouvement de la cloison est transmis aux particules d'air de la pièce réceprice. **L'énergie transmise est proportionnelle au carré de la vitesse alternative des particules : elle est donc inversement proportionnelle au carré de la masse, et au carré de la fréquence.**

Ce résultat constitue **la loi de masse.** Exprimée en niveaux, celle-ci s'énonce :

LOI DE MASSE

l'indice d'affaiblissement augmente de 6 dB

par doublement de la masse, ou par doublement de la fréquence

(Pour un matériau donné, le doublement de la masse est obtenu par doublement de l'épaisseur).

Exemple : sachant que de la brique d'épaisseur 12 cm permet d'élever une paroi de 240 kg/m^2 dont l'indice d'affaiblissement à 200 Hz est de 48 dB, ... quel sera l'indice d'affaiblissement à 800 Hz d'une feuille de plomb de masse surfacique 30 kg/m^2 ?

Réponse : de 240 à 30 kg/m^2, la masse surfacique est divisée par 8 : -18 dB. De 200 à 800 Hz, la fréquence est multipliée par 4 : +12 dB. L'effet combiné des deux modifications provoque donc une baisse de 6 dB. Valeur cherchée : 42 dB, en principe indépendante de la nature du matériau.

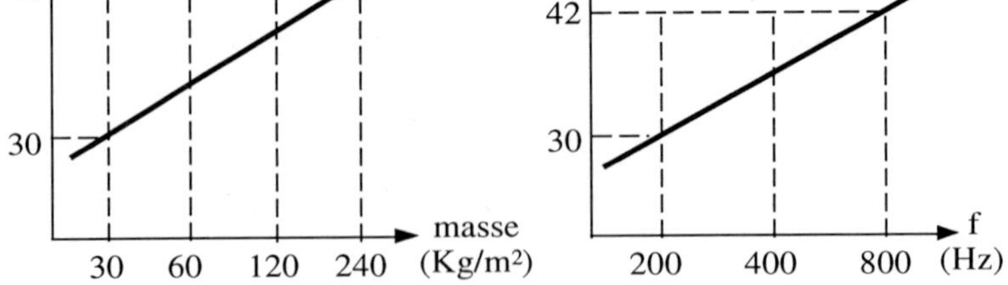

Figure 4.10 Loi de masse en échelles logarithmiques

4.5 Couplage onde - paroi : loi de masse réelle

Jusqu'à présent, nous avons considéré un déplacement sous l'action d'une onde plane sonore, se propageant perpendiculairement au plan de la paroi : tous les points de la paroi étaient alors soumis à la même variation de pression à un instant donné.

Dans le cas d'une incidence oblique des ondes, certains points de la paroi subissent maintenant des variations de pression opposées. La figure 4.11 représente l'allure de la déformation de la paroi. Cette déformation, provoquée par les ondes venant de la gauche, génère à son tour, comme précédemment, des ondes dans le milieu situé à droite de la paroi, et dans la même direction (s'il s'agit d'air de part et d'autre).

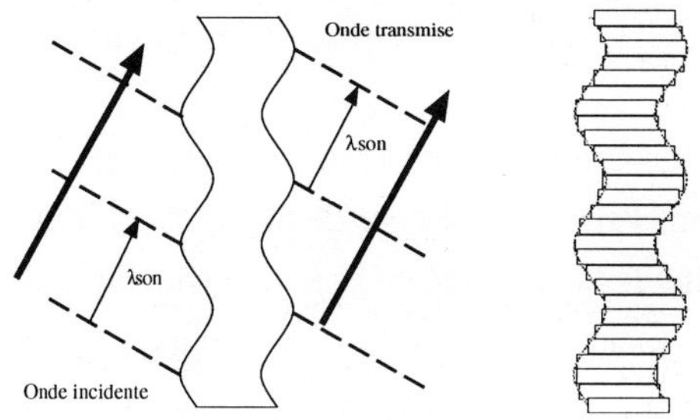

Figure 4.11 Transmission d'une onde incidente oblique et modèle simplifié

On peut considérer dans un premier temps que la paroi est constituée de masses élémentaires, susceptibles de glisser librement l'une par rapport à l'autre, comme représenté sur la partie droite de la figure. Si tel est le cas, le raisonnement développé au paragraphe précédent conduit au même résultat, exprimé par la loi de masse.

Cette situation n'est cependant guère réaliste : chaque masse élémentaire est également reliée, avec une certaine raideur, à ses voisines. Une vibration en un point de la paroi se s'y propage sous la forme d'une **onde de flexion** (fig. 4.12).

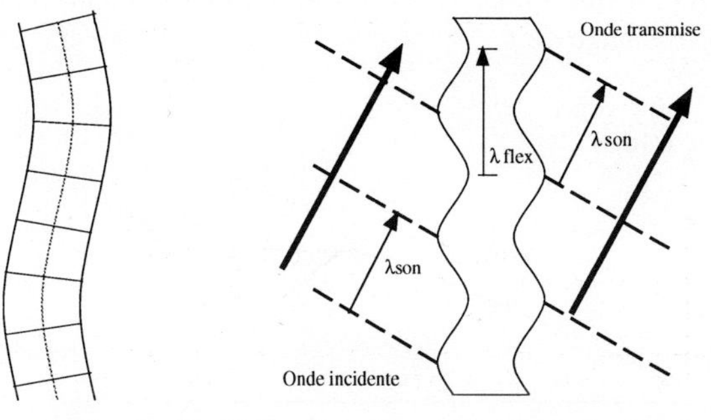

Figure 4.12 Onde de flexion (à gauche) et coïncidence (à droite)

En général, toutes les ondes de flexion issues des différents points excités par l'onde sonore auront tendance à s'annuler mutuellement.

Mais pour certaines valeurs de l'incidence θ et de la fréquence f, il y aura résonance, ou couplage importants, entre l'onde sonore incidente, et l'onde de flexion qu'elle crée. Ce couplage sera en effet optimum s'il y a coïncidence entre la vitesse de trace c' (c'est-à-dire la célérité apparente) de l'onde sonore, le long de la paroi, et la célérité c_f de l'onde de flexion dans la paroi. Dans ces conditions, l'onde sonore renforce alors en permanence l'onde de flexion.

Ceci est obtenu quand :

$$c_f = c / \sin \theta$$

La coïncidence n'est donc possible que si $c_f \geq c$ puisqu'un sinus est inférieur à 1. Or, la célérité des ondes de flexion dans une plaque dépend de la fréquence. La fréquence f telle que $c_f = c$ s'appelle **fréquence critique f_c de la paroi**. On montre que :

$$f_c = (c^2/2\pi h)\,[(12\rho/E)(1-\mu^2)]^{1/2} = (c^2/2\pi)\,(m/B)^{1/2}$$

c : célérité du son dans l'air, h : épaisseur de la paroi, ρ : masse volumique,

E : module d'élasticité de la paroi (N/m^2), μ : coefficient de Poisson (sd)

$m = \rho/h$: masse surfacique, B : module de flexion (ou coefficient de raideur par unité de longueur, Nm)

La fréquence critique est inversement proportionnelle à l'épaisseur. Dans le cas d'une plaque d'acier de grandes dimensions, elle passe de 1 kHz pour une épaisseur de 1 cm, à 10 kHz pour 1mm.

Autres valeurs typiques de f_c (1 cm) : 1,8 kHz pour le béton, 6 à 18 kHz pour le bois.

Pour $f = f_c$, l'amplitude des vibrations de flexion est telle qu'il y a une forte transmission dans le deuxième milieu, et donc l'indice d'affaiblissement se dégrade très sensiblement. La figure 4.13 représente donc l'allure de cet indice en fonction de la fréquence, dans une situation où les ondes arrivent sur la paroi selon toutes les incidences (champ diffus). On montre alors qu'on a bien le comportement régi par la loi de masse en deçà de f_c, alors que la croissance est en +9 dB/oct au-delà. Il est fréquent que l'atténuation soit en fait caractérisée par un simple plateau, ou une décroissance peu prononcée, au voisinage de f_c.

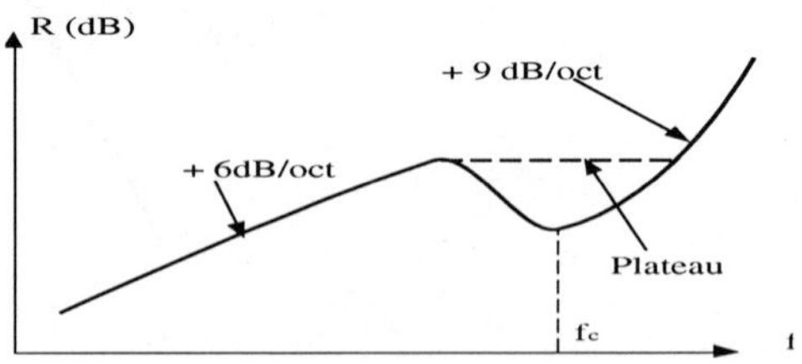

Figure 4.13 Atténuation réelle d'une paroi

4.6 Parois doubles

La figure ci-dessous illustre le paradoxe surprenant qui conduit, en acoustique (mais aussi en thermique), à l'utilisation de parois doubles.

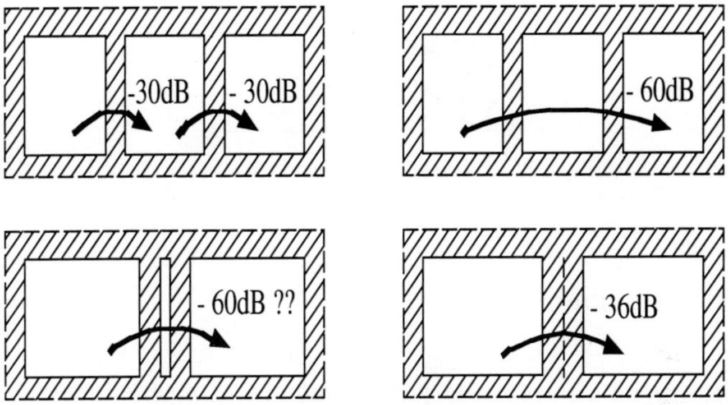

Figure 4.14 Une épaisseur double ne vaut pas une double épaisseur

Supposons qu'une paroi d'épaisseur *h* présente une atténuation de 30 dB. Dans la première configuration représentée, l'affaiblissement constaté entre local d'émission et local de réception vaut 60 dB. L'idée est de réduire la pièce intermédiaire à une simple lame d'air : on peut alors espérer conserver une atténuation proche de 60 dB. Par contre, si on supprime cette lame d'air, cela revient simplement à avoir une cloison d'épaisseur *2h* entre les deux locaux : l'indice d'affaiblissement vaut alors : 30 + 6 = 36 dB.

On a donc tout intérêt à répartir la masse d'une paroi entre deux panneaux séparés par une lame d'air.

Ce n'est pas tout à fait aussi performant que vu ci-dessus. En fait, la lame d'air emplissant la cavité entre les deux parois joue un rôle de ressort qui va coupler les deux parois, et introduire un comportement global qui dépend de la fréquence.

Aux très basses fréquences, les deux panneaux vibrent en phase : le comportement est analogue à celui d'une cloison d'épaisseur *2h.* Pour une fréquence de résonance f_0, ils vibrent en opposition de phase, avec une très forte amplitude. L'indice d'affaiblissement décroît alors fortement, et devient même inférieur à celui d'un seul panneau. Aux fréquences supérieures à f_0, ils vibrent sans relation de phase. L'affaiblissement croît alors très rapidement : 18 dB/oct.

Le problème essentiel, dans la mise en oeuvre de parements doubles, est celui de la désolidarisation des deux panneaux. On augmente l'efficacité de la double paroi en plaçant dans la cavité un matériau absorbant (laine minérale) de façon à réduire ces modes de cavité.

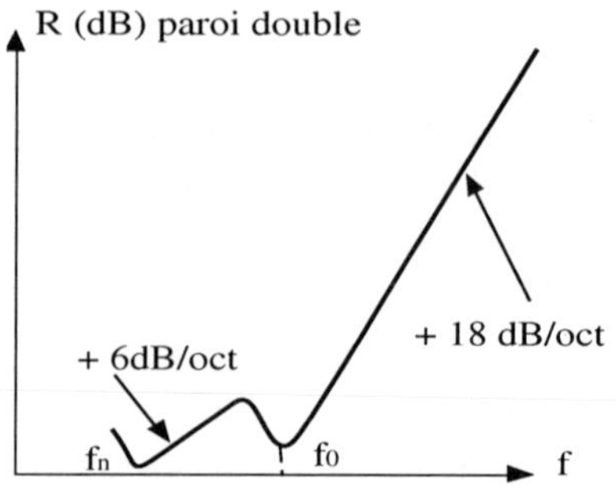

Figure 4.15 Affaiblissement d'une paroi double

4.7 Parois hétérogènes

Une paroi hétérogène ne présente pas les mêmes caractéristiques d'atténuation sur toute sa surface S. Supposons qu'une partie de la surface S_A présente un indice d'affaiblissement R_A élevé, alors que l'autre partie S_B présente un indice R_A faible. Que vaut l'indice résultant ?

A partir de chaque indice, on calcule le facteur de transmission t_A et t_B correspondant, en inversant la relation $R = 10 \log (1/t)$. Le facteur de transmission de la paroi vaut alors :

$$t = (t_A.S_A + t_B.S_B) / S$$

On en déduit R, dont la valeur est comprise entre R_A et R_B, et d'autant plus proche de l'indice le plus faible que l'écart entre indices est important et que la surface S_B est grande.

Dans le cas où l'écart entre les deux indices est supérieur à 20 dB, le calcul donne :

Rapport SB / SA (%)	1	10	12,5	16	20	25	31,5	40	50	62,5	80	100
R = RB plus ... (dB)	20	10	9	8	7	6	5	4	3	2	1	0

Ce résultat est dramatique : il indique à quel point le son est prêt, comme de l'eau sous pression dans un conduit, à "fuir" par les points faibles : un coffret réalisé avec une paroi d'indice $R_A = 60$ dB, mais présentant une fente, un trou d'indice $R_A = 0$ dB, sur 1 % seulement de la surface totale, présente un affaiblissement résultant $R_B + 20 = 20$ dB. Cette valeur tombe à 10 dB seulement si l'ouverture représente 10% de la surface.

Il n'y a de bon isolement acoustique que si l'enceinte est hermétiquement fermée.

4.8 Ponts acoustiques

Il n'y a que dans les conditions d'une désolidarisation complète des locaux que la transmission d'un local 1 vers un local 2 s'effectue totalement à travers la paroi.

En pratique, une partie très importante de la transmission s'effectue par la mise en vibration des **structures communes**, qui réalisent des **ponts** phoniques ou acoustiques entre locaux : plafonds, dalle, murs adjacents, gaines de ventilation, tuyauteries (Fig. 4.16) ... On parlera de **transmissions latérales** dans les trois premiers cas, et **d'interphonie** dans les deux autres.

Déjouer les ponts acoustiques requiert autant d'expertise que pour les ponts thermiques, mais en appliquant exactement les mêmes règles, maintenant bien connues.

4.9 Transmission aérienne et solidienne

Toute transmission sonore met en jeu des ondes qui finissent par atteindre l'oreille par voie aérienne. Au cours du trajet de la source jusqu'au récepteur, ces ondes se sont éventuellement propagées à travers un ou plusieurs solides, comme vu précédemment, avec ou sans atténuation.

Malgré le rôle de tous les solides intervenant dans la propagation, on qualifie d' **aérienne** l'émission, **dès lors que le premier mode de transmission est aérien**. Par exemple, la leçon de violon du voisin, qui met mes nerfs à rude épreuve, m'atteint par transmission dite aérienne, même si les ondes sonores se sont propagées au travers des murs et par l'intermédiaire d'une installation de chauffage collectif mal conçue.

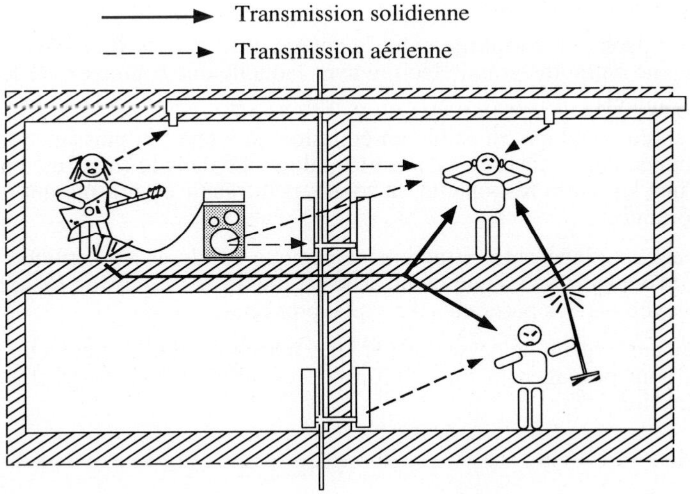

Figure 4.16 Ponts acoustiques. Transmission solidienne et aérienne

Par contre, si la source génère des vibrations directement transmises à la structure du local, laquelle émet de ce fait des ondes sonores, alors on parle de **transmission solidienne**. C'est ce qui se produit pour une hotte de ventilation, une perceuse, une machinerie d'ascenseur, des impacts de pas ...

S'il n'y a aucune différence pour le récepteur, qui dans tous les cas sera atteint par les ondes sonores aériennes, cette distinction se justifie pour deux raisons :

❑ Des traitements différents

On conçoit que **les deux modes impliquent, au voisinage de la source sonore, des traitements différents pour limiter la propagation**, comme l'illustre la figure 4.17 :

dans le cas d'un moteur fixé au sol, un capotage limitera la transmission aérienne, mais sera totalement inefficace pour le bruit solidien. Inversement, une suspension visco-élastique permettra de réduire la transmission solidienne, mais sans effet sur la transmission aérienne.

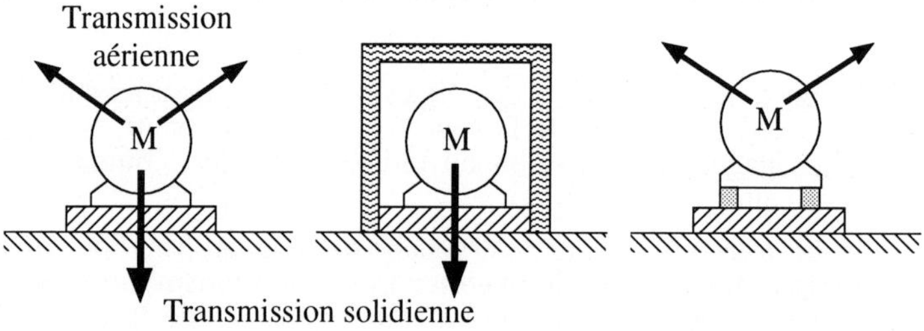

Figure 4.17 Traitement aérien (au centre) et solidien (à droite)

❑ Des couplages différents

Deuxième raison : le **couplage** entre la source et le milieu. Rappelons que ce terme traduit la plus ou moins grande facilité avec laquelle une source excite le milieu environnant (cf. p.34).

En général, ce couplage est faible en émission aérienne : la puissance émise par une source donnée dans l'air est assez limitée, alors que dans le cas d'une excitation solidienne d'une structure résonnante, la source peut réagir en fournissant une puissance plus importante.

Ce mauvais couplage entre structure mécanique solide et air explique par exemple pourquoi le déplacement d'une membrane est plusieurs milliers de fois plus important que le mouvement des particules d'air qu'il provoque.

Il explique aussi qu'on ne passe pas par l'air, mais qu'on fasse appel à un liquide intermédiaire, pour propager les ondes ultrasonores utilisées en échographie médicale ou en lithostriction.

Chapitre 5

LE BRUIT

5.1 Source sonore, source bruyante

J.D. WEBB, directeur du Sound Research Laboratory (SRL), parle du bruit comme d'un **son indésirable,** définition qui met en valeur le caractère hautement subjectif du bruit : une merveille de musique classique sortant des enceintes d'une chaine HiFi présentera toutes les caractéristiques d'un bruit intolérable pour le voisinage, ... si l'écoute se fait à volume maximum et vers 3 heures du matin.

D'une façon assez générale, le bruit résulte de la **superposition d'une multitude de sons, issus le plus souvent d'une multitude de sources élémentaires sans relation les unes avec les autres**. L'amplitude fluctue, et donne toutes les apparences d'un phénomène aléatoire.

Mais une fois de plus, ces critères sont bien insuffisants : à la vue d'un enregistrement de niveau sonore sur papier, il est absolument impossible de prédire s'il s'agit de l'interprétation d'une symphonie ou d'une succession de bruits incongrus : seule l'oreille éduquée fera la différence.

Figure 5.1 Symphonie ... ou gargouillis ?

Inversement un son pur continu de forte amplitude peut paraître horriblement bruyant. A amplitude égale, il sera pourtant beaucoup mieux toléré qu'un son de même fréquence d'amplitude fluctuante ...

En fait, un enregistrement de niveau sonore, tel que celui représenté ci-dessus, est très pauvre en information analysable : il ne permet, ni de juger des effets physiologiques, qui dépendent largement des composantes fréquentielles, ni de déterminer l'origine des sons, et donc d'agir sur les causes.

L'analyse spectrale est l'outil de choix de l'analyse d'une source bruyante.

5.2 Analyse spectrale d'un bruit

❑ Quelle précision d'analyse ?

Il existe des analyseurs de spectre qui sont capables de donner, de façon pratiquement instantanée, la répartion fréquentielle d'un signal, cela avec une très grande précision. Un tel appareil ne présente que peu d'utilité dans l'analyse instantanée d'une source bruyante : on constatera en effet que les raies spectrales ne cessent de se modifier, en nombre, en position, en intensité, justement du fait du caracère fluctuant du bruit. L'allure du spectre à un instant n'a quasiment rien à voir avec son allure un instant plus tard.

Par contre, sur une observation prolongée et moyennée dans le temps, dans le cas d'une source bruyante "en régime permanent", par exemple un moteur à vitesse sensiblement constante, on constatera des niveaux moyens de même valeur lors d'essais répétés, à condition de considérer non pas une fréquence particulière, mais tout un intervalle, une bande de fréquences.

Dans ces conditions de mesures répétitives, l'interprétation des phénomènes devient possible.

Comment établit-on le spectre de bandes d'une source bruyante ?

On décompose l'intervalle de fréquences nous intéressant en bandes juxtaposées. Tout se passe comme si on réalisait ensuite autant de filtres parfaits qu'il y a de bandes : chaque filtre ne laisse passer que les signaux compris dans sa bande. On cumule l'énergie reçue à la sortie de chaque filtre, pendant une durée donnée, par exemple 10 secondes.

Selon le degré de précision souhaité, on prendra un nombre de bandes plus ou moins élevé, étant entendu que plus ce nombre est élevé, plus la mesure doit durer longtemps pour que la répartition moyenne soit significative. Le choix des bandes correspond à des standards internationaux.

❑ Découpage en bandes d'octaves

Pour un découpage **par bande d'octave**, les fréquences centrales de chaque bande sont prises à 125 - 250 - 500 - 1000 - 2000 - 4000 Hz etc... Les limites de chaque bande correspondent à la fréquence centrale multipliée ou divisée par $\sqrt{2}$.

❑ Découpage en bandes tiers d'octave

Le découpage **par bande tiers d'octave**, plus précis, est communément utilisé. Cette forme de découpage a été présentée dans l'exemple 3.8 page 49.

On passe d'une fréquence centrale à la suivante en multipliant par racine cubique de 2, soit 1,26. Les limites de chaque bande correspondent à la fréquence centrale multipliée ou divisée par racine sixième de 2, soit 1,12. Les fréquences centrales sont prises à : 20 - 25 - 31,5 - 40 - 50 - 63 - 80 - 100 - 125 - 160 - 200 - 250 - 315 - 400 - 500 - 630 - 800 - 1000 - 1250 - 1600 - 2000 - 2500 - 3150 - 4000 - 5000 etc ...

En principe, un spectre de bruit devrait être représenté en forme d'histogrammes, qui traduirait, selon la hauteur de chaque colonne, la plus ou moins forte valeur de puissance acoustique contenue dans chaque bande. En général, on préfère une représentation "continue", moins explicite, mais se prêtant mieux à la superposition de plusieurs spectres, à des fins de comparaison.

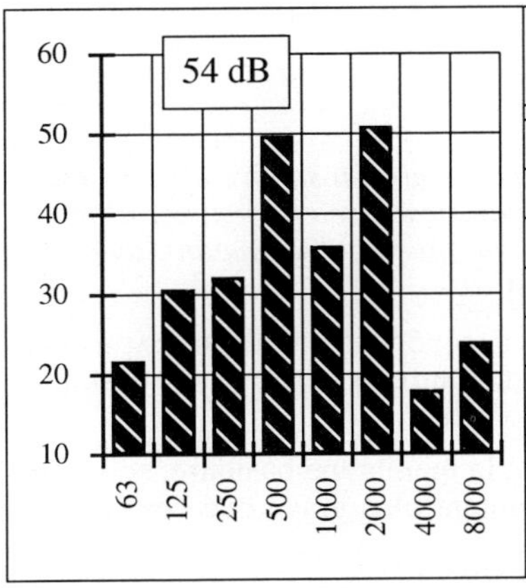

f (Hz)	LW (dB)
63	21,8
125	30,7
250	32,2
500	49,8
1000	36,0
2000	51,0
4000	18,0
8000	24,0
TOTAL	54,0

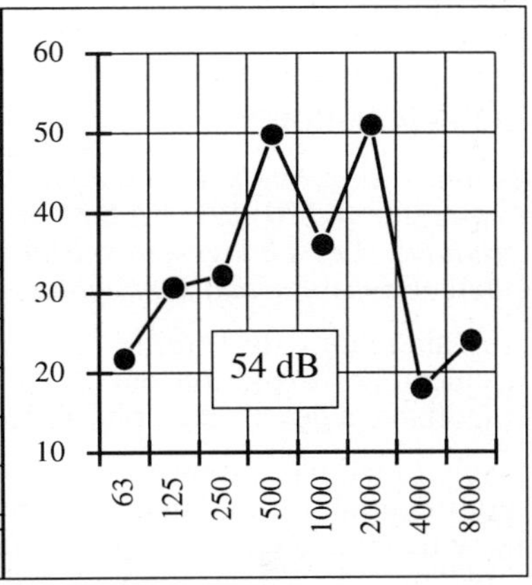

Figure 5.2 Représentation en bandes d'octave

La source bruyante est donc équivalente à la superposition d'autant de sources individuelles qu'il y a de bandes, chacune avec son niveau de puissance. Le lecteur surpris de constater que le niveau global (54 dB) n'est pas du tout égal à la somme des niveaux de chaque bande devra vite se reporter aux règles de combinaison vues au chapitre 3.

5.3 Effets du bruit sur la santé

❑ Niveau sonore équivalent Leq

Les niveaux sont mesurés en intensité *(LI)*, ou plus généralement en pression *(LP)*. Pour les populations humaines ou animales, la durée d'exposition au bruit est un facteur très important : on conçoit qu'à puissance ou pression acoustique égale, un bruit durant quelques dizaines de secondes ne présente pas du tout les mêmes effets qu'un bruit permanent.

Afin de caractériser les effets moyens pendant une durée *T* donnée, d'une pression *P(t)* variable, on détermine la **pression moyenne équivalente P_{eq}** sur la durée considérée, et le niveau correspondant LP_{eq} :

$$P_{eq} = \text{Valeur moyenne de } P(t) = 1/T \int P(t).dt$$

$$L_{eq} = 10 \log \{1/T \int \log^{-1} [L(t)/10]\, dt\}$$

Les intégrales donnant la valeur moyenne sont calculées sur la durée T.

Dans le cas d'une exposition à des niveaux sonores très élevés, provoquée par la vie à proximité d'un aéroport ou d'une autoroute, le travail sur une machine bruyante, on constate des effets directs sur la santé ou la physiologie des individus . Ces effets sont recensés dans une brochure de synthèse [3] réalisée par le ministère en charge de la Santé, et diffusée en France par le Centre d'Information et de Documentation sur le Bruit. Nous laissons le lecteur s'y reporter, et ne présentons ici, sous forme d'extraits en italique, que les éléments qui permettront d'apprécier les ordres de grandeur.

❑ Effets auditifs

L'oreille moyenne n'est lésée par le bruit que lorsque le niveau sonore est très élevé (supérieur à 120 dB); rupture du tympan et luxation des osselets peuvent alors se produire. Les changements brutaux de pression au niveau du tympan (aviation, plongée sous-marine) sont également dangereux. [3]

Ces altérations de l'oreille moyenne viennent donc généralement d'une exposition accidentelle (explosion etc...). L'oreille interne par contre présente une sensibilité importante à des niveaux plus faibles, s'ils sont prolongés :

- Soit du fait d'une destruction des cellules ciliées de la membrane basilaire, soumises à des contraintes mécaniques trop élevées, effet d'autant plus grave que ces cellules ne se renouvellent pas : le processus est irréversible.

- Soit du fait d'une inhibition progressive de la transmission entre ces dernières et le nerf auditif.

La perte d'acuité auditive est le plus généralement graduelle. (...) Bien que des différences importantes existent en fonction des individus, la plupart des études convergent pour considérer que très rares sont les cas de surdité lorsque le niveau sonore ne dépasse pas 85 dB(A) pendant 8 heures. Ceci a conduit la Communauté européenne à prendre en 1985 une directive obligeant les employeurs à informer et à protéger les travailleurs pour lesquels l'exposition quotidienne atteint ou dépasse 85 dB(A) ou pour lesquels la pression acoustique de crête atteint ou dépasse le niveau de 135 dB.

Toutefois certaines activités non professionnelles - loisirs utilisant des engins motorisés, écoute de musique à fort niveau, tir sportif - peuvent avoir le même effet. Si le travailleur peut bénéficier d'une protection (casque, bouchons d'oreille, capotage de la machine...) il n'en est pas de même pour celui qui s'expose volontairement à des niveaux sonores équivalents à ceux des industries les plus bruyantes (105 dB(A) et plus) dans les discothèques, les concerts de rock, les loisirs bruyants tels que ball-trap, moto-cross... ou encore en utilisant son baladeur à un niveau trop élevé. [3]

❑ Effets non auditifs

Les études épidémiologiques et de laboratoire font apparaître des effets certains mais difficilement quantifiables du bruit sur la **réponse générale de l'organisme** ("le stress"), ou encore sur d'autres systèmes sensoriels.

Le système visuel est particulièrement sensible puisque (...) une exposition au bruit (98 à 100 dB avec un spectre allant de 50 à 5 000 Hz) est suivie par un rétrécissement du champ visuel (d'environ 10° pour le rouge), par une moins grande précision dans l'appréciation des profondeurs, une réduction de la vitesse de perception des couleurs, et surtout par une altération profonde de la vision nocturne. [3]

C'est dans l'interaction avec le **système cardio-vasculaire** que les effets nocifs de bruits importants sont les plus significatifs et bien quantifiés. Il existe une corrélation très nette entre le taux de troubles auditifs de populations de travailleurs soumis à des bruits supérieurs à 85 dB(A) et les traitements pour hypertension artérielle. Des études de laboratoire mettent également en évidence les variations transitoires du rythme cardiaque en présence de bruit.

Enfin le bruit est directement responsable de **modification des performances**, ou de **perte de vigilance** (pour des niveaux $LP > 70$ dB). De très nombreuses études lient également le bruit aux retards de développement intellectuel de l'enfant.

Aux niveaux plus faibles, on rencontre des **perturbations du sommeil**, et des difficultés psycho-sociologiques liées à la gêne (problèmes de voisinage).

Les perturbations du sommeil sont un bon indicateur de la gêne occasionnée par les bruits.

Dans le cas d'un bruit extérieur ambiant (mais mesuré dans l'habitation), il n'y a aucune perturbation si $L < 40$ dB, avec une fluctuation inférieure à 10 dB. Dans les mêmes conditions, pour L compris entre 40 et 50 dB, les perturbations sont exceptionnelles. Elles deviennent par contre fréquentes dès que les fluctuations dépassent 10 à 15 dB, et/ou dès que le niveau dépasse 50 dB.

La Commission des Communautés européennes estime qu'un niveau nocturne de 30-35 dB(A) à l'intérieur, et des crêtes de 45 dB(A) n'affectent pas le sommeil de sujets normaux.

L'Organisation de Coopération et de Développement Economique (OCDE) recommande, provisoirement, que ses pays membres appliquent une réglementation telle que les niveaux soient de 35 dB(A) pendant la période d'endormissement, de 45 dB(A) pendant le sommeil léger, et de 50 dB(A) pendant le sommeil profond. (...)

L'Organisation Mondiale de la Santé est beaucoup plus réaliste en recommandant des niveaux intérieurs nocturnes de l'ordre de 35 dB(A). [3]

5.4 Emergence

Pour préciser la gêne occasionnée par un bruit particulier, relatif à la mise en service intermittent d'un équipement, a été introduite la notion d'émergence.

L'émergence est définie par la différence entre le niveau de bruit ambiant, comportant le bruit particulier dû à la source considérée, et le niveau de bruit résiduel lorsque cette source n'est pas activée. Ce dernier niveau correspond à l'ensemble des bruits habituels, d'origine extérieure et intérieure, correspondant à une occupation normale des locaux et au fonctionnement normal des équipements.

Un décret français (88-523) de 1988, visant " à préserver la santé de l'homme contre les bruits de voisinage", se réfère par exemple à l'émergence. Celle-ci ne saurait dépasser 5 dB(A) en période diurne (07h à 22h) et 3 dB(A) en période nocturne (22h à 07h).

Cependant, un terme correctif s'ajoute à cette valeur, pour prendre en considération le fait que la gêne diminue si le temps cumulé d'utilisation est faible.

Le tableau 5.1 donne les valeurs de la correction, et des émergences tolérées.

Durée cumulée d'apparition	Terme correctif dB(A)	Emergence diurne dB(A)	Emergence nocturne dB(A)
30secondes à 1 minute	9	14	12
1 minute à 2 minutes	8	13	11
2 minutes à 5 minutes	7	12	10
5 minutes à 10 minutes	6	11	9
10 minutes à 20 minutes	5	10	8
20 minutes à 45 minutes	4	9	7
45 minutes à 2 heures	3	8	6
2 heures à 4 heures	2	7	5
4 heures à 8 heures	1	6	4
plus de 8 heures	0	5	3

Tableau 5.1 Emergences tolérées par le décret français 88-523

5.5 Caractérisation du confort acoustique des locaux

Il est donc indispensable de tout mettre en oeuvre pour atténuer fortement toutes les transmissions sonores dans les locaux, quelle que soit leur origine. Expert en Acoustique, Mr. JOSSE du CSTB évoque cependant les limites à ne pas dépasser :

Apparemment, un niveau de bruit ambiant le plus faible possible est souhaitable. En fait, le bruit ambiant a un effet bénéfique : il permet de masquer les petits évènements sonores causés par les personnes ou les équipements dans les immeubles. Plus le bruit ambiant est faible, meilleure doit être l'insonorisation du bâtiment vis à vis des bruits internes. En particulier, le simple respect des valeurs réglementaires en matière d'isolation interne ne permet pas un confort satisfaisant si l'environnement est totalement silencieux (campagne). [2]

Les bruits intérieurs sont plus difficiles à caractériser que les bruits extérieurs de circulation. Ils dépendent pour une très large part du mode de vie des occupants, et de l'utilisation qu'ils font de leurs différents équipements.

Mais en définitive, le logement doit être conçu de façon telle que le niveau de pression acoustique LP dans un local récepteur donné ne dépasse pas un seuil, fixé éventuellement plus ou moins sévèrement selon la plage horaire et/ou selon le type d'occupation du local, et ceci malgré la présence de sources d'émission :

- extérieures à la façade (Bruit routier),

- extérieures au logement (appartements voisins, voies de circulation, équipements extérieurs),

- internes au logement.

Les réglementations s'accordent avant tout à fixer les valeurs correspondant aux deux premières situations, tout en ayant d'ailleurs une approche légèrement différente selon les pays.

Les labels de confort acoustique, beaucoup plus exhaustifs, traitent également des émissions internes au logement.

On rencontrera dans les textes des grandeurs normalisées qui sont précisées ci-dessous.

❑ Isolement acoustique normalisé

L'isolement acoustique normalisé entre un local émetteur 1 et un local récepteur 2 est donné par la formule :

$$D_n = L1 - L2 + 10 \log (T_R / 0,5)$$

Dans cette expression, $L1$ et $L2$ sont les niveaux de pression acoustique moyens mesurés dans les deux locaux, et T_R est la durée de réverbération du local récepteur. Le résultat est calculé par bande de fréquence. On voit que l'isolement normalisé n'est autre que l'isolement brut $L1 - L2$, ramené à une durée de réverbération standard de 0,5 seconde, qui correspond à ce qu'on a dans une pièce de dimensions moyennes et meublée.

La composition spectrale de l'émission dans le local 1 doit être précisée. On recourt en général à une source de bruit "rose", c'est à dire présentant un même niveau d'émission dans toutes les octaves comprises entre 250 et 4000 Hz (un bruit est dit "blanc" s'il présente un niveau totalement indépendant de la fréquence). L'isolement mesuré dans ces conditions est noté D_nAT.

Quand on détermine un isolement acoustique entre l'espace extérieur et une pièce du logement, on se réfère à un Bruit routier. Celui-ci correspond à une émission beaucoup plus riche dans les basses fréquences qu'aux hautes fréquences. Le tableau 5.2 en donne la composition spectrale par bande d'octave, et en comparaison avec le niveau situé à 1000 Hz.

Fréquence (Hz)	125	250	500	1000	2000	4000
Niveau de pression acoustique comparé à l'octave 1000 Hz dB(A)	+6	+5	+1	0	-2	-8

Tableau 5.2 Composition spectrale d'un Bruit routier normalisé

L'isolement normalisé est alors noté D_nAtr quand il s'agit d'un bruit routier à l'émission.

❑ Niveau de pression acoustique normalisé

On définit de la même façon le niveau de pression acoustique normalisé en se ramenant à un T_R de 0,5 seconde :

$$L_n = L - 10 \log (T_R / 0,5)$$

L est le niveau de pression acoustique en dB(A) mesuré dans le local.

5.6 Nouvelle Réglementation Acoustique (NRA)

Dans un arrêté publié en 1994, le Ministère du Logement fixe, en France, le cadre de la Nouvelle Réglementation Acoustique, applicable à tout bâtiment d'habitation ayant fait l'objet d'une demande de permis de construire après le 1er janvier 1996.

Il s'agit d'une mise à jour, abrogeant l'arrêté du 14-06-69 modifié le 22-12-75, visant à renforcer sensiblement les performances acoustiques des logements, en tenant compte des améliorations technologiques ou de conception apparues dans le domaine du Bâtiment. Il nous paraît important de faire rapidement le tour de ces dispositions, qui concernent essentiellement les immeubles collectifs.

❏ Bruits de l'espace extérieur

L'isolement acoustique normalisé *DnAtr* doit être au minimum de 30 dB(A) vis-à-vis d'un bruit routier, aussi bien pour les pièces principales que pour les cuisines. Cette valeur s'entend fenêtres fermées.

❏ Isolement acoustique entre logements

Entre un local quelconque d'un logement, considéré comme local d'émission, et la pièce d'un autre logement, considérée comme local de réception, l'isolement acoustique normalisé *DnAT* au bruit aérien doit être supérieur à 54 dB(A) si le local de réception est une pièce principale, et à 51 dB(A) s'il s'agit d'une cuisine ou salle d'eau.

❏ Isolement acoustique entre circulation commune et logement

On retrouve les valeurs 54 et 51 dB(A) précédentes. Par contre, ces valeurs tombent curieusement à 41 et 38 dB(A) lorsque la circulation commune n'est séparée du local de réception que par une porte palière ou un dégagement.

❏ Isolement acoustique entre local d'activité ou garage et logement

Dans ce cas, la contrainte sur l'isolement est renforcée : 59 dB(A) entre un local d'activité et toute pièce principale d'un logement, 56 dB(A) entre un garage, individuel ou collectif, et toute pièce principale d'un logement. Ces valeurs tombent respectivement à 56 et 53 dB(A) si le local de réception est une cuisine ou salle d'eau.

❏ Revêtements absorbants des circulations communes

L'aire d'absorption équivalente A des matériaux de revêtement doit représenter au moins le quart de la surface au sol de ces circulations.

❏ Bruits de chocs

Lors d'un essai normalisé (machine à chocs) d'impacts au sol, le niveau de pression acoustique normalisé *LnAT* ne doit pas dépasser 61 dB(A) dans chaque pièce principale du logement lorsque les impacts sont produits sur le sol de locaux extérieurs à ce logement (à l'exception des dépendances dudit logement, des balcons et loggias non situés au dessus d'une pièce principale, des escaliers collectifs dans le cas où un ascenseur dessert le bâtiment, des locaux techniques).

❑ **Equipements intérieurs au logement**

La réglementation concerne uniquement les installations de ventilation mécanique et de chauffage ou climatisation. En position la plus courante de débit minimal, la ventilation mécanique ne doit pas provoquer un niveau de pression acoustique normalisé supérieur à 30 dB(A) en pièce principale et 35 dB(A) en cuisine et salle d'eau.

Pour les appareils individuels de chauffage et climatisation, ou pour une ventilation en position de débit maximal, les niveaux admis passent à 35 dB(A) en pièce principale, et à 50 dB(A) dans la cuisine du logement. Le cas des cuisines dites "à l'américaine" (ouvertes sur une pièce principale) fera l'objet de textes particuliers.

❑ **Equipements extérieurs au logement**

Il s'agit des équipements collectifs (ascenseur, chaufferie, transformateurs, surpresseur d'eau, vide-ordures) et des équipements individuels provenant d'un logement voisin : les niveaux à respecter sont de nouveau de 30 dB(A) en pièce principale, et 35 dB(A) en cuisine et salle d'eau du logement récepteur.

Dans le cas des équipements de l'enveloppe mobile du bâtiment, dont la durée de manoeuvre (déploiement ou repliement) reste inférieure à une minute, un code d'essai précise une correction soustractive de 9 dB au niveau mesuré, reprenant ainsi l'esprit de l'arrêté relatif aux bruits de voisinage. Les seuils effectifs sont donc respectivement 39 et 44 dB(A) pour ces produits.

❑ **Incertitude**

Une incertitude I de 3 dB(A) s'applique à toutes les valeurs indiquées précédemment. I se retranche à tous les seuils relatifs aux isolements normalisés D_n, et s'ajoute à tous les seuils relatifs aux niveaux de pression acoustique normalisés L_n.

5.7 Label QUALITEL

Il existe des labels carectérisant le confort acoustique, de la même façon qu'un certain nombre d'étoiles récompensent une bonne isolation thermique. En France, le **label QUALITEL** donne au logement une note, comprise entre 1 et 5, après analyse complète de la protection contre les bruits émis à l'intérieur ou à l'extérieur du bâtiment.

La distinction est faite entre local d'émission et de réception, et dans chaque cas, on distingue les types de locaux : pièces principales, pièces humides, dégagements, circulations (...) pour définir les exigences relatives à chaque note.

Au titre des équipements individuels, les robinetteries, chaudières et hottes de VMC sont examinées.

Au titre des équipements collectifs, les ascensceurs et portes de garage doivent provoquer en pièce principale un niveau *LP* inférieur à 25 dB(A) pour attribution de la note maximum.

En ce qui concerne les équipements individuels extérieurs au logement, QUALITEL ne retient que les robinetteries et chutes d'eau. La meilleure note est obtenue pour un niveau *Ln* inférieur à 30 dB(A) en pièce principale.

Pour les équipements individuels intérieurs, seules les installations de ventilation et chauffage-climatisation sont examinées, avec une exigence de 30 dB(A) en pièce principale, et 50 dB(A) au plus dans la cuisine (si chaudière) pour attribution de la note maximum.

Par rapport à la NRA (pour laquelle QUALITEL a servi de source d'inspiration), le label introduit de plus une cotation du logement selon les transmissions entre le séjour et les différentes chambres de ce logement.

La méthode générale de cotation est instructive comme modèle d'une démarche qualité qui mérite d'être saluée : la note globale attribuée à une rubrique ou à l'ensemble est le plus souvent la plus mauvaise note rencontrée dans une des pièces, et non une note moyenne. C'est le principe du "maillon le plus faible" qui s'applique donc, principe particulièrement pertinent en acoustique.

5.8 Norme acoustique SIA 181

La norme helvétique SIA 181 est la première à citer explicitement les produits motorisés de l'enveloppe mobile du Bâtiment dans son champ d'application. Nous en donnons ci-dessous une lecture centrée sur ce domaine particulier.

❑ Domaine d'application et interprétation

La norme SIA 181 a été enregistrée par l'Association Suisse de Normalisation le 28 mai 1988, pour mise en application à partir du 1er octobre de la même année.

Cette norme définit en particulier les maxima de niveaux de pression acoustique, en référence avec la nature des locaux concernés, les équipements et le type d'usage qui en est fait.

Les produits motorisés de contrôle de l'enveloppe mobile du bâtiment sont directement concernés par l'application de cette norme, en tant que "installations techniques des immeubles". **Ils entrent dans la catégorie des produits donnant naissance à des "bruits isolés".**

Dans les cas typiques d'utilisation, il est indispensable de satisfaire les exigences répertoriées dans le tableau ci-contre (extrait de 3-23-3 page 15) :

	JOURNEE 06.00 à 22.00 heures		NUIT 22.00 à 06.00 heures	
Sensibilité FAIBLE Locaux utilisés pour des activités essentiellement manuelles, ou par plusieurs personnes, ou pour de courtes périodes seulement. Exemples : atelier, salle de réception, grands bureaux, cantine, cuisine, locaux de ventes, laboratoire, corridor ...	45 dB	50 dB	40 dB	45 dB
Sensibilité MOYENNE Locaux utilisés pour des activités intellectuelles, ou pour habiter, ou pour dormir. Exemples : séjour, chambre à coucher, salle de classe, bureau, salle de chant, chambre d'hôtel, chambre d'hôpital ...	40 dB	45 dB	35 dB	40 dB
	F	U	F	U

Tableau 5.3 Maxima imposés par la norme SIA 181

A noter qu'il existe également une classe de locaux dits à "sensibilité élevée" pour des utilisateurs qui ont besoin de beaucoup de tranquillité (Exemples : salle de repos dans les hôpitaux et les sanatoriums, salles pour thérapies spéciales, salles de musique, salles de lecture ...) et pour lesquels tous les niveaux sont abaissés de 5 dB.

Chaque colonne désignée par F ou U correspond au cas suivant :

- F : "Bruits produits par le fonctionnement de l'installation."

Mise en route du produit indépendante de la volonté de l'occupant, soit parce qu'il s'agit d'un automatisme sur lequel l'occupant n'a pas de prise, soit parce qu'il s'agit d'un produit manoeuvré dans un local voisin.

- U : "Bruits provoqués par l'utilisateur".

Mise en route du produit provoquée par une action volontaire de l'utilisateur.

Bien que très claire, cette classification rencontre inévitablement des cas dont l'interprétation reste à trancher. Il est ainsi logique qu'un automatisme de confort local, comme on en rencontre dans les produits motorisés de confort lumineux, et se substituant à l'utilisateur pour lui épargner la manoeuvre, soit classé U, même s'il n'est pas manoeuvré directement par l'utilisateur.

Exemples d'interprétation :

Bureaux paysagers en journée. Manoeuvre générale des stores commandée par un automatisme : 45 dB.

Chambre d'hôpital en journée. Manoeuvre générale des stores commandée par un automatisme : 40 dB.

Chambre à coucher de nuit. Manoeuvre volontaire du volet roulant motorisé : 40 dB.

Chambre à coucher de nuit. Manoeuvre du volet roulant motorisé de l'unité d'habitation voisine : 35 dB.

Commentaire :

Ces valeurs sont sévères, surtout pour des produits à usage extrêmement court et intermittent, mais correspondent comme nous l'avons vu au niveau d'exigence standard qui sera pris comme référence dans l'élaboration des nouvelles réglementations européennes, voire mondiales, basées sur un critère d'endormissement.

❑ **Technique de mesurage** (cf. SIA 181 p.44)

Les valeurs indiquées dans le tableau ci-dessus correspondent à un "niveau d'évaluation" noté L_{rH}.

En pratique, la mesure effectuée est une mesure de niveau de pression acoustique *LP*, pondérée par la courbe A, réalisée dans le local à l'aide d'un sonomètre. La valeur prise en compte est la valeur maximum mesurable, mais **là où l'occupant séjourne habituellement.**

On désigne dans cette norme par L_A la valeur ainsi mesurée.

Dans le cas de locaux normalement meublés, la valeur de L_A ne doit pas dépasser L_{rH}.

Dans le cas de locaux pas encore meublés, la valeur de L_A ne doit pas dépasser L_{rH} + *3 dB.*

Exemple : toutes les valeurs du tableau précédent doivent être majorées de 3 dB pour comparer avec les mesures réalisées dans des locaux livrés non meublés (mais déjà équipés des revêtements de sol et de murs définitifs).

5.9 Caractérisation acoustique des équipements

Nous venons de voir que la mesure de la pression acoustique en différents points d'un local récepteur est utilisée pour caractériser la gêne éventuelle perçue par l'occupant, en référence à des seuils réglementaires. Par contre, ce niveau sonore va dépendre aussi bien de la position des différents points de mesure, que des caractéristiques propres du local : sa géométrie, son caractère réverbérant.

Pour un même équipement, installé de la même façon, mais dans un local de géométrie, et/ou de revêtements différents, il sera impossible d'utiliser ou d'extrapoler les résultats précédents. Seule la connaissance de la **puissance acoustique** totale rayonnée par l'équipement permettra de prédire les effets sur des locaux de type différent, ou sur les locaux voisins.

Le niveau de puissance acoustique LW représente de ce fait le seul critère objectif de comparaison entre équipements. Il s'agit d'une donnée globale, qui en particulier permet de s'affranchir des problèmes de distance à la source, ou de directivité.

Les ordres de grandeur de niveau de puissance acoustique LW des équipements sont en général supérieurs aux niveaux de pression mesurés dès que l'oreille (ou le sonomètre) n'est pas à proximité immédiate de l'équipement. Ceci ne doit pas effrayer le lecteur : il s'agit de deux grandeurs liées, mais différentes.

Pour les équipements électro-ménagers, les niveaux de puissance acoustique mesurés usuels sont les suivants (nette tendance à la baisse due aux progrès de conception) :

- Lave-vaisselle : de 50 à 75 dB(A) selon modèles.
- Machines à laver le linge (5kg) : 50 à 77 dB(A) selon modèles.
- Hottes aspirantes filtrantes, en vitesse rapide : 50 à 70 dB(A) selon modèles.
- Aspirateurs traîneaux : 60 à 90 dB(A) selon modèles.

❑ Contrainte sur les équipements

Nous allons terminer par quelques chiffrages de puissance acoustique des produits pour qu'ils soient compatibles avec les réglementations qui viennent d'être décrites.

On appliquera la relation ci-dessous, démontrée au chapitre suivant (6.3) :

$$LP = LW + 10 \log T_R - 10 \log V + 14$$

LP est le niveau de *pression acoustique* mesurée par le récepteur (dB),

LW est le niveau de *puissance acoustique* émise par le produit (dB),

T_R est le temps de réverbération de la salle (s),

V est le volume de la salle (m^3).

En Suisse, fixer une valeur maximum (L_A) à ne pas dépasser pour LP revient donc :

- Pour une salle figée, à fixer une limite supérieure à la puissance acoustique totale LW rayonnée par l'équipement complet.

- Pour un volume et un équipement donnés, à fixer une limite supérieure au temps de réverbération de la salle (phase conception architecturale, choix des revêtements).

Bien entendu, la contrainte sera d'autant plus facilement satisfaite que l'équipement complet rayonne une faible puissance.

Exemple 5-1 :

Cuisine d'appartement non encore meublée. Volume 30 m^3. T_R = 1,0 s. Sera occupée entre 06h00 et 22h00. Quelle est la puissance acoustique maximum d'une chaudière murale de chauffage central ?

$$L_{rH} = 45 \text{ dB (mise en route indépendante de l'utilisateur)}$$

$$L_A = 45 + 3 = 48 \text{ dB}. \quad LP = L_A = 48 \text{ dB}$$

$$LW = LP - 10 \log T + 10 \log V - 14 = 48 - 10.(0) + 10.(1{,}5) - 14 = 49\ dB(A)$$

(Commentaire : notons que le CSTB préconise en France une puissance acoustique inférieure à 50-52 dB(A) pour ces équipements : les valeurs se rejoignent).

Exemple 5-2 :

Volet roulant motorisé dans la cuisine précédente.

$$L_{rH} = 50\ dB\ (manoeuvre\ volontaire)$$

Cette fois le même calcul conduit à un niveau de puissance maximum (pour la partie rayonnée vers l'intérieur) :

$$LW = 54\ dB$$

Exemple 5-3 :

Volet roulant motorisé, la nuit, dans une chambre meublée de volume 30 m^3, présentant un T_R = 0,5 s.

$$L_{rH} = 40\ dB\ (manoeuvre\ volontaire)$$

$$LW = LP - 10 \log T_R + 10 \log V - 14 = 40 - 10.(-0{,}3) + 10.(1{,}5) - 14 = 44\ dB$$

Par contre, pour un **voisin** habitant une pièce identique, le niveau de puissance transmise doit être tel que L_{rH} = 35 dB, soit LW = 39 dB.

Compte tenu des règles d'isolation acoustique entre locaux (>50 dB), le niveau 39 dB dans le local perturbé est atteint sans difficulté s'il n'y a pas transmission solidienne.

Passons mainteant à la même situation, mais en France :

Exemple 5-4 :

Volet roulant motorisé, la nuit, dans une chambre meublée de volume 30 m^3, présentant un T_R = 0,5 s.

Pas de contrainte dans le local d'émission

Par contre, pour le volet d'une pièce de l'appartement voisin, il importe que la puissance rayonnée vers la chambre réceptrice soit limitée :

$$L_n = 30\ (NRA) + 9\ (terme\ correctif\ code\ d'essai) = 39\ dB(A)$$

$$L_n = LP - \log (T_R/0{,}5) = LP$$

$$LW = LP - 10 \log T_R + 10 \log V - 14 = 39 - 10.(0) + 10.(1{,}5) - 14 = 40 dB(A)$$

On retrouve, à un dB près, le même niveau d'exigence sur les équipements.

Chapitre 6

METHODES DE MESURE ET CARACTERISATION

6.1 Mesure de Pression acoustique

Un microphone donne un signal électrique proportionnel à la pression sonore, pourvu que la fréquence de variation de celle-ci soit comprise dans la bande passante du microphone. Cette dernière dépend essentiellement du mode de conversion utilisé, et des caractéristiques géométriques et mécaniques de la membrane transductrice.

Les sonomètres intègrent en général un microphone de haute qualité, suivi d'un pré-amplificateur, et affichent traditionnelement le signal de sortie sur un voltmètre, dont l'échelle de graduation, non linéaire, permet une lecture directe des niveaux *LP* en décibels. Un dispositif électronique analogique de filtrage permet la correction donnant la valeur en dB(A).

Les modèles plus récents sont équipés de moyens de traitement qui permettent déjà un niveau de décomposition spectrale du signal. La figure 6.1 représente le modèle proposé par le constructeur Brüel & Kjaer, une référence dans ce domaine.

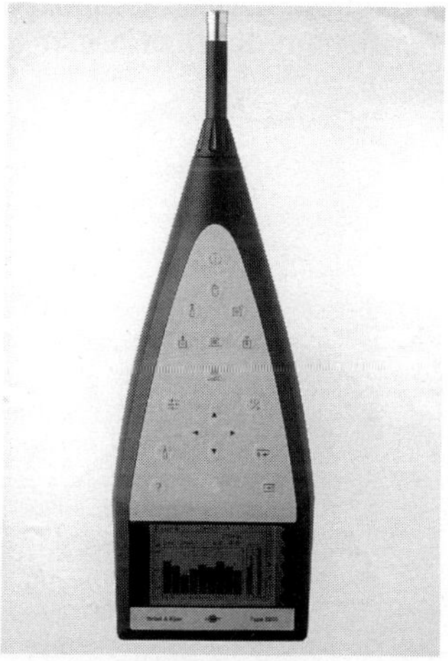

Figure 6.1 Sonomètre BK2260 (Photographie Bruel & Kjaer ™)

Le sonomètre est l'appareil de base pour une rapide évaluation des conditions acoustiques globales d'une installation, mais il est indispensable de disposer d'outils plus puissants pour se livrer, sur un produit, à un travail d'interprétation et d'amélioration. Le couplage de la sortie d'un pré-amplificateur à un **analyseur de spectre** permet d'avoir la décomposition de ces niveaux de pression par bandes de fréquences (octaves, tiers d'octave, option bande fine : 1/24 d'octave), qui permet de rechercher les causes et mécanismes d'atténuation des différentes raies présentes dans le signal.

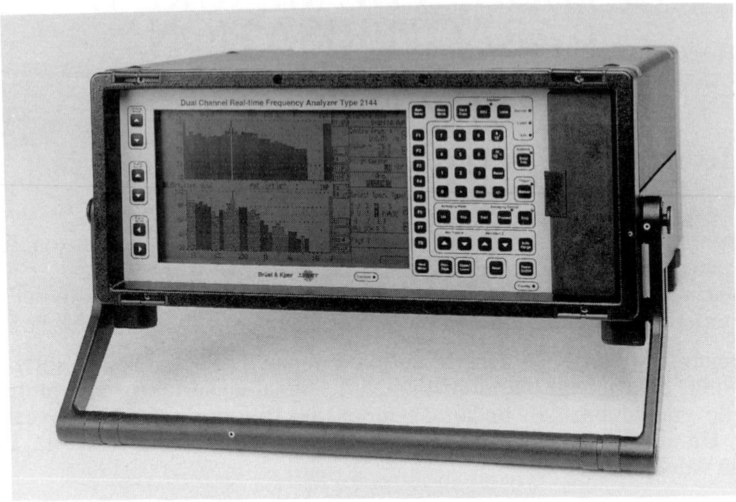

Figure 6.2 Analyseur BK2144 (Photographie Bruel & Kjaer ™)

Ces instruments disposent en outre de facilités de calcul et de stockage des données. Notons que certains fabricants (comme *01dB*™)proposent des modules d'acquisition et des logiciels de traitement permettant de transformer un ordinateur individuel fixe ou portable en analyseur (Fig. 6.3).

Figure 6.3 "Concerto" : un laboratoire acoustique dans un PC (Photographie 01 dB ™)

6.2 Intensimétrie

❑ Ce qu'apporte un intensimètre

L'intensité sonore exprime la valeur de la puissance sonore traversant une surface S donnée, rapportée à l'unité de surface. C'est l'équivalent d'un débit d'énergie, d'un flux de puissance, qui s'exprime en watts par mètres carrés.

Inversement, la puissance sonore à travers S est le produit de l'intensité I_n par l'aire de la surface S.

$$W = I_n.S$$

L'intensité I_n mesurée à travers un capteur de section droite S, dont l'orientation est définie par la direction de la **normale** (la perpendiculaire au centre) à la surface, est nulle si la normale est à angle droit par rapport au flux de puissance, et au contraire maximum si la normale est dans la direction du flux de puissance : c'est là que la surface S capte le maximum de puissance (Fig. 6.4). Si on désigne par I_r cette valeur maximum, et par θ l'angle entre la normale n et la direction r de propagation on a :

$$I_n = I_r \cos(\theta)$$

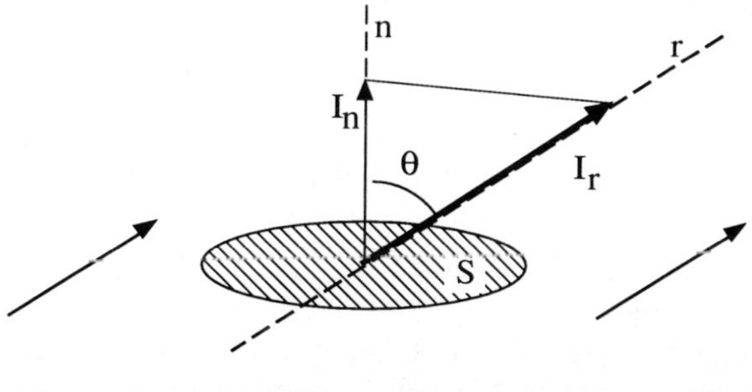

Figure 6.4 L'intensité sonore : une grandeur vectorielle

Un intensimètre idéal est un dispositif capteur présentant une surface de mesure S, orientée, et un système de conversion indiquant la valeur I_n (positive ou négative selon le sens de passage de l'énergie à travers S.

L'utilité d'un tel appareil repose sur trois avantages :

- Plaçons-nous en en point quelconque de l'espace, et orientons successivement le capteur dans toutes les directions : non seulement le signe du signal reçu nous indique quel est le sens de la propagation, mais encore la position du capteur quand le signal est maximum nous indique la direction du flux d'énergie. On repère ainsi les sources de puissance acoustique, en établissant, point par point une cartographie indiquant I_r en sens, direction et valeur numérique, comme représenté en figure 6.5.

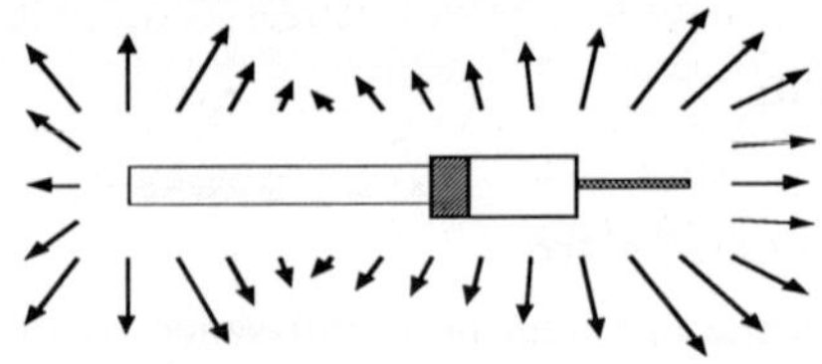

Figure 6.5 Cartographie de l'intensité au voisinage d'une source complexe

Notons que ce procédé devient encore plus riche d'enseignements si on détermine point par point le spectre en fréquence du signal mesuré. Si ce spectre présente des raies caractéristiques, on peut faire autant de cartes qu'il y a de raies, et ainsi caractériser l'origine d'émission relative à chacune d'elles. La figure 6.6 donne un exemple simplifié dans lequel la source complexe serait caractérisée par trois fréquences, dont deux issues de la partie gauche, et une issue de la partie droite.

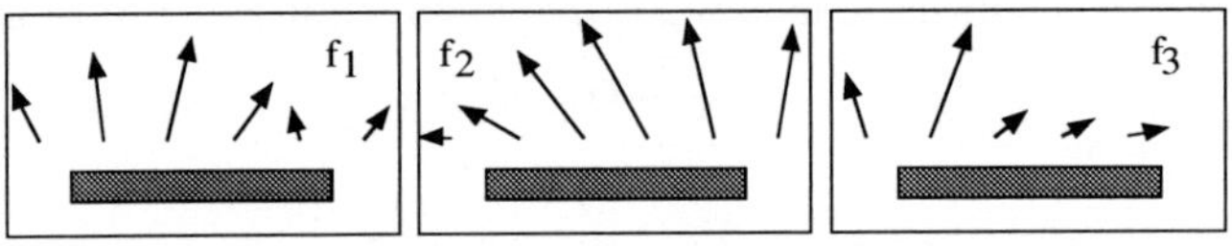

Figure 6.6 Cartographie par bandes de fréquences

- On utilisera également l'intensimètre pour déterminer la puissance acoustique totale rayonnée par une source complexe, ce que nous avons fait au paragraphe précédent.

Mais cette fois, plus de salle réverbérante pré-caractérisée, plus de *TR*, plus de facteurs correctifs (dans le cas idéal). Comment procède-t-on ?

On entoure la source par une surface fictive Σ maillée, appelée surface de contrôle, (chaque maille ayant une aire égale à celle de notre capteur), sur laquelle nous venons appliquer, maille par maille, le capteur (Fig. 6.7). La somme des intensités ainsi mesurées, multipliée par l'aire de Σ, donne la valeur de la puissance sonore totale à travers Σ, donc la puissance émise par la source.

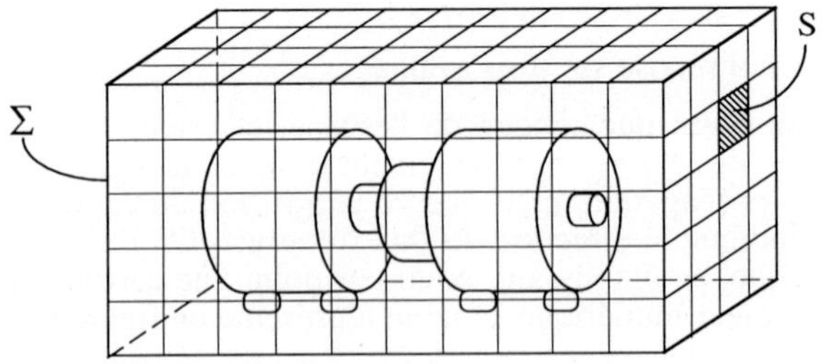

Figure 6.7 Mesure de la puissance sonore d'une source

Les éventuelles symétries de la source permettent de réduire le nombre de mesures effectives : une seule mesure pour une source sphérique, en prenant une surface Σ elle même sphérique, une seule série de mesures si la source présente une symétrie de révolution (cas des moteurs tubulaires), en prenant une surface Σ cylindrique et en déplaçant le capteur le long d'une génératrice.

- Mais encore plus fort : la méthode précédente fonctionne en présence de bruits ambiants provenant de sources extérieures au volume enserré par la surface de mesure, même si ce bruit ambiant est de 10 à 15 dB supérieur à celui qu'on veut mesurer !

Cette propriété spectaculaire permettra, dans des installations complexes, de mesurer individuellement la puissance acoustique émise par chaque sous-ensemble même si ceux-ci fonctionnent simultanément. La figure 6.8 nous montre qu'il faut néanmoins pouvoir envelopper chaque sous-ensemble par une surface de mesure, ce qui n'est pas toujours possible.

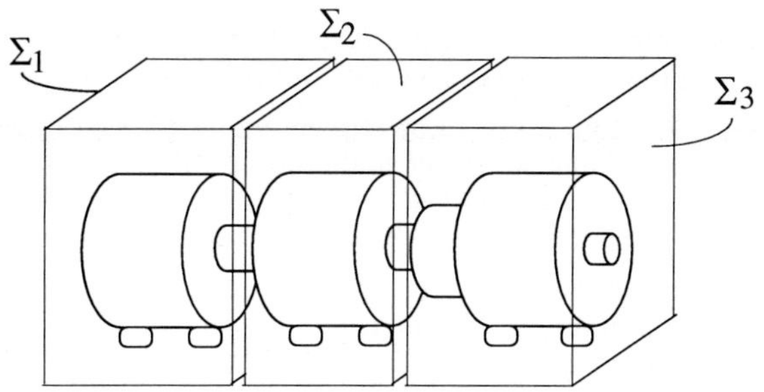

Figure 6.8 Mesure de puissances acoustiques de sous-ensembles

A quoi devons-nous cette indépendance par rapport aux bruits extérieurs ? Tout simplement au fait que les flux d'énergie provenant d'une source extérieure à Σ sont comptés deux fois : une fois négativement lorsqu'ils entrent dans Σ, une fois positivement lorsqu'ils en ressortent. Ils donnent donc naissance à une intensité résultante nulle, résultat montré sur la figure 6.9 dans le cas d'un flux perpendiculaire aux faces d'une surface Σ cubique, mais généralisable à un cas quelconque de direction de propagation et de forme de Σ (ce qui constitue en Physique le théorème de Gauss).

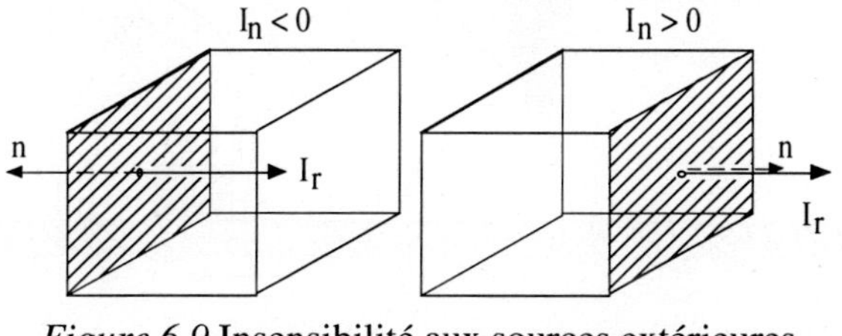

Figure 6.9 Insensibilité aux sources extérieures

❑ Le seul problème...

Le seul problème soulevé par l'intensimétrie (et il en découle malheureusement beaucoup d'autres...), c'est celui du capteur : il n'existe pas. Pas du moins sous la forme simple que nous aurions pu imaginer jusqu'à présent.

❑ Le microphone

Un microphone possède une membrane tendue dont les vibrations sont transmises à un élément transducteur, c'est-à-dire convertissant en variations de tensions $u(t)$ les vibrations induites par les variations alternatives $p(t)$ de la pression. Il y a alors proportionnalité entre $u(t)$ et $p(t)$.

L'élément transducteur est, selon les cas, un matériau piézo-électrique, un condensateur déformable à charges piégées (électret), ou encore une bobine électrique mobile dans le champ d'un aimant.

Quel que soit son type, le microphone est donc un capteur de pression alternative. Or la pression en un point, au sein d'un liquide ou d'un gaz, est la même dans toutes les directions, donc quelle que soit l'orientation de la surface qui en mesure les effets.

Un microphone n'est donc absolument pas directif, et ne peut pas convenir pour une mesure vectorielle de l'intensité sonore, comme nous l'aurions souhaité.

Est-ce irrémédiable ? Pas tout à fait : nous avons vu au §2.5 qu'il existe une relation étroite entre la dimension d'une source et sa directivité. Il en est strictement de même pour les capteurs : un capteur devient de plus en plus directif lorsque son diamètre augmente, atteint et dépasse la longueur d'onde λ des ondes sonores reçues.

Pour une onde sonore à 100 Hz et se propageant à 340 m/s, la longueur d'onde est de 3,4 mètres. Voilà donc le diamètre du microphone (ou encore le diamètre du réflecteur associé) qu'il nous faudrait pour repérer (à quelques dizaines de degré près!) les directions d'écoulement de l'énergie. Le dessin de la figure 6.10 suggère fortement de chercher une autre voie...

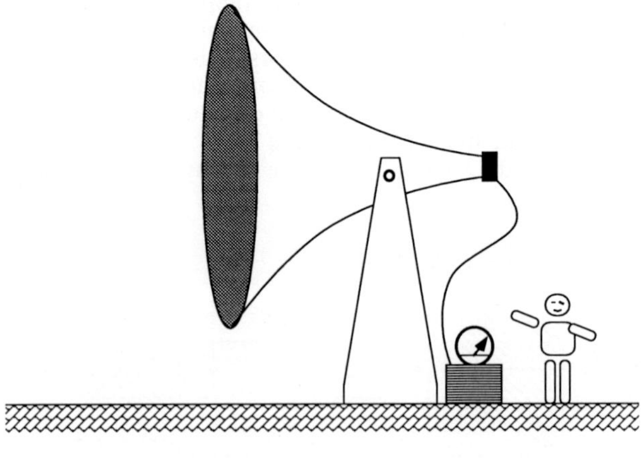

Figure 6.10 Intensimetrus prehistoricus

❑ Le capteur d'intensité

Le problème (de taille) qui vient d'être mentionné explique que l'intensimétrie n'ait pu véritablement se développer que dans les années 80, en bénéficiant des importants progrès en traitement du signal et en moyens de calcul informatique.

A la base, un constat simple : avec nos deux oreilles, qui sont chacune équivalente à un capteur de pression alternative, et sans distendre leur pavillon jusqu'à 3,4 mètres de diamètre, nous arrivons pourtant à localiser une source sonore 100 Hz (Fig. 6.11).

Ce qu'un seul capteur ne sait pas faire, deux capteurs **associés à un système de traitement** (le cerveau) en arrivent plus facilement à bout.

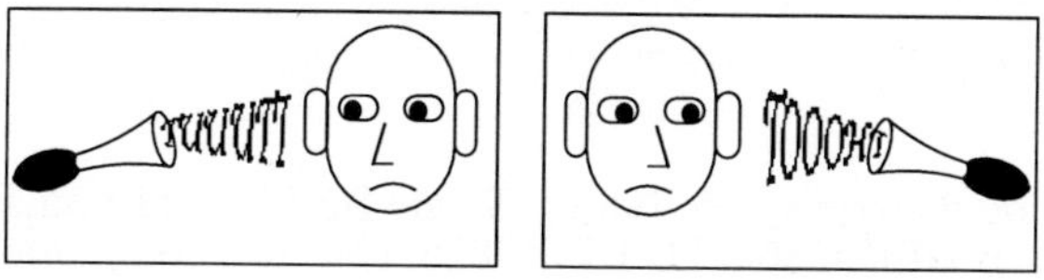

Figure 6.11 Intensimètre naturel acceptable

En effet, l'intensité sonore dans une direction *r* est égale à la valeur moyenne du produit de la pression alternative *p(t)* et de la composante $v_r(t)$ de la vitesse alternative des particules dans la direction *r* :

$$I_r = [\, p(t).v_r(t) \,]_{moy}$$

Or il existe une relation (formule d'Euler) entre les variations spatiales de la pression *dp/dr* et les variations temporelles de la vitesse dv_r/dt (l'équivalent de $F = m.\gamma$) :

$$\rho \, dv_r/dt = - dp/dr$$

Dans cette expression, ρ est la masse volumique de l'air (ou du gaz soumis à l'onde).

Cette expression valable pour des taux de variation reste sensiblement vraie pour deux capteurs non pas infiniment proches (*dr*) mais peu éloignés, distants de Δr :

$$\rho \, dv_r/dt \approx - \Delta p/\Delta r$$

Δp est la différence des pressions instantanées (p_2-p_1) captées par les deux microphones, différence essentiellement due aux déphasages résultant du temps de propagation et variable selon la fréquence du signal.

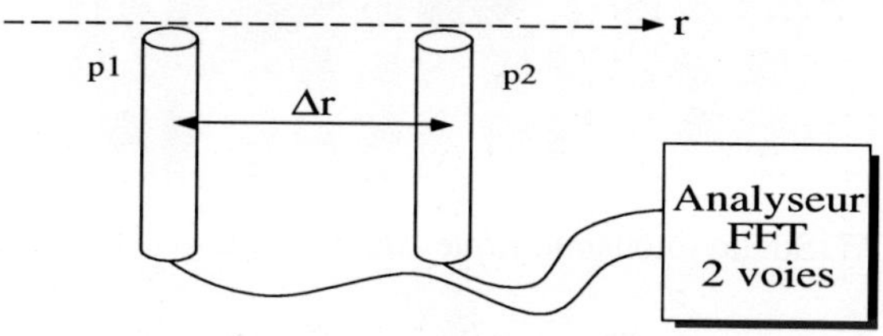

Figure 6.12 Sonde intensimétrique usuelle

On voit donc qu'il est possible, à partir de cet écart Δp, de remonter à la valeur de la vitesse particulaire $v_r(t)$, tandis que la moyenne arithmétique des signaux issus de chaque capteur donne la valeur de la pression $p(t)$. La valeur moyenne dans le temps du produit de ces deux quantités nous donne l'intensité I_r, et le tour est joué.

Ce n'est pas forcément à la portée du débutant, que nous mettons sur la voie en signalant que la décomposition spectrale de I_r, celle qui présente le plus d'intérêt, est donnée par la partie imaginaire de l'interspectre G_{12} des deux signaux :

$$I_r(f) = - [imag\ (G_{12})] / (2\pi f \rho \Delta r)$$

Lequel interspectre G_{12} s'obtient à l'aide d'un analyseur à Transformée de Fourier Rapide (FFT) double voie. Pour le lecteur courageux, voir les références [4 à 8].

Mais qui donc aurait imaginé qu'il se passe tout ça entre nos deux oreilles ?

❑ En pratique

Malgré l'existence de matériels spécifiques (Sonde B&K™ 3519 ou 3548, Analyseur de fréquences 2 voies HP™ 3562, PC HP™9816, pour une configuration typique), et de logiciels conviviaux (CETIM INTAC), le lecteur aura compris que la pratique des mesures intensimétriques requiert une expérience non négligeable, notamment pour l'évaluation des erreurs inhérentes à la méthode. Une parfaite calibration des sondes est par exemple indispensable.

On se reportera à l'ISO 9614-1 ou à NF S31-100 pour avoir les techniques précises de mesurage.

Il est important de noter que si les mesures sont effectuées en chambre sourde, on pourra alors se dispenser de prendre un maillage entourant complètement la source, pourvu que celle-ci présente des symétries exploitables. Un bras de robot est en général utilisé pour déplacer la sonde sur la surface vituelle Σ prédéfinie par programmation.

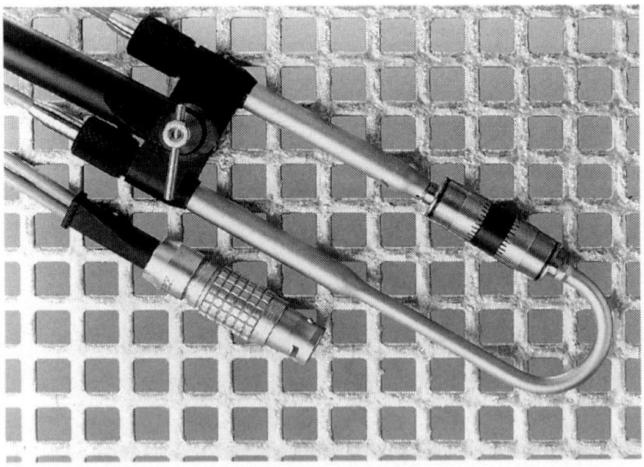

Figure 6.13 Sonde intensimétrique BK3548 (Photographie Bruel & Kjaer ™)

Dans le cas d'un ensemble tubulaire essayé dans ces conditions, il suffit d'une série de points de mesure sur la génératrice d'un cylindre virtuel Σ coaxial au tube.

6.2 Mesure de Puissance acoustique

❑ Principe

Nous avons vu au chapitre 4 que, dans une salle réverbérante, la pression acoustique devient sensiblement indépendante de la position dès qu'on s'écarte suffisamment de la source (prédominance du rayonnement diffus sur le direct). C'est cet effet qui est mis à profit pour permettre la mesure de la puissance acoustique d'un équipement, dont le niveau d'émission est supposé constant au cours du temps.

Plaçons une source loin des parois d'une telle salle réverbérante : nous mesurons effectivement un niveau de pression *LP* constant à bonne distance de la source, et en particulier identique en tout point au voisinage des parois.

Ce niveau n'est pas atteint instantanément lors de la mise en marche de la source, mais au bout d'une durée de l'ordre de T_R, temps de réverbération de la salle (quelques secondes).

Lorsque ce niveau acoustique cesse de croître, cela signifie qu'un équilibre est atteint entre la puissance fournie et la puissance dissipée (se reporter à l'Annexe 2).

La puissance fournie est celle que nous voulons mesurer : *W*, puissance totale délivrée par la source.

La puissance dissipée est celle qui se perd au niveau des parois. Celles-ci en effet ne sont pas parfaitement réfléchissantes (ou alors le temps de réverbération serait infini) et sont caractérisées par un coefficient d'absorption α, et on appelle aire équivalente d'absorption *A* (m^2) le produit de α par l'aire totale *S* des parois.

Plus l'aire équivalente d'absorption est élevée, plus il faut que la source présente une puissance importante afin de compenser les pertes sur les parois. Dans une salle parfaitement réverbérante, on obtient (Annexe 1) la relation suivante, exprimée en niveaux (dB) :

$$LW = LP + 10 \log (A) - 6$$

L'aire d'absorption d'un local est elle-même liée au temps de réverbération et au volume de ce dernier par la loi de SABINE (Annexe 2) :

$$A = 0.16\ V / T_R$$

Ce qui donne pour *LW* :

$$LW = LP + 10 \log (V) - 10 \log (T_R) + 10 \log (0.16) - 6$$

$$LW = LP + 10 \log (V) - 10 \log (T_R) - 14$$

Une mesure du niveau de pression acoustique, dans la salle réverbérante où celle-ci est constante, permet de déterminer la puissance acoustique de la source, à condition de connaître le temps de réverbération de la salle.

Figure 6.14 Salle réverbérante (Photo CSTB)

❑ Premier correctif pratique : analyse en fréquence

En fait, le coefficient d'absorption α est loin dêtre constant pour une paroi donnée : il dépend de la fréquence. Il en résulte que le temps de réverbération de la salle T_R présente lui même des valeurs différentes dans chaque bande de fréquence.

La salle réverbérante doit subir une caractérisation préalable, qui permettra justement de connaître ces différentes valeurs de T_R. Cet essai est réalisé par analyse de la décroissance du niveau, dans chaque bande de fréquence, après coupure brutale d'une source de bruit puissante, ou après la détonation d'un pistolet d'alarme.

Lorsque la salle est ensuite utilisée pour qualifier une source quelconque, le niveau *LP* est mesuré dans chaque bande de fréquence, et le niveau de puissance LW_i correspondant à cette bande de fréquence est calculé séparément. Le niveau global *LW* est obtenu par "sommation" (au sens rencontré dans la manipulation des décibels) des LW_i des différentes bandes.

$$LW = 10 \log [\textstyle\sum_i \log^{-1} (LW_i / 10)]$$

Les outils informatiques simplifient considérablement l'acquisition et le traitement de toutes ces données.

❑ Deuxième correctif pratique : moyennage spatio-temporel

Le raisonnement ayant permis la détermination de la puissance acoustique suppose que la pression acoustique ne varie ni dans le temps, ni en fonction de la position, au voisinage des parois. Pour tenir compte des imperfections de la salle, on utilise en général un microphone de mesure tournant sur un bras silencieux, ou encore une moyenne sur trois points différents. Par ailleurs, l'essai est réalisé pendant une durée suffisante pour pouvoir moyenner cette fois les fluctuations temporelles du bruit émis par la source.

❑ Domaine de validité

Il est important que l'appareillage dont on veut mesurer la puissance acoustique soit disposé dans des conditions proches de l'utilisation in situ. Cela joue en particulier au niveau de la fixation de l'appareillage sur une paroi. En effet, ce dernier ne voit pas la même charge acoustique selon qu'il est suspendu au centre du volume ou placé tout contre un mur réfléchissant. On dit que l'impédance vue par l'équipement est différente. Il en résulte que la puissance acoustique fournie par celui-ci risque également de différer dans les deux cas : celle-ci n'est pas une donnée complètement intrinsèque à l'équipement, comme un générateur électrique délivre une puissance fonction de la charge appliquée.

La mesure doit donc être effectuée dans des conditions aussi proches que possible d'une installation normale.

Par ailleurs, on peut vouloir estimer la puissance acoustique d'un appareillage, ou inversement prévoir un niveau de pression acoustique à partir de la puissance acoustique, sans être dans les conditions idéales d'une salle réverbérante. C'est par exemple ce que nous avons fait dans les exemples d'applications du chapitre précédent.

L'erreur commise est-elle importante lorsqu'on utilise la formule liant *LP* à *LW*, en ignorant le champ direct émis par l'équipement ?

Si on se réfère aux résultats de l'Annexe 1, on constate que le champ direct doit être pris en compte si :

$Q/(4\pi r^2)$ n'est pas négligeable devant $4/A$

Q : facteur de directivité de la source (E3.7 p.49) (sd),

r : distance à la source (m).

Reprenons l'exemple 5.1 du chapitre précédent : une chaudière disposée contre le mur d'une cuisine de 30 m^3, moyennement réverbérante (T_R = 1seconde), et supposons que la mesure ait été faite à 2 mètres seulement de la source.

On a alors :

$Q = 2$ (source disposée contre un plan réfléchissant),

$r = 2\ m$, et $A = 0{,}16\ V/T_R = 4{,}8\ m^2$.

Tous calculs faits, on trouve donc un terme "champ direct" plus de 20 fois inférieur au terme "champ diffus", ce qui justifie qu'on ne le prenne pas en compte. Même si la chaudière était disposée dans un angle (dièdre), ce qui augmente son facteur de directivité ($Q = 4$), le rapport resterait de l'ordre de 10, ce qui reste suffisant pour négliger le champ direct dans le cas d'une estimation.

Cependant, il sera d'autant plus nécessaire de procéder à un moyennage spatial des mesures (en déplaçant lentement le microphone dans la pièce), qu'on s'écarte des conditions d'une salle réverbérante idéale.

❑ Normes et documentation

Ces méthodes de mesurage sont décrites en détail dans les normes, par exemple dans la norme française NF S 31022 *Détermination de la puissance acoustique émise par les sources de bruit.*

Les normes précisent en outre l'expression des différents termes correctifs à apporter (température, pression atmosphérique...). Par ailleurs, les constructeurs d'appareillage de mesure (BRUEL & KJAER en particulier) font largement part de leur expérience et de leurs conseils dans les formations ou documentations techniques d'accompagnement.

6.4 Mesures vibratoires

La puissance sonore rayonnée W_r par une plaque de surface S en vibration est proportionnelle à la valeur moyenne dans le temps du carré de la vitesse vibratoire, c'est-à-dire de la vitesse alternative de tout point de la plaque :

$$W_r = \rho_0 . c < [v^2]_{moy} > . S . \sigma$$

expression dans laquelle on retrouve la masse volumique ρ_0 de l'air et la célérité c du son dans l'air, dont le produit $\rho_0 . c$ (= 400) caractérise l'impédance acoustique de l'air.

σ est le facteur de rayonnement de la plaque (Annexe 4).

La valeur moyenne dans le temps du carré d'une grandeur est égale au carré de ce qu'on appelle la **valeur efficace** de cette grandeur. On a pour les vitesses :

$$[v^2]_{moy} = v_{eff}^{\ 2}$$

Soit :

$$W_r = 400 < v_{eff}^{\ 2} > . S . \sigma$$

La vitesse est en fait mesurée à l'aide d'un accéléromètre disposé sur la plaque, suivi d'un montage dit intégrateur, et doit être prise en moyenne spatiale sur l'ensemble de la plaque. Cette moyenne spatiale est ici symbolisée par < >.

On utilise une représentation en niveaux, en utilisant des niveaux de référence relatifs à une plaque de surface unitaire et de facteur de rayonnement unitaire, donc tels que :

$$W_{ref} = 400\,(v_{eff})_{ref}{}^2$$

Le choix de $W_{ref} = 10^{-12}\ w$ entraîne celui du niveau de référence en vitesse efficace :

$$(v_{eff})_{ref} = 5\ 10^{-8}\ m/s$$

et on définit le **niveau de vitesse** *LV* par :

$$LV = 20 \log [\ v_{eff} / (v_{eff})_{ref}\ ]$$

Il en résulte qu'on pourra écrire, pour une plaque en vibration :

$$LW_r = LV + 10 \log (S) + 10 \log (\sigma)$$

6.5 Méthodes en développement

Certaines méthodes utilisant largement les nouvelles possibilités offertes par les moyens de calcul commencent à être pratiquées dans certaines qualifications, aussi bien dans le domaine acoustique que dans le domaine vibratoire :

❑ Analyse cepstrale

Développée par les ingénieurs de Bruel & Kjaer dans les années 80 [10], cette méthode permet de mettre en évidence des phénomènes d'usure ou de défauts dans les systèmes en rotation.

Dans un réducteur à engrenages, on obtient normalement un signal dont le spectre fait apparaître uniquement la fréquence d'engrènement et ses différents harmoniques. La fréquence d'engrènement f_e traduit le nombre de contacts par seconde : c'est la fréquence de rotation d'une roue (par rapport à l'autre supposée fixe), multipliée par le nombre de dents. La présence des harmoniques de f_e est plus ou moins marquée selon le profil de denture. L'amplitude de toutes ces raies est d'autant plus faible que le profil de denture est bien conçu.

Lorsqu'une seule des dents présente un défaut, celui-ci se reproduit périodiquement non pas à la fréquence de l'engrènement, mais à la fréquence f_r de rotation d'une roue par rapport à l'autre. On montre que l'existence de ce défaut provoque une modulation d'amplitude ou de fréquence du signal résultant, qui se traduit dans le spectre par l'apparition de nouvelles raies, décalées symétriquement par rapport aux raies principales dues au seul engrènement. Le décalage est multiple de f_r.

La figure 6.15 repésente ce qu'on obtiendrait (idéalement) dans le cas d'un défaut unique portant sur un réducteur à un seul étage simple.

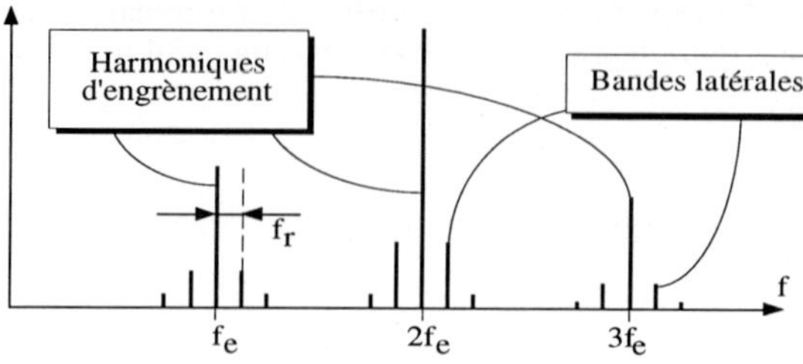

Figure 6.15 Spectre idéal du signal issu d'un réducteur avec un défaut

Toute l'information sur les défauts est donc contenue dans les bandes latérales. Le problème est que l'amplitude de celles-ci est en général beaucoup trop faible (heureusement d'ailleurs) pour ne pas être masquée par la largeur des raies principales.

Comment donc séparer plus franchement les raies d'engrènement de ces raies de modulation ?

L'idée est de faire le spectre du spectre ! Un tel procédé fait apparaître, sous forme de raies uniques, les phénomènes périodiques du spectre, plus ou moins masqués dans celui-ci.

En effet, le spectre d'un signal temporel donne, sur une échelle graduée en fréquences (l'inverse du temps), des raies représentant les contenus périodiques du signal.

Le spectre du spectre précédent donne donc, sur une échelle graduée en temps (inverse de la fréquence), des raies représentant les contenus périodiques du spectre.

Reprenons l'exemple précédent, en fixant les valeurs f_r = 100 Hz, 20 dents, soit f_e = 2000 Hz.

Après avoir réalisé le spectre du spectre, on obtiendra : une raie unique représentative de la périodicité d'engrènement, à $1/f_e$ soit 0,5 ms, et une raie unique, représentative de la périodicité du défaut, à $1/f_r$ soit 10 ms donc très écartée de la précédente (Fig. 6.16).

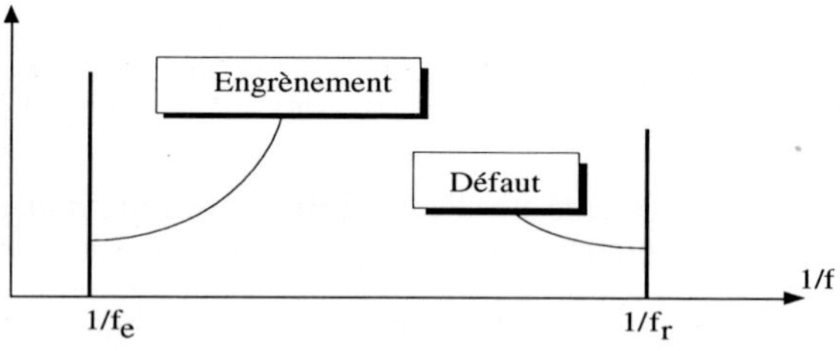

Figure 6.16 Cepstre du spectre précédent

L'effet de séparation des raies est encore renforcé si on prend soin d'écraser les raies de forte amplitude, correspondant en général à la partie connue, au profit des raies de faible amplitude, normalement masquées. Il suffit de prendre non pas directement le spectre du spectre, mais **le spectre du logarithme** de ce dernier...

Avec humour, les inventeurs de la méthode ont baptisé "cepstre" ce spectre inversé, "quéfrence" les valeurs temporelles inverses de la fréquence... et conservent tout leur sérieux lorqu'ils détaillent les "rhamoniques" qui apparaissent dans les cepstres complexes.

Qu'on se garde néanmoins de trouver tous les avantages à l'analyse cepstrale. Celle-ci trouve ses limites dès qu'on l'applique à des réducteurs multiples et/ou à faible nombre de dents par roue.

❑ Erreur dynamique de transmission

L'erreur dynamique de transmission (EDT) peut être définie comme la valeur instantanée de l'écart observé entre une grandeur de sortie (accélération, vitesse ou position angulaire de l'arbre) et la valeur qu'aurait eue cette grandeur si la transmission était parfaite [11].

Dans une transmission réelle, l'évolution temporelle de l'EDT apparaît comme parfaitement chaotique. Mais si ce signal lui-même est inexploitable, son traitement fait apparaître des informations intéressantes sur la qualité de la transmission :

- En amplitude, l'écart-type de l'EDT, mesuré pour toutes les valeurs possibles de la vitesse moyenne de rotation, fait ressortir pour certaines vitesses des pics qui traduisent une variation périodique de la raideur d'engrènement.

- En fréquence, une analyse spectrale de l'EDT fait apparaître de nombreuses raies harmoniques, dont l'amplitude témoigne de l'importance du défaut, et dont la fréquence peut permettre d'interpréter l'origine de celui-ci.

❑ Phonoscopie

La phonoscopie est une technique de mesure holographique (disons pour simplifier : interférentielle) mise au point au CSTB à partir de 1989 [9] pour obtenir des **images de la transmission acoustique à travers des parois**, donnant une appréciation beaucoup plus fine des phénomènes (et des fuites acoustiques) que ne le fait l'essai global de caractérisation vu au §4.4.

La reconstruction holographique utilise une décomposition du champ sonore en ondes planes permettant, onde par onde, l'analyse des phénomènes. En particulier, les ondes de flexion de la structure plane peuvent être extraites, et il est possible de déterminer l'amplitude correspondant à chaque mode (m, n) de la plaque.

La figure 6.17 représente l'image de l'énergie acoustique rayonnée par une fenêtre à menuiserie PVC équipée d'un double vitrage et d'un caisson de volet roulant.

Il s'agit d'une méthode de laboratoire, reservée à la caractérisation des parois et non à celle des sources, puisqu'elle nécessite de parfaitement maîtriser l'excitation.

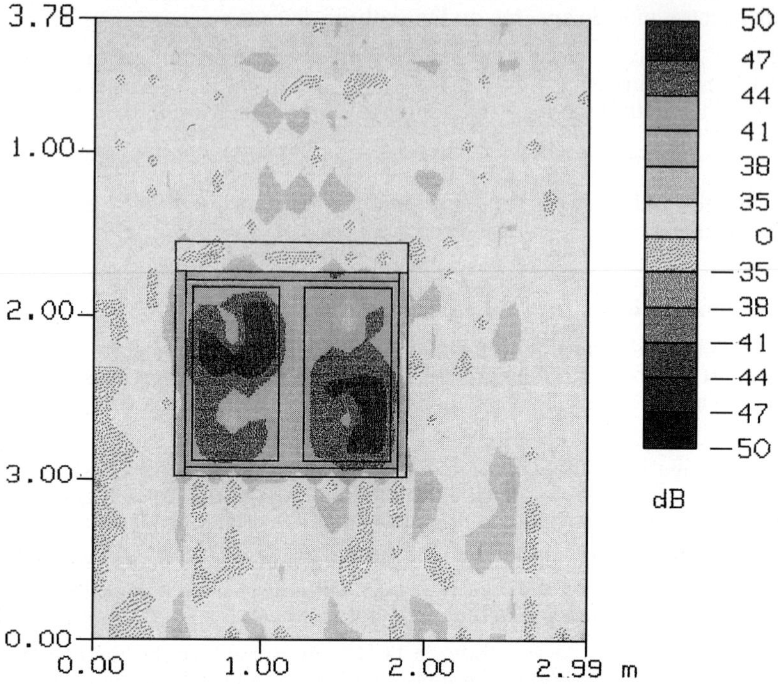

Figure 6.17 Transmission par une fenêtre équipée d'un volet roulant
(Document CSTB)

❑ Méthodes à venir

Il ne fait pas de doute que l'avancée spectaculaire de l'étude des phénomènes dits à chaos déterministe, et les progrès constants en théorie du traitement du signal, donneront naissance à de nouvelles méthodes permettant de caractériser beaucoup plus finement les sources de bruit ou de vibrations.

L'application à ce type de recherches des très nombreux développements militaires sur les les antennes à balayage électronique par exemple laisse ouvert un champ d'investigation pratiquement illimité, et fortement favorisé par la banalisation des composants électroniques spécialisés en traitement du signal (DSP) ... et la réduction des programmes d'armement qui pousse à certaines reconversions bienvenues...

Chapitre 7

TRANSMISSIONS ET SUSPENSIONS VISCO-ELASTIQUES

7.1 Gain d'une suspension/transmission visco-élastique

Nous disposons d'un équipement générateur de vibrations :

- caractérisé par des variations δF_e des forces de contact, au niveau des points d'appui sur le support,

- ou caractérisé par des variations δC_e du couple transmis sur l'arbre en rotation,

- ou les deux à la fois.

Ces variations alternatives se superposent à la force de contact F_e "statique", correspondant par exemple au 1/4 du poids de l'équipement s'il repose de façon équivalente sur 4 supports, ou au couple C_e "statique" correspondant au fonctionnement du moteur en régime permanent.

Une fixation rigide de l'équipement à son support, ou de l'arbre entraînant à l'arbre entraîné, transmettrait intégralement les variations δF_e ou δC_e, et la puissance vibratoire associée. C'est ce qui se passe sur la figure 7.1.

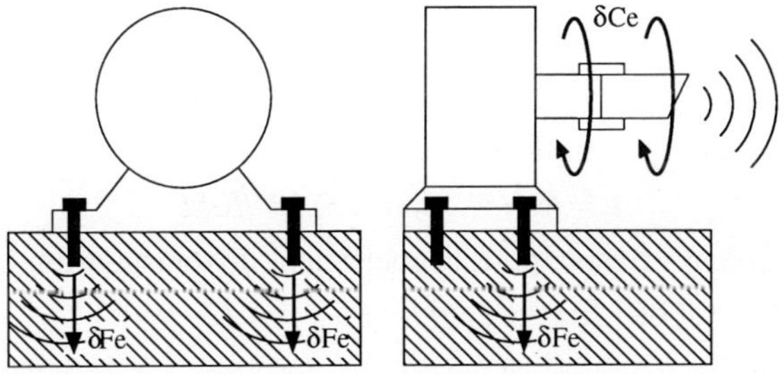

Figure 7.1 Propagation de variations d'effort ou de couple

Il s'avère astucieux d'intercaler entre les points de fixation et le support un ensemble ressort(s) et amortisseur(s), qui supporte(nt) alors la masse M de l'équipement : **suspension visco-élastique**. (Fig. 7.2 gauche)

De même, on intercalera entre l'arbre de sortie, et l'arbre entraîné, un ensemble ressort-amortisseur : **transmission visco-élastique**. (Fig. 7.2 droite)

Le but est, dans les deux cas, d'avoir en sortie (c'est-à-dire sur le support, ou sur l'arbre entraîné, une force alternative transmise δF_s, ou un couple alternatif transmis δC_s, d'amplitude beaucoup plus faible que δF_e ou δC_e.

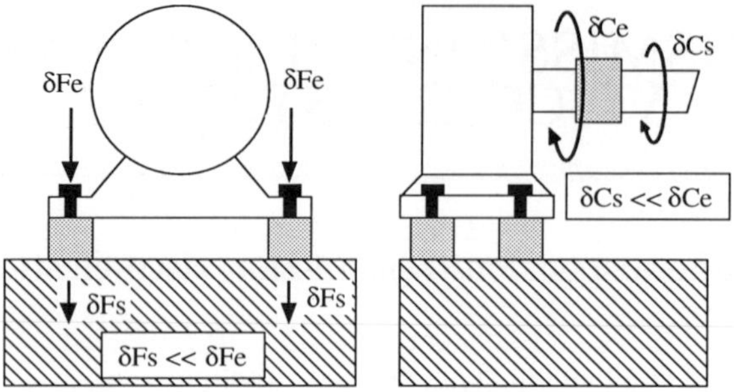

Figure 7.2 Effets d'une suspension et d'une transmission visco-élastiques

Transmission et suspension visco-élastiques se traitent de la même façon : dans le deuxième cas, les forces sont remplacées par les moments des forces ou couple, les masses par des moments d'inertie.

Le coefficient de transmission T, égal au rapport $\delta F_s / \delta F_e$ se calcule en écrivant que la force transmise au support est égale, en valeur absolue, à celle qui s'oppose au mouvement de la masse M suspendue, soit la somme :

- D'une force élastique, proportionnelle à la raideur K de la suspension, et au déplacement de la masse par rapport à la position d'équilibre.

- D'une force de frottement visqueux, proportionnelle à la vitesse de déplacement de la masse. Le coefficient de proportionnalité est la **viscance** R de l'amortisseur.

Si on désigne par f_n la fréquence naturelle d'oscillation du système masse-ressort en absence d'amortissement, on montre [2, 16, 17] que le taux d'amortissement relatif ε (voir paragraphes 1.4 et 1.5) est lié à la viscance par :

$$\varepsilon = R / (M.4\pi f_n) = R / 2\sqrt{K.M}$$

On obtient l'expression suivante pour le coefficient de transmission :

$$T = [1 + (2\varepsilon.f/f_n)^2] / [(1 - (f/f_n)^2)^2 + (2\varepsilon.f/f_n)^2]^{1/2}$$

Cette formule s'applique aussi bien aux amortisseurs par fluide qu'aux amortisseurs utilisant des élastomères. Dans ce dernier cas, c'est le même matériau qui assure simultanément l'élasticité et l'amortissement. Le modèle des matériaux élastomères (modèle "hystérétique") fait apparaître que le taux d'amortissement n'est pas constant en fonction de la fréquence, alors que c'est pratiquement le cas pour les fluides. Pour ces matériaux, on a un comportement de ε inversement proportionnel à la fréquence :

$$\varepsilon = \varepsilon_0 \, . \, f_n / f$$

Si on tient compte de cette propriété, l'expression de T se simplifie et devient :

$$T = [1 + (2\,\varepsilon_0)^2] / [(1 - (f/f_n)^2)^2 + (2\varepsilon_0)^2]^{1/2}$$

La valeur $2\varepsilon_0$ correspond à ce qu'on appelle le **facteur de pertes** η *(éta)* du matériau (voir Annexe 4).

Les courbes de figure 7.3 reproduisent l'évolution de T, en fonction de la fréquence d'excitation f, pour 4 valeurs différentes du taux d'amortissement relatif.

Sur l'échelle horizontale est reproduite la valeur de la fréquence d'excitation, exprimée en fonction de la fréquence naturelle. L'échelle verticale est logarithmique.

Contrairement à ce qu'on obtiendrait dans un amortissement à fluide, la fréquence de résonance f_r est toujours égale à f_n.

Par ailleurs, on pourra vérifier sur les courbes que la transmission T est égale à l'inverse de $2\varepsilon_0$ lorsque $f = f_n$, et lorsque ε_0 est assez faible. Enfin, dans ce cas, on a :

$$\text{si } f >> f_n, \text{ alors } \quad T \approx 1 / [\ (f/f_n)^2 - 1\ ]$$

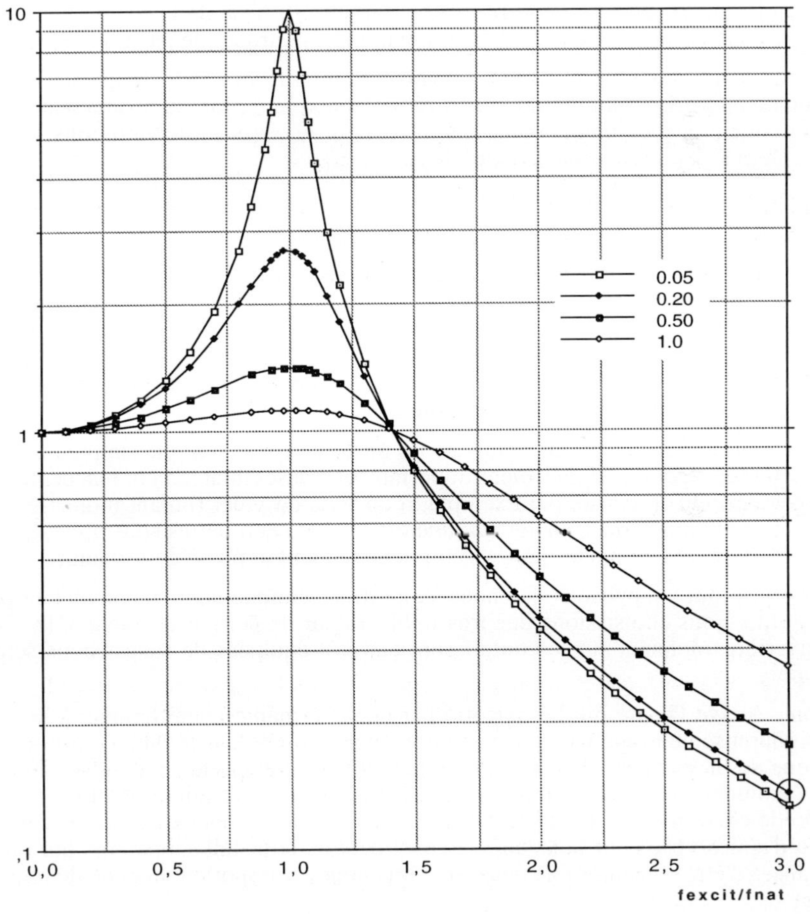

Figure 7.3 Courbes du coefficient de transmission d'un système élastomérique

Notre problème est maintenant le suivant : pour un équipement et une fréquence d'excitation donnés, comment dimensionner la suspension visco-élastique ?

7.2 Choix de la fréquence naturelle

On a bien sûr intérêt à ce que la fréquence d'excitation f prise en compte (qui sera la plus basse des fréquences vibratoires générées par l'équipement), soit très élevée devant f_n, et plus précisément, devant $1.4\,f_n$, afin de se trouver dans une zone de forte atténuation.

A titre d'exemple, si on arrive à dimensionner la suspension de telle façon que sa fréquence naturelle soit égale au tiers de la fréquence d'excitation la plus basse, f, et si le taux d'amortissement vaut 0.2, alors la transmission est voisine de 0.13 (point entouré d'un cercle sur le réseau de courbes de la figure 7.3). 87% de la force alternative se trouvent donc éliminés. Ce n'est déjà pas mal, mais pourquoi ne pas faire mieux ?

En effet, l'application de la formule donnant T montre que si la fréquence naturelle est maintenant prise comme trente fois plus faible que f, alors le résultat est 100 fois meilleur que précédemment : 0.0013, le rêve, pour le chasseur de vibrations. (Dès que $f >> f_n$, alors T décroît comme le carré de f).

Oui, mais revenons à l'expression de f_n,

que nous cherchons en ce moment à rendre la plus petite possible :

$$f_n = 1/2\pi \sqrt{K/M}\,.$$

La masse M de l'équipement étant donnée, il n'y a guère d'autre choix que de diminuer au plus la raideur K du ressort... et donc à admettre un écrasement δ important de celui-ci sous l'effet de la charge statique F_e.

Toute variation dans la valeur nominale de M, toute force statique supplémentaire ... vont se traduire par un déplacement important, et vraisemblablement inacceptable, de l'équipement. Qu'on pense, par exemple, à un tube de volet roulant motorisé et suspendu élastiquement, qui s'élèverait d'une dizaine de centimètres sous prétexte que la masse M diminue lorsque les lames s'empilent pendant la phase de fermeture...

Ce n'est pas tout : supposons que nous supportions stoïquement l'inconvénient précédent, et que nous choisissions une très faible valeur de f_n : par exemple 1Hz. Toutes les ouvertures donnant sur le couloir sont aussitôt équipées de suspensions selon ce principe.

Fiction : Arrive l'heure du thé, apporté par une charmante jeune femme, à la démarche vigoureusement appuyée par des talons hauts, martelant le dallage à la cadence fatidique de un pas par seconde : on assite alors au rare spectacle de tubes d'enroulement commençant à frémir, puis gigoter et trépigner à qui mieux mieux ... et enfin prendre le chemin de la liberté en faisant sauter ferrures, équerres et autres cornières. Vision d'apocalypse pour nous autres, constructeurs et installateurs... qui aurions peu de chances d'être consultés une deuxième fois pour cet important marché de renouvellement.

Il y a donc lieu de limiter nos ambitions sur le choix d'une faible valeur de f_n, et qu'on se rassure : la catastrophe-type évoquée ci-dessus restera du domaine du gag cinématographique. En pratique, on aura f_n de l'ordre de la dizaine de Hz.

De plus, pour une valeur choisie de f_n, on aura intérêt à doubler simultanément la raideur K de la suspension, et la valeur de la masse M : on aura alors la même valeur pour la fréquence naturelle, la même atténuation pour la force alternative transmise, mais deux fois moins d'amplitude de mouvement.

Dans le cas d'une suspension élastique, utilisant un véritable ressort, il existe une relation très simple entre la fréquence naturelle f_n et la déviation statique (écrasement) δ provoquée par le poids de l'équipement .

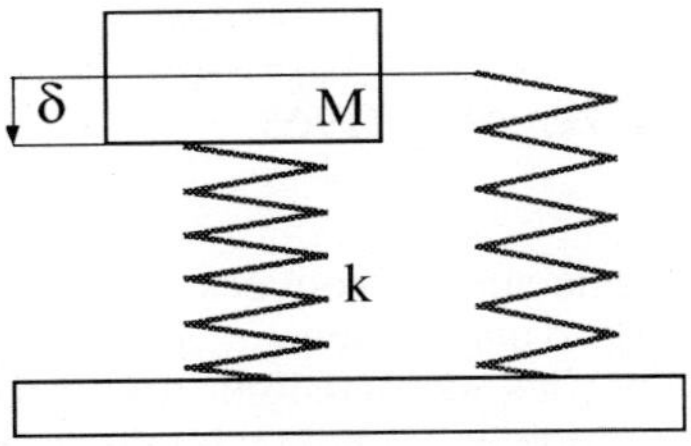

Figure 7.4 Déviation statique δ

Dans le cas d'un seul ressort, on a :

$$F = P = M.g = K.\delta ,$$

avec $g = 9.81\ ms^{-2}$, donc :

$$f_n = 1/2\pi \sqrt{K/M} = 1/2\pi \sqrt{g/\delta} = 15.8 \sqrt{1/\delta} ,$$

la dernière expression donne numériquement f_n en Hz si δ est en mm.

Inversement :

$$\delta = (15.8 / f_n)^2$$

Par exemple, une fréquence naturelle de 10 Hz sera obtenue par un choix de matériaux élastiques (ressorts ou autres **pourvu qu'ils soient à comportement linéaire**) tels que, **sous la charge**, ils se compriment de 2.5 mm. Cette valeur est tout à fait acceptable.

7.3 Choix de l'amortissement

Pour réduire au mieux la transmission dans la zone de fonctionnement atténuateur, on constate qu'il y a tout intérêt à avoir l'amortissement le plus faible, voire pas d'amortissement du tout.

Cette fois, c'est le régime transitoire, lié au démarrage ou à l'arrêt de l'équipement, qui impose une sérieuse limitation. En effet, lors d'une phase de démarrage, l'équipement génère obligatoirement une fréquence croissante, avant d'atteindre sa fréquence de fonctionnement. Il y a passage par la fréquence de résonance, avec les inconvénients que l'on sait.

Cet effet, bien que temporaire, est l'inévitable contrepartie des gains obtenus une fois à fréquence normale. Il doit nécessairement être limité par l'emploi de matériaux à coefficient d'amortissement suffisant pour supporter le passage par la résonance, en régime transitoire. Cette contrainte est cependant peu pénalisante : l'effet de l'amortissement est beaucoup plus sensible dans la zone de résonance que dans la zone d'atténuation. En pratique, on choisira donc une valeur de ε de l'ordre de 5 à 10%.

7.4 Suspensions adaptatives et actives

Aussi bien les contraintes sur f_n que sur ε, évoquées ci-dessus, ont incité à développer des systèmes de raideur, et/ou d'amortissement, modifiables, donc contrôlables, électriquement : c'est le principe des **suspensions adaptatives**, dont l'emploi est particulièrement judicieux en automobile, compte tenu du caractère variable, en fonction de la vitesse et du terrain, des fréquences à filtrer. Il est en général plus facile d'agir mécaniquement sur l'amortissement que sur la raideur, en modifiant plus ou moins, à l'aide de vannes à réponse rapide, le circuit d'écoulement du fluide amortisseur. C'est la technique utilisée dans les suspensions **hydractives**, dans lesquelles un ou deux circuits de dérivation viennent se mettre en parallèle sur le piston, avec des électrovannes dont le temps de réponse est de l'ordre de 20 ms. Les fluides "électro- ou magnéto- rhéologiques" sont de bons candidats pour les futures générations.
La suspension adaptative consiste donc à modifier au mieux les paramètres d'une suspension "passive", ce qui requiert une énergie faible devant l'énergie vibratoire.

La véritable **suspension active** consiste à disposer d'un ou plusieurs actionneurs, gérés en boucle fermée par un asservissement, imposant un maintien de la structure autour de son point de repos malgré la présence des perturbations que sont les vibrations. La chaîne comporte donc également un ou plusieurs capteurs de vibrations, et les actionneurs sont nécessairement suffisamment puissants pour s'opposer au régime vibratoire qu'ils doivent éliminer. L'énergie dépensée est alors au moins égale à l'énergie vibratoire à combattre. C'est la conception (ou le coût) des actionneurs qui rendent encore les suspensions actives peu attractives pour de larges applications. On utilise des céramiques ou des polymères (PVDF) de type piézo-électrique, ou encore des matériaux magnétostrictifs (Terfenol-D®).

7.5 Degrés de liberté du système suspendu

En fait, l'équipement suspendu présente six degrés de liberté. Pour les suspensions, on distingue donc trois modes de translation : verticale, horizontale transverse, horizontale longitudinale, et trois modes de torsion : tangage, laçage, roulis, comme représenté en figure 7.5.

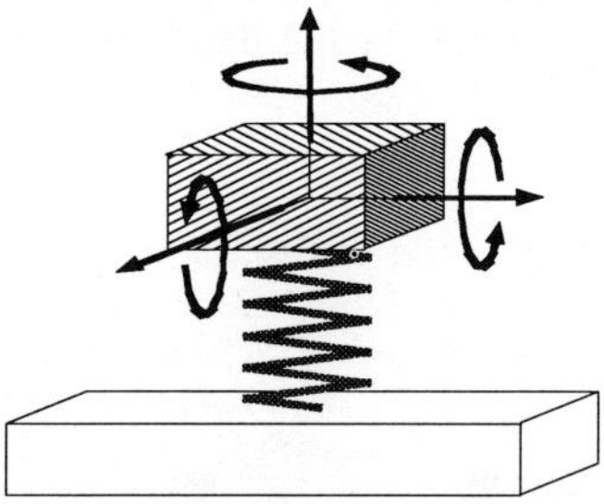

Figure 7.5 Non pas un mais six degrés de liberté

Chacun de ces mouvements, provoqués sur l'équipement par une force F_{e1}, F_{e2}, F_{e3}, ou par un couple C_{e1}, C_{e2}, C_{e3}, donnera naissance à une force transmise verticale F_{s1}, dont la somme donne la force transmise totale par l'équipement suspendu à son support.

Il y a donc lieu de combiner les différentes courbes de transmission, associées à chacun des modes. Un tel oubli peut donner lieu à des résultats expérimentaux très décevants, pour peu que le mode non pris en compte donne naissance à une fréquence naturelle très supérieure à celle de la suspension calculée.

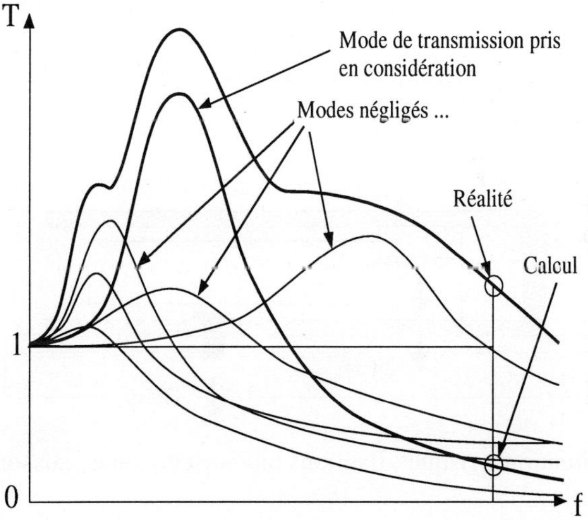

Figure 7.6 Combinaison des différents modes

On évitera en particulier d'avoir des fréquences naturelles des autres modes, situées au-dessus de f_n du mode vertical, en s'assurant que la raideur horizontale du système est au moins aussi faible que la raideur verticale.

On recommande également, pour éviter l'excitation des modes indésirables, que la ligne d'action de la force alternative passe par le centre de gravité du système, lequel devra être situé le plus bas possible, la meilleure position correspondant au plan médian des supports élastiques.

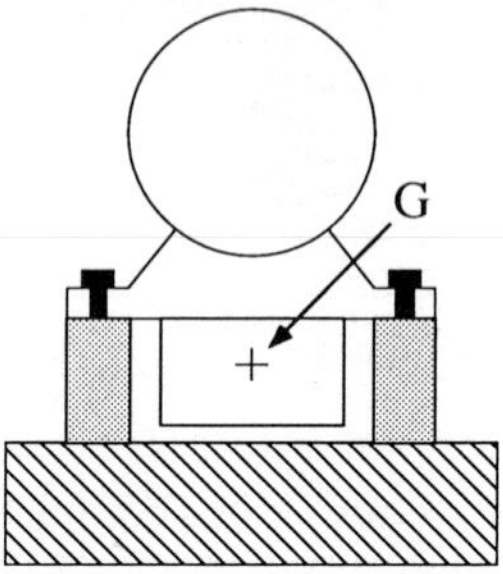

Figure 7.7 Position idéale du centre de gravité

7.5 Influence du support

Tout ce qui vient d'être vu suppose un support rigide, immobile et indéformable. **Beaucoup de surprises viennent du fait que ce n'est pas toujours le cas.**

Imaginons un motoréducteur placé dans un caisson, et raccordé à celui-ci, au niveau du point fixe, par une suspension visco-élastique destinée à atténuer la transmission de vibrations. Le caisson est par ailleurs accroché rigidement à un support supposé infiniment massif et rigide (par exemple, un mur en béton).

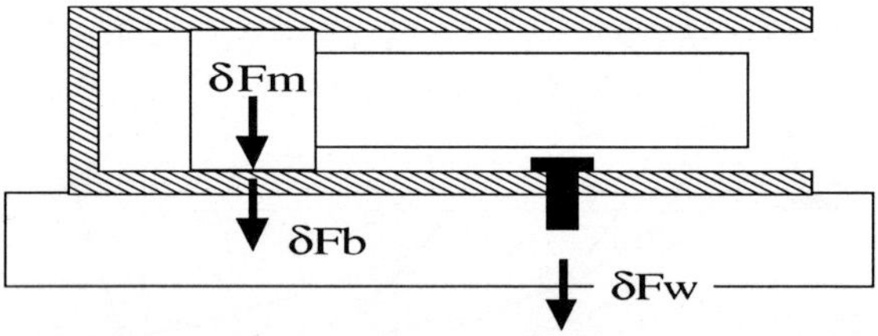

Figure 7.8 Situation à risque : fixations moteur-caisson et caisson-paroi décalées

On se trouve alors en présence d'un double système équivalent masse ressort, comme schématisé sur la figure 7.8 :

L'ensemble moteur/caisson a une transmission $T_1 = \delta F_b / \delta F_m$,

l'ensemble caisson/mur a une transmission $T_2 = \delta F_w / \delta F_b$,

et la transmission résultante vaut le produit $T = T_1.T_2$.

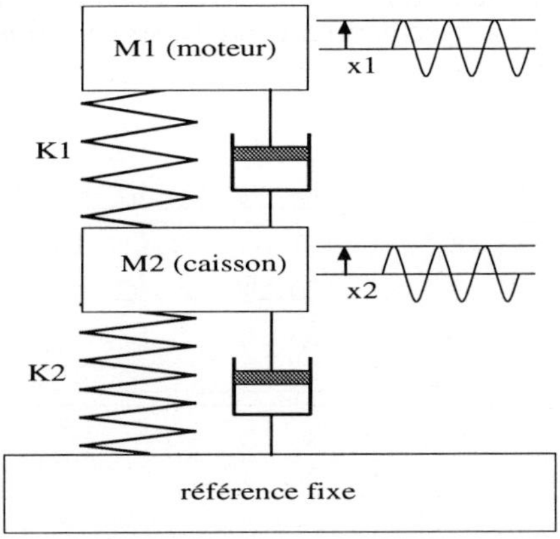

Figure 7.8 Schéma équivalent au système de la Fig. 7.7

On dit alors qu'on a affaire à des oscillateurs couplés, dont nous allons préciser le comportement.

Si M_2 était fixe, la fréquence naturelle de M_1 serait donnée par l'expression :

$$f_a = 1/2\pi \sqrt{K_1/M_1}$$

expression servant a priori pour dimensionner la suspension élastique, si on néglige de tenir compte du mouvement du caisson.

Supposant le moteur M_1 fixe, on peut cette fois définir la fréquence naturelle du caisson M_2 :

$$f_b = 1/2\pi \sqrt{(K_1 + K_2)/M_2}$$

car la masse M_2 est alors soumise aux deux élasticités K_1 et K_2.

L'étude du système fait alors apparaître un **terme de couplage**, de fréquence f_{ab} :

$$f_{ab} = 1/2\pi \sqrt{(K_1 + K_2)/\sqrt{M_1 M_2}}$$

et on montre qu'on assiste en fait à **deux résonances**, dont les fréquences f_r (f_{r1} et f_{r2}) se calculent à partir de l'expression peu sympathique suivante :

$$2f_r{}^2 = (f_a{}^2 + f_b{}^2) \pm \sqrt{[(f_a{}^2 - f_b{}^2) + 4\, f_{ab}{}^4]}$$

Par ailleurs, l'amplitude du mouvement du caisson x_2 est donnée par :

$$x_2 = x_1\, [1 - (f_r / f_a)^2]$$

A partir des exemples du tableau 7.1 et de la figure 7.9, on pourra se convaincre que le couplage a pour effet d'écarter les fréquences de résonance du système complet, de part et d'autre des valeurs individuelles des fréquences naturelles. Ceci est d'autant plus prononcé que les fréquences sont proches.

Il en résulte :

Que la fréquence naturelle de l'ensemble n'est pas celle prévue dans le calcul de la suspension.

Que la transmission vers le support rigide est beaucoup plus importante que prévu. Que pour certaines fréquences d'excitation, **la masse *M_2* va prendre un mouvement non négligeable ... et devenir elle même une source importante de bruit.**

1	$K_2 = 0$ $M_1 = M_2$	$f_b = f_a$ $f_{ab} = f_a$	$f_{r1} = 0$ $f_{r2} = 1{,}4\ f_a$	$x_2 = x_1$ $x_2 = -x_1$
2	$K_2 = K_1$ $M_1 = M_2$	$f_b = 1{,}4\ f_a$ $f_{ab} = f_a$	$f_{r1} = 0{,}6\ f_a$ $f_{r2} = 1{,}6\ f_a$	$x_2 = 0{,}64\ x_1$ $x_2 = -1{,}56\ x_1$
3	$K_2 = 3\ K_1$ $M_1 = M_2$	$f_b = 2\ f_a$ $f_{ab} = f_a$	$f_{r1} = 0{,}8\ f_a$ $f_{r2} = 2{,}1\ f_a$	$x_2 = 0{,}36\ x_1$ $x_2 = -3{,}4\ x_1$
4	$K_2 = 3K_1$ $M_1 = 4M_2$	$f_b = 4\ f_a$ $f_{ab} = 1{,}4\ f_a$	$f_{r1} = 0{,}9\ f_a$ $f_{r2} = 4{,}03\ f_a$	$x_2 = 0{,}19\ x_1$ $x_2 = -1{,}5\ x_1$
5	$K_2 = 0$ $M_1 = 0{,}5\ M_2$	$f_b = 0{,}7\ f_a$ $f_{ab} = 0{,}7\ f_a$	$f_{r1} = 0{,}44\ f_a$ $f_{r2} = 1{,}14\ f_a$	$x_2 = 0{,}8\ x_1$ $x_2 = -0{,}3\ x_1$
6	 $M_1 << M_2$	$f_b << f_a$ $f_{ab} << f_a$	$f_{r1} = 0$ $f_{r2} = f_a$	$x_2 = 1$ $x_2 = -0$

Tableau 7.1 Six exemples de configurations et leur incidence sur les résonances

On évite ces inconvénients en retenant les solutions telles que $f_b << f_a$ ($f_b \approx f_a/10$) :

- en choisissant pour le caisson la masse la plus importante possible,

- en choisissant pour le caisson un matériau de raideur la plus faible possible : à masse égale, mieux vaut du PVC que de l'acier,

Et on s'efforcera de supprimer le problème en plaçant au même point la fixation du caisson à la structure rigide et celle du moteur au caisson.

Si, par contre, la structure support n'est elle-même pas rigide (cloison), la démarche est à recommencer, en introduisant les paramètres K_3, M_3 et ε_3 de la cloison, pour évaluer son comportement.

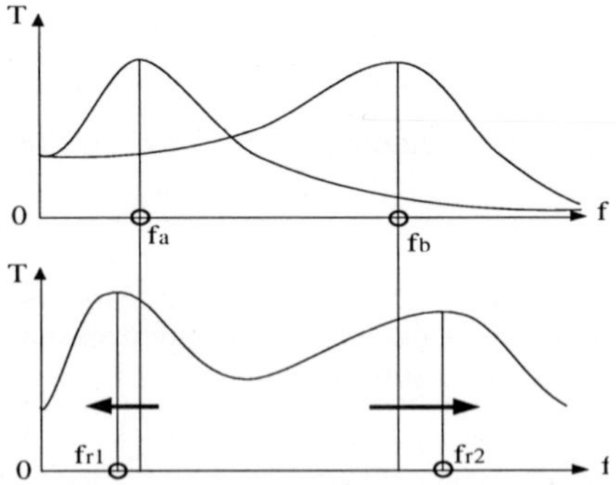

Figure 7.9 Le terme de couplage écarte les résonances

7.6 Choix des matériaux visco-élastiques

❑ Matériau visco-élastiques

Inutile, dans les applications relatives aux produits légers du Bâtiment, de recourir à des ressorts et des amortisseurs à huile. Il existe toute une palette de matériaux caoutchouc (néoprène) et d'élastomères qui présentent simultanément un caractère élastique, donc une raideur K, et un amortissement de l'ordre de ce qui est recherché.

Par exemple, un caoutchouc ayant une dureté de 40 **degrés Shore**, présentera un taux d'amortissement relatif de 0.02 (4 fois plus que de l'acier).

Les caoutchoucs naturels ont l'inconvénient de mal vieillir, d'être sensibles aux agressions (huiles, UV ...). On trouve maintenant des élastomères injectables beaucoup plus intéressants. (Elastomères thermoplastiques TPE). Il faudra toujours prévoir un traitement de l'élastomère le rendant insensible aux ultra-violets.

Dans tous les cas, le matériau doit être utilisé **en compression, et non en traction**, ce qui implique une **précontrainte**, laquelle est souvent naturelle dans la conception des suspensions visco-élastiques.

Si le matériau présente un caractère non linéaire, les caractéristiques dynamiques de celui-ci sont déterminées non pas par la valeur de sa flèche (son écrasement) statique, mais par la pente de la caractéristique donnant la flèche en fonction de la force appliquée. La valeur de δ à prendre en considération est alors ce qu'on appelle la **sous-tangente**. Cet effet de non-linéarité est peu marqué pour les caoutchoucs, mais devient très important pour certains polymères (Hytrel®, Santoprène® ...).

Remarquons au passage que la non-linéarité pour les fortes valeurs de F est très intéressante : elle provoque une auto-limitation des déformations à fort niveau, ce qui est très utile lors d'un passage à la résonance.

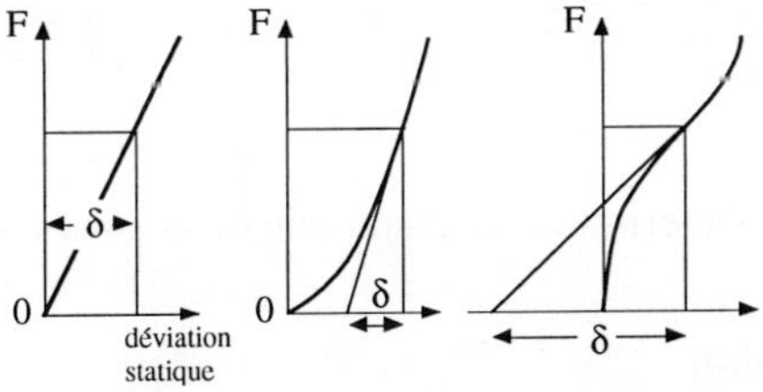

Figure 7.10 Matériaux à réponse linéaire et non-linéaire

❑ Méthode graphique

La formule donnant la transmission en fonction de la fréquence se simplifie considérablement dans le cas où l'amortissement ε est suffisamment faible pour qu'on puisse négliger les termes en ε^2. Comme déja vu, on a alors, dans la zone $f > f_n$:

$$T \approx 1 / ((f/f_n)^2 - 1)$$

expression dont on tire :

$$f_n \approx f / \sqrt{1 + 1/T}$$

Cette expression permet de tracer dans un diagramme donnant f_n en fonction de la fréquence d'excitation f, le lieu des valeurs correspondant à une transmission T donnée, donc à une atténuation $(1-T)$ recherchée. De l'atténuation voulue et de la valeur de la fréquence d'excitation, on tire la valeur de la fréquence naturelle ... donc de la raideur de la suspension, ou mieux directement de la sous-tangente δ. La relation entre f_n et δ permet une graduation directe de l'axe f_n en valeurs de sous-tangente. Le diagramme est représenté en échelles logarithmiques.

On pourra vérifier sur le diagramme qu'on a partout $f_n = f/\sqrt{2}$ pour $T = 1$, ou encore que f_n est voisin de $f/10$ lorsque $T = 0,01$.

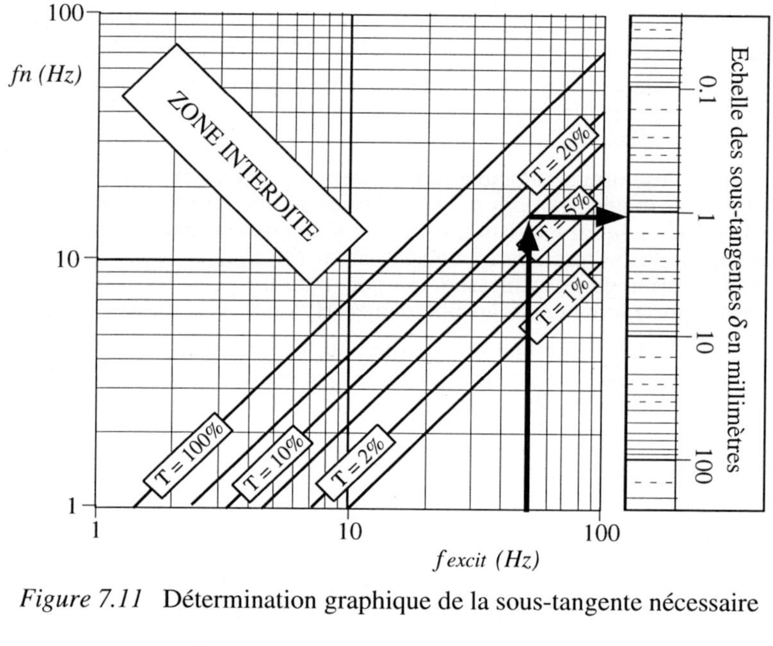

Figure 7.11 Détermination graphique de la sous-tangente nécessaire

❑ Exemple d'utilisation

Supposons qu'on souhaite éliminer 90% des vibrations à 50 Hz. On relève directement sur le diagramme de la figure 7.13, généralement fourni par les constructeurs, la valeur de la compression (si le matériau est linéaire), ou de la sous-tangente (matériau non linéaire) : 1 millimètre.

Le calcul utilisant les formules précédentes donnerait :

$$T = 0.1, f_n \approx 50 / \sqrt{11} = 15.1 \text{ Hz}, \ \delta = (15.8 / 15.1)^2 \approx 1 \text{ mm}$$

7.7 Exemples de conception de suspension et transmission

❑ Equerre verticale 1

La figure ci-dessous illustre ce que peut être une suspension viscoélastique dans le cas d'une équerre supportant un axe motorisé, et en assurant la fixation sur un panneau vertical. L'atténuation recherchée est ici celle des vibrations transmises horizontalement.

On remarquera que les parties haute et basse de la suspension ont des comportements opposés vis à vis des forces horizontales : la compression s'effectue sur la partie droite de l'élastomère en haut, alors qu'elle s'effectue sur la partie basse en bas. Toutes deux subissent par contre la même contrainte de cisaillement. Un vissage de l'ensemble contre la paroi permet de fixer une précontrainte supplémentaire qui évitera le travail en extension des parties non comprimées. **Attention, cet écrasement supplémentaire doit rester dans la limite élastique, et ne doit pas être comptabilisé dans la valeur de δ, laquelle correspond à ce que provoque la masse suspendue.**

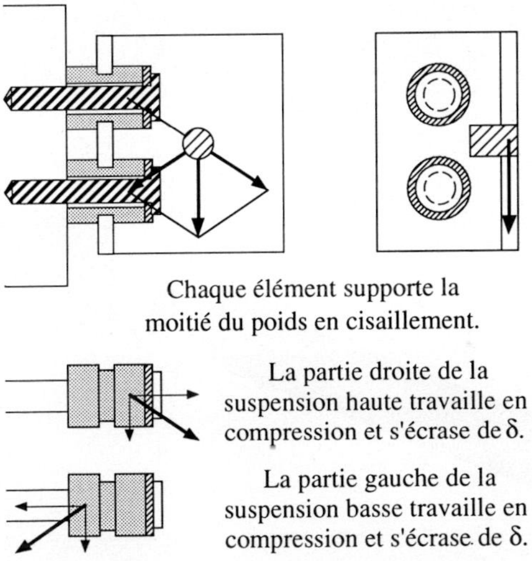

Figure 7.12 Fixation d'une équerre verticale

❑ Equerre verticale 2

Pour résoudre le même problème de fixation, on aura éventuellement intérêt à mettre en place un dispositif qui **évite le cisaillement** des parties visco-élastiques. La figure 7.13 donne le principe d'une telle réalisation.

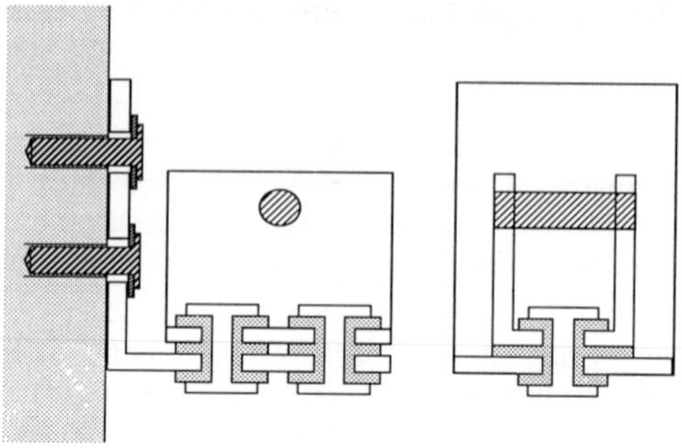

Figure 7.13 Fixation d'une équerre verticale

❑ **Transmission visco-élastique**

La figure 7.14 donne un exemple d'accouplement visco-élastique. La géométrie et les caractéristiques du matériau sont choisies de manière à rester dans le domaine élastique.

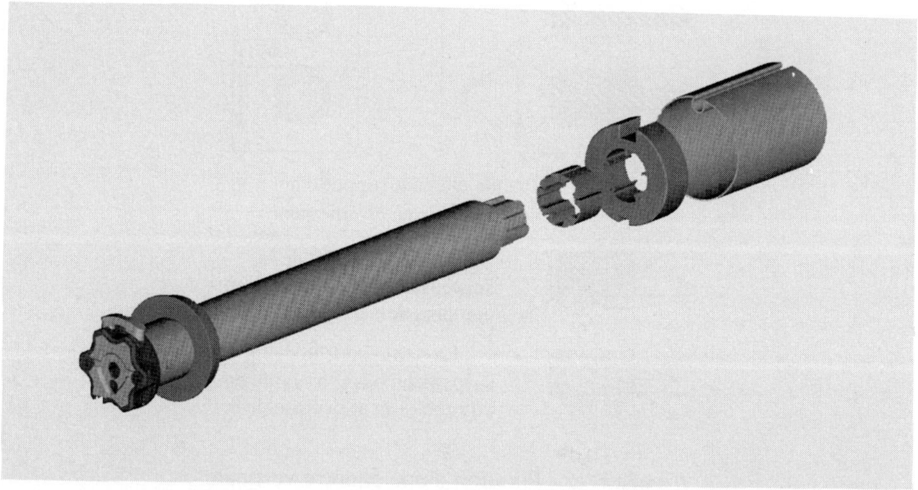

Figure 7.14 Transmission visco-élastique (Document SOMFY)

❑ **En savoir plus**

C'est directement auprès des fabricants qu'on recueille les informations nécessaires, et une aide efficace dans ce domaine il est vrai complexe. Une liste exhaustive sera trouvée dans l'annuaire CIDB présenté en annexe, et une présentation très complète de l'isolation anti-vibratoire figure dans les références [16] et [17].

Deuxième Partie

AMELIORER

Chapitre 8

DU MOTEUR AU BATIMENT

8.1 Des gains potentiels considérables

Ce court chapitre a pour but d'introduire la démarche d'amélioration qui sera la nôtre, maintenant que nous disposons de la palette d'outils nous permettant de comprendre les phénomènes, de les caractériser, et de trouver les remèdes appropriés.

Encore faut-il s'assurer que cette démarche réponde à un problème réel, et puisse donner lieu à des résultats pertinents.

Nous allons prendre l'exemple d'un produit marginal dans le Bâtiment, du moins pour les quantités, mais hautement symbolique de l'évolution des exigences de confort : l'écran de projection, tel qu'on en trouve dans les salles de conférence ou d'enseignement. Notons au passage que ce produit s'apparente, par sa structure, aux très nombreux produits enroulables de protection solaire intérieure (screens etc...).

Une approche de type mercatique nous permettra de mieux sentir l'évolution des bénéfices attendus par l'acquéreur d'un tel produit motorisé.

Pour le gestionnaire des locaux, l'avantage apporté par la motorisation vient essentiellement de la simplification de la **maintenance** : le moteur assure un mouvement régulier du produit, sans à-coups, ce qui prolonge considérablement sa durée de vie. Pour simples et efficaces qu'ils soient, on sait que les systèmes manuels à sangles, chaînettes, cordons ou tringles, s'accommodent très mal d'utilisateurs divers et souvent pressés. Par ailleurs, le fait que l'écran (textile coûteux) soit motorisé donne la quasi-certitude qu'il sera remonté, à l'abri de la poussière ou d'agressions plus douloureuses, après chaque utilisation.

Mais si c'est le gestionnaire qui est en général à l'origine de ce type d'investissement, qu'en est-il de l'utilisateur ?

Ce n'est, sauf cas peu fréquents, nullement l'absence d'effort physique qui lui fera apprécier le concept de motorisation, mais plutôt la possibilité de poursuivre sa conférence sans la moindre rupture d'attention des auditeurs pendant la manoeuvre de l'écran. Il est donc impératif qu'à l'inévitable source de distraction visuelle constituée par le mouvement de celui-ci, ne vienne pas s'ajouter une distraction d'origine acoustique : **libéré de la contrainte de la manoeuvre, le conférencier est d'autant plus exigeant sur le silence du produit, lequel n'avait que peu d'importance lors d'un fonctionnement manuel qui accaparait toute son attention !**

Conclusion qui s'applique en fait aux utilisateurs de la plupart des produits motorisés.

Or, nous l'avons mentionné en introduction à cet ouvrage, la motorisation a fait en général son apparition par simple placage d'un actionneur électrique sur les produits traditionnels, conçus pour une action manuelle, alors qu'en termes de vibrations, les comportements sont radicalement différents...

Plusieurs écrans de projection motorisés, proposés sur le marché, ont été testés au cours des études menées par SOMFY ou le CSTB. Prenons l'un d'entre eux, de dimensions courantes (2m x 2m).

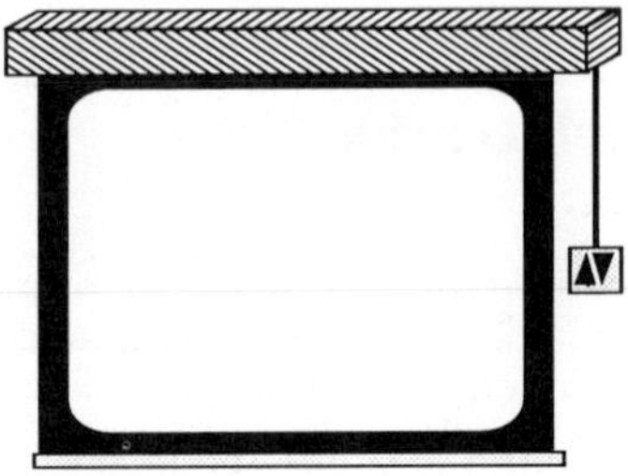

Figure 8.1 Ecran de projection motorisé

Cet écran est constitué d'une partie fonctionnelle : le tube d'enroulement et son dispositif de fixation; et d'autre part d'un caisson métallique en aluminium profilé à trois faces et deux joues, qui assure la protection de la toile, et contribue à l'esthétique du produit.

Une mesure du niveau de puissance acoustique donne *LW1* = 74 dB(A) lorsque cet écran est manoeuvré électriquement. (Rappelons pour le lecteur qui commencerait par ce chapitre, que les niveaux *LW* sont en général supérieurs aux niveaux en pression, *LP*, mesurés à distance variable du produit. Seuls les niveaux *LW* fournissent une grandeur objective de comparaison de différents produits, mais seuls les niveaux *LP* traduisent le confort acoustique de l'utilisateur).

Maintenant, nous retirons le caisson métallique : l'écran motorisé reste parfaitement utilisable, mais perd une fonction importante de protection.

Figure 8.2 Le même, sans son caisson

Une nouvelle manoeuvre de cet écran donne cette fois *LW2* = 60 dB. Que représente donc cet écart de 14 décibels ?

$$LW1 - LW2 = 14 = 10 \log (W1/W_{ref}) - 10 \log (W2/W_{ref})$$

$$10 \log (W1/W2) = 14 \quad \log (W1/W2) = 1.4$$

$$W1/W2 = 25$$

En présence du caisson décoratif et de protection, le produit rayonne 25 fois plus de puissance que lorsqu'on l'utilise nu !

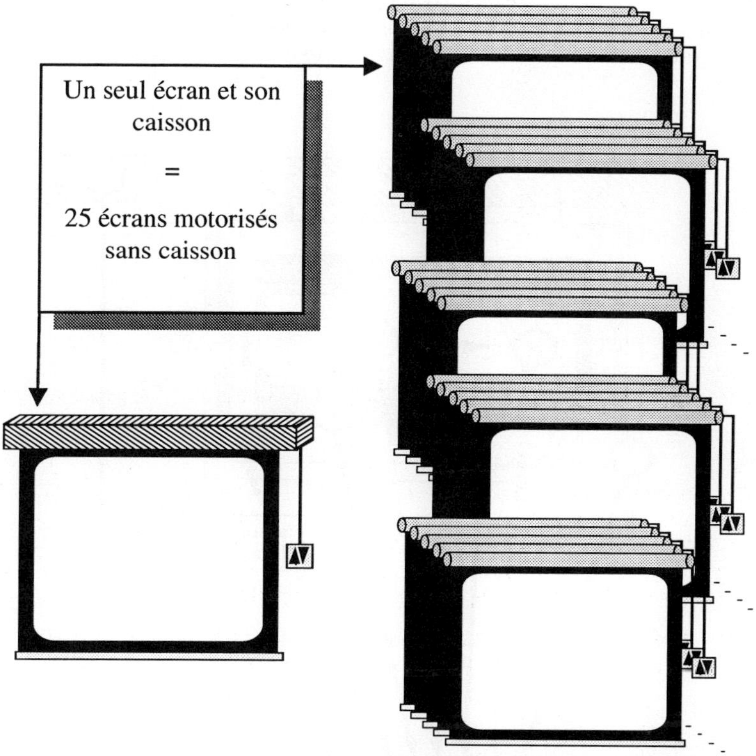

Figure 8.3 Une comparaison surprenante

Nous retrouvons là bien entendu le résultat de l'excitation solidienne de la structure caisson par la source de vibrations qu'est le moteur. Mais indépendamment de tout gain sur ce dernier, lequel se répercutera bien entendu sur l'ensemble, ce chiffre de 14 dB indique clairement le potentiel d'améliorations pouvant récompenser ceux qui accepteront de suivre avec nous cette piste prometteuse.

8.2 Produit motorisé installé

La figure 8.4 illustre une configuration typique d'un produit enroulable motorisé installé.

❑ Premier mode de transmission : la voie aérienne

Indépendamment des vibrations et bruits engendrés par le produit lui-même au cours de son mouvement (par exemple, s'il s'agit d'un volet roulant, le frottement des lames dans les glissières), la source primaire de bruits et vibrations est constituée par l'ensemble moto-réducteur (1), qui va donner lieu à une transmission aérienne "directe" (à travers quand même le tube d'enroulement (4), le produit encore enroulé (6), et le caisson (5)).

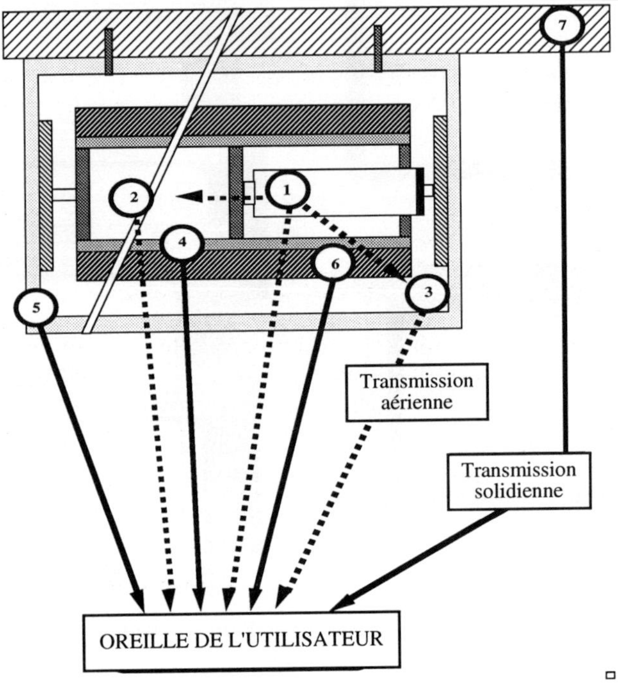

Figure 8.5 Configuration-type et modes de transmission

Le tube d'enroulement constitue en principe un écran à la propagation des ondes sonores, en obéissant à la loi de masse. Ceci n'est vrai que pour les fréquences situées loin de la fréquence critique. Il nous faudra d'ailleurs évaluer si un tube long de ce type se prête particulièrement à la propagation d'ondes entrant en coïncidence avec les modes de flexion du tube.

Par ailleurs, la cavité fermée (2), constituée par la partie vide du tube d'enroulement, va être le siège d'ondes stationnaires pouvant donner lieu à une excitation importante des parois de celui-ci. La même remarque s'applique à la cavité (3) formée par le caisson.

L'isolement acoustique apporté par le caisson diminue considérablement dès que celui-ci présente des ouvertures. Un caisson de volet roulant permettra un bon isolement vis-à-vis de la pièce d'habitation, s'il est clos hermétiquement. La situation est par nature beaucoup moins favorable dans le cas des stores vénitiens, et, surtout, des écrans de cinéma.

❑ **Deuxième mode de transmission : la voie solidienne**

Il s'agit de la transmission directe des vibrations aux différents constituants. Les voies de passage d'excitation solidienne du tube d'enroulement (4) et du produit (6) sont constituées par la roue d'entraînement, et la couronne d'adaptation.

L'excitation solidienne du caisson (5) s'effectue à travers le point fixe, à une extrémité, et l'embout, à l'autre extrémité.

Enfin, l'excitation solidienne du plafond, ou des cloisons (7), s'effectue à travers les fixations du caisson aux parois, ou, selon les cas, à travers les équerres de fixation.

La figure 8.5 complète la précédente en différenciant le local d'émission (celui qui contient le dispositif manoeuvré) et le local de réception. C'est le plus souvent les effets acoustiques dans ce dernier qui seront étudiés avec le plus de soin dès qu'on s'intéresse aux conditions d'installation, lesquelles font intervenir l'architecture du bâtiment. Non seulement parce que les normes y poussent, mais parce qu'il est important de réduire au strict minimum toute perturbation vers les locaux ou unités d'habitation voisins : on est toujours beaucoup plus tolérant pour ce qu'on provoque soi-même que vis à vis de ce qu'on subit.

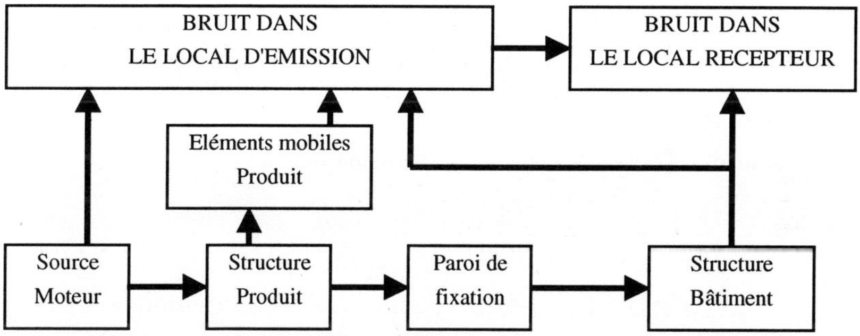

Figure 8.5 Schéma-blocs des transmissions

8.3 Partage des axes de lutte contre le bruit

Existe-t-il donc une méthode miracle pour réduire à néant le bruit de ces produits motorisés du Bâtiment auxquels nous nous intéressons ?

Contrairement à ce qui se passe pour un produit fini sorti d'usine, par exemple un aspirateur ou tout autre dispositif électroménager, nous voilà en présence de plusieurs acteurs, et la tentation sera forte, pour chacun d'entre eux, de reporter l'épineuse question du bruit de l'autre côté des frontières de son domaine.

Il est certain qu'un motoréducteur conçu sans précautions acoustiques, inévitablement générateur de vibrations potentielles, ne demandera pas mieux que d'exciter les modes de résonance d'une structure trop légère sur laquelle il sera monté. L'amplification due à la résonance conduira alors à des niveaux sonores inacceptables.

Mais la différence de prix avec le moteur parfaitement calme et silencieux que tout concepteur pourrait dessiner, pourvu qu'on ne fixe aucune limite à la dépense (pièces usinées de précision, paliers sur tous les axes, ... de vrais bijoux d'horlogerie !) justifie qu'on s'interroge sur les solutions de compromis mettant en oeuvre des astuces de conception, de choix de matériaux, de règles d'installation des produits...

Cela fait belle lurette que les constructeurs automobiles par exemple ont compris qu'il était possible, et ont tout fait pour y parvenir, d'obtenir un habitacle au confort acoustique fort convenable, sans pour autant exiger du moteur à explosion qu'il devienne parfaitement silencieux. Remarque qui, dans le même domaine, s'applique aussi à l'ensemble des équipements électriques de motorisation des vitres, des sièges... Remarque enfin qui n'exclut pas une amélioration permanente des moteurs en question, mais qui fait une très large place aux traitements d'ensemble.

Nous l'avons souligné en introduction à cet ouvrage, et la figure 8.5 en est l'illustration, la lutte contre le bruit nécessite, si elle se veut efficace, une politique globale concernant :

- La **source**, dont il s'agit de réduire au mieux les composantes vibratoires, ce qui constitue un défi passionnant et permanent pour le concepteur.

- Le **produit**, dont le choix des matériaux et le dimensionnement relatifs au tube d'enroulement, aux dispositifs de fixations et au caisson, ont une importance capitale.

- Les **conditions d'installation**, en adaptant les accessoires de pose au type de construction, ou encore, de façon plus efficace, en prenant en compte les critères de motorisation lors de la conception architecturale.

Voilà ce qui fournit le thème des trois chapitres suivants.

Chapitre 9

AMELIORATIONS SUR LA SOURCE

❑ **Réserves d'usage**

Les industriels ne communiquent pas volontiers les données collectées dans le secret de leurs laboratoires d'essais. Le contexte concurrentiel justifie largement cette tendance à la rétention, même lorsqu'il s'agit de résultats déjà anciens.

Mais la démarche de progrès que vise à promouvoir ce document nécessite une description aussi complète que possible des actions entreprises pour la réduction du bruit et des vibrations au niveau du moteur. Et donc une entorse (autorisée !) aux pesanteurs du secret industriel.

Il va sans dire que, à des degrés divers et selon leurs moyens, tous les industriels mettent en place des actions visant à améliorer les performances acoustiques de leurs produits. Le fait qu'une entreprise fasse part de ses expériences dans ce domaine ne peut que la conduire à pousser encore un plus loin le niveau de performance de ses produits... pour le plus grand profit de ses clients.

Nous allons donc dans ce chapitre nous appuyer sur l'exemple de moteurs SOMFY actuels ou de modèles déjà remplacés, afin de décrire au mieux des actions dont les résultats s'inscrivent dans la durée.

Dans certains cas, relatifs à des produits nouveaux ou en cours d'évolution, nous demanderons au lecteur de se satisfaire de résultats portant sur les gains obtenus par les moyens mis en oeuvre, plutôt que sur les valeurs absolues, de peu d'intérêt dans le cadre de ce livre et qui seront trouvées par ailleurs dans des documentations techniques ou commerciales, dont la mise à jour régulière est plus aisée. La démarche d'amélioration a valeur permanente : les chiffres d'aujourd'hui sont meilleurs que ceux d'hier... et moins bons que ceux de demain !

1 Constitution d'un actionneur tubulaire

La figure 9.1 représente en éclaté la configuration typique d'un de ces actionneurs tubulaires dont plusieurs millions sont installés chaque année dans les différents pays. Nous allons ici en disséquer les principaux organes afin de nous livrer au paragraphe suivant à l'inventaire des causes de vibrations et de bruit.

❑ **Le moteur**

Dans la grande majorité des cas, le moteur est alimenté directement sur le réseau de distribution alternatif (50 ou 60 Hz selon les pays, entre 100 et 240V). Il s'agit alors d'un moteur asynchrone à deux enroulements. Le courant dans le deuxième enroule-

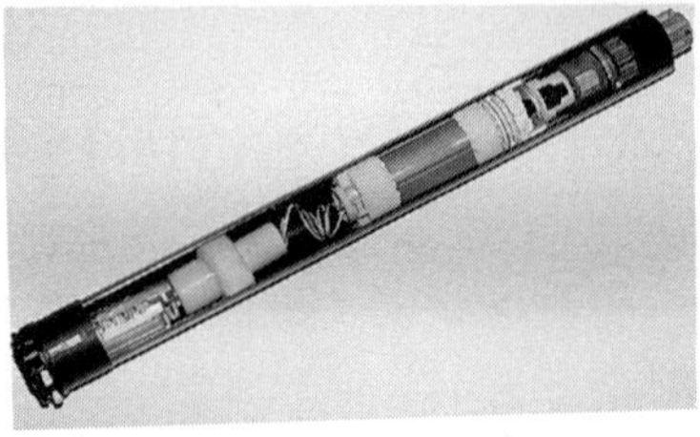

Figure 9.1 Vue éclatée d'un actionneur tubulaire

ment, dit auxiliaire, est déphasé par rapport au courant de l'enroulement principal à l'aide d'un condensateur. Il y a ainsi création d'un champ magnétique tournant. Dans les configurations les plus courantes (moteurs bipolaires), cette rotation s'effectue à la fréquence du réseau, soit 50Hz ou encore 3000 tours par minute (ou 60 Hz, 3600 tr/min), qu'on appelle fréquence de synchronisme, f_s.

Si le moteur est à vide (charge nulle), le champ tournant entraîne le rotor qui tourne alors à une fréquence f_r très légèrement inférieure à f_s.

Si le moteur entraîne une charge en montée, la fréquence de rotation du rotor diminue sensiblement. On appelle **glissement** l'écart relatif entre la fréquence du rotor et celle du champ. Ce glissement g est le plus souvent exprimé en pourcentage :

$$g = 100\,(f_s - f_r)\,/\,f_s$$

Pour des moteurs tubulaires monophasés de faible puissance, ce glissement à pleine charge est typiquement compris entre 20 et 30%, ce qui signifie que sur un réseau 50 Hz, la fréquence de rotation à pleine charge tombera à 2400, voire 2100 tr/min.

Ces valeurs de glissement sont très supérieures à celles rencontrées sur des moteurs asynchrones industriels triphasés, de puissance supérieure au kW. Outre un effet d'échelle, pénalisant le rendement lorsqu'on réduit les dimensions, ceci s'explique par une conception très particulière de ces moteurs tubulaires qui doivent fournir un couple de très forte valeur, aussi bien au démarrage qu'à vitesse nominale.

Si le moteur est entraîné par une charge en descente, il tourne à une fréquence très légèrement supérieure à la fréquence de synchronisme. On dit qu'il fonctionne alors en **génératrice asynchrone**.

Le tableau 9.1 donne un aperçu de l'étendue couverte par les caractéristiques des moteurs.

Type	Pmec (W)	Longueur (mm)	Diamètre (mm)	Couple (Nm)
mini 40	8,5	50	34	0,034
maxi 40	14,3	80	34	0,057
mini 50	10,6	40	44	0,042
maxi 50	69,1	100	44	0,275
mini 60	106	70	54	0,420
maxi 60	186	115	54	0,740

Tableau 9.1 Valeurs extrêmes des caractéristiques moteurs

❑ Le frein d'immobilisation

En fait, il est indispensable que la rotation du moteur soit bloquée mécaniquement en absence de tension d'alimentation, ceci afin d'empêcher que le moteur puisse être entraîné par le poids de la charge. C'est une fonction "frein à manque de courant", qui est réalisée de manière indépendante (**électrofrein** branché en parallèle sur la tension d'alimentation) ou intégrée au moteur (**frein coulissant** exploitant le flux dans le moteur).

❑ Le réducteur

Le réducteur permet d'obtenir en sortie simultanément une fréquence de rotation plus faible et un couple plus élevé. L'enroulement d'un produit nécesssite une fréquence typique comprise entre 10 et 30 tr/min. Le rapport de réduction typique est donc compris entre 100 et 300. De telles valeurs sont obtenues par la mise en cascade de trois étages de réduction, de type **épicycloïdal**.

Dans un étage élémentaire, représenté en figure 9.2, on trouve un pignon (**solaire**) entouré de trois **satellites** (ou plus), lesquels engrènent simultanément sur le solaire et sur une **couronne** dont la face interne est dentée.

Les trois satellites sont montés sur un **barillet** qui est entraîné en rotation si la couronne est fixe, et qui sert à transmettre le mouvement réduit au solaire de l'étage suivant.

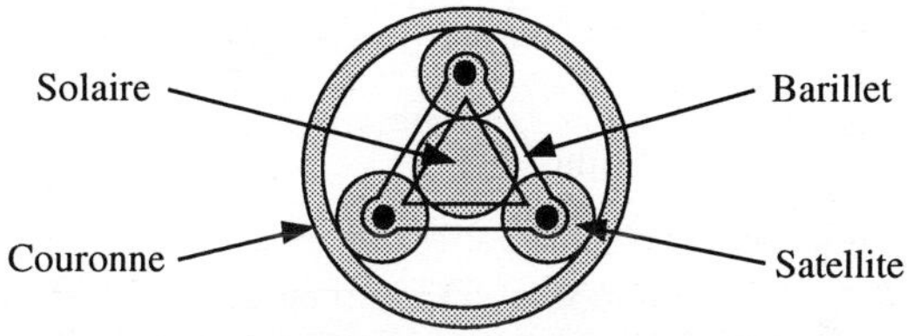

Figure 9.2 Etage réducteur à train épicycloïdal

De façon courante, les pignons satellites du premier étage sont en polymère injecté, ceux du dernier étage sont métalliques.

La structure d'un tel réducteur donne une **fréquence d'engrènement** f_e égale à la fréquence de sortie multipliée par le nombre de dents N_2 de la couronne. Quant au rapport de réduction, il vaut :

$$1/(1 + N_2/N_1)$$

Expression dans laquelle N_1 est le nombre de dents du solaire.

Le tableau 9.2 donne des valeurs typiques, qui correspondent au modèle de réducteur analysé au plan vibratoire dans les paragraphes suivants.

	Etage 1	Etage 2	Etage 3
Nombre dents : solaire N1	9	7	7
Nombre dents : satellite	21	11	11
Nombre dents : couronne N2	51	29	29
Fréquence d'entrée	f	0.15 f	0.029 f
Fréquence de sortie	0.15 f	0.029 f	0.006 f
Fréquence d'engrènement	7.65 f	0.846 f	0.164 f

Tableau 9.2 Fréquences associées à un réducteur

❑ Le dispositif de comptage

Environ un quart du volume de l'actionneur tubulaire est occupé par un dispositif de comptage qui permet, à partir d'un réglage initial, la coupure de l'alimentation du moteur quand le produit entraîné atteint ses positions haute et basse. Ceci est réalisé par comptage des rotations du tube sur lequel vient s'enrouler le produit. Indirectement, ce tube repose en effet sur une couronne extérieure au tube moteur, couronne qui sert de palier, et dont les rotations sont comptées dans l'un ou l'autre sens.

❑ Le tube

L'ensemble est disposé par chassage à l'intérieur d'un tube métallique, d'épaisseur typique 1.5 mm, de longueur et de diamètre extérieur variant selon les gammes de puissance :

- Longueur 423 mm en gamme "40".
- Longueur comprise entre 386 et 566 mm en gamme "50".
- Longueur comprise entre 550 et 663 mm en gamme "60".

Le tableau 9.3 donne un aperçu des caractéristiques obtenues avec un actionneur tubulaire complet.

Type	Pelec (W)	Longueur (mm)	Diamètre (mm)	Vitesse (tr/min)	Couple (Nm)
ARIES	75	423	37	14	4
ARIANE	90	386	47	16	6
VECTRAN	290	566	47	12	45
TITAN	420	550	57	12	100

Tableau 9.3 Actionneurs complets. Caractéristiques à 50 Hz.

❑ Connectique

Le condensateur de déphasage est placé à l'intérieur du tube, entre le compte-tours et le moteur. Cet espace est occupé également par les fils permettant la connectique entre moteur, compte-tours et cordon d'alimentation.

9.2 Inventaire des causes de vibrations et de bruit

❑ Vibrations dues au moteur

Aussi bien des raisons strictement mécaniques que des raisons électromagnétiques expliquent les vibrations engendrées par le moteur lui-même.

- Première cause électromagnétique : le **caractère elliptique** du champ tournant.

Du fait que les courants d'alimentation des bobinages ne sont pas rigoureusement en quadrature, et/ou n'ont pas la même amplitude, le champ tournant n'est pas constant lors de la rotation, et présente une allure elliptique comme indiqué en figure 9.3. Il en résulte une action d'entraînement du rotor non constante, et donc des **pulsations de couple** sur l'arbre moteur, qui se produisent à une fréquence f_1 double de celle du champ (deux maxima par tour).

$$f_1 = 2 f_s$$

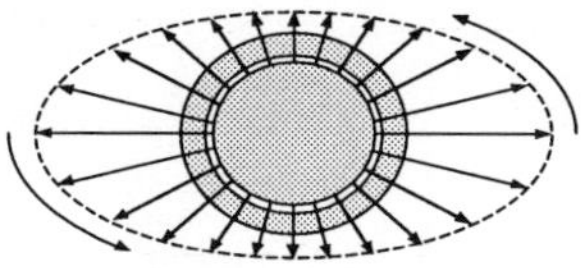

Figure 9.3 Champ tournant elliptique

- Deuxième cause électromagnétique : la **magnétostriction.**

Pour éviter la propagation de courants très importants, induits par les variations de flux magnétique dans la masse en acier du rotor et du stator, il est indispensable de réaliser ceux-ci en **tôles feuilletées**. C'est un empilage de tôles isolées électriquement les unes des autres par un traitement superficiel afin d'accroître considérablement la résistance électrique des parties en acier. Mais en présence d'un champ magnétique extérieur, chaque tôle va se comporter comme un aimant. Elles se trouvent attirées les unes par les autres, ce qui provoque une compression du paquet, chaque fois que le champ est important et quel que soit son sens (Fig. 9.4).

On a donc un nouveau phénomène vibratoire caractérisé par la fréquence f_2 au niveau du stator , avec :

$$f_2 = 2 f_s$$

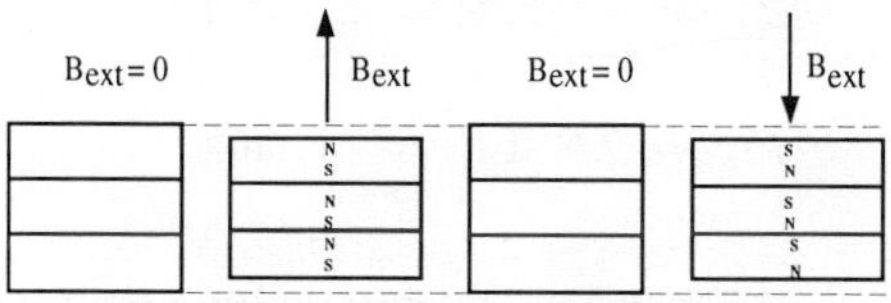

Figure 9.4 Magnétostriction

- Troisième cause électromagnétique : les **encoches**.

Il faut bien faire de la place dans la structure en acier doux chargée de guider le flux magnétique, pour loger les conducteurs en cuivre qui vont créer ce flux (stator) et pour loger les conducteurs en aluminium qui, dans le rotor, laisseront circuler les courants induits utiles à la mise en rotation. Ces conducteurs sont donc logés dans des évidements, les encoches.

La présence des encoches introduit une dissymétrie angulaire dans la circulation du flux magnétique entre le stator et le rotor, et l'apparition d'un **couple réluctant** : les dents ont en effet tendance à s'attirer mutuellement, c'est cette position de conjonction qui donne le flux maximum dont rêve en permanence toute structure magnétique. Par rapport à une rotation imposée, il apparaît donc un couple réluctant moteur quand les dents se rapprochent, et un couple réluctant résistant quand elles s'écartent (Fig. 9.5).

Pour un même nombre d'encoches N_e au rotor et au stator apparaît donc une fréquence de pulsation f_3, cette fois liée à la fréquence de rotation f_r :

$$f_3 = N_e \, . \, f_r$$

Figure 9.5 Couple réluctant des encoches

Mais ce n'est pas tout : ces variations périodiques de la configuration du circuit magnétique entraînent également des variations de l'amplitude du champ magnétique tournant, qui renforcent les pulsations précédentes.

Aux pulsations de couple s'ajoute de plus un phénomène identique, mais cette fois dans le plan des tôles, perpendiculaire à l'axe. Sous l'effet de l'attraction mutuelle des dents, les tôles ont périodiquement tendance à s'étirer radialement. Ces contraintes radiales, qui peuvent être considérables, s'équilibrent mutuellement si le nombre de dents est pair (Fig. 9.6).

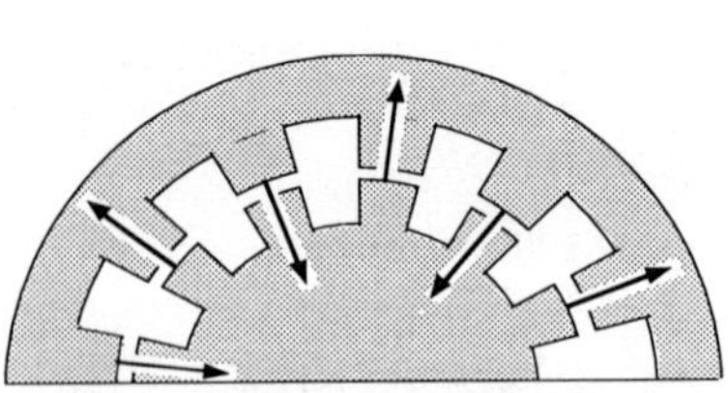

Figure 9.6 Efforts radiaux

Pour réduire tous ces effets, il est d'usage de prendre un nombre de dents différent au stator et au rotor, comme représenté en figure 9.7.

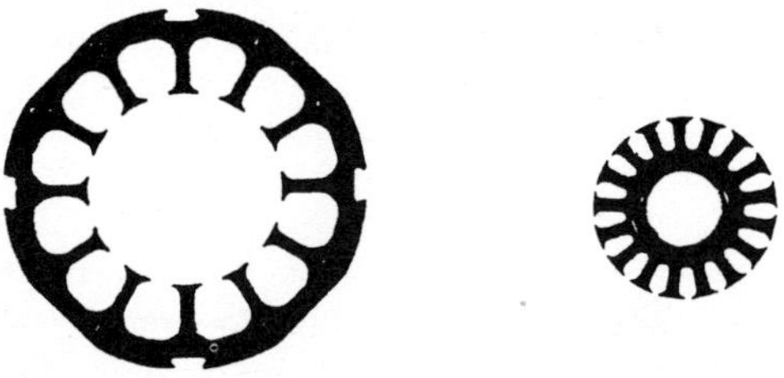

Figure 9.7 Exemple de tôles utilisées

Par ailleurs, on profite du caractère feuilleté du rotor pour décaler légèrement chaque tôle par rapport à la précédente et ainsi réaliser des **encoches inclinées**. Ainsi obtient-on un moyennage spatial favorable de tous ces effets dus aux encoches. Mais rien n'est gagné à coup sûr : la figure 9.8 montre par exemple que l'inclinaison des encoches peut engendrer un **moment différentiel** sur l'arbre, qui provoquera éventuellement au niveau des paliers un niveau vibratoire supérieur à celui que la solution était censée combattre !

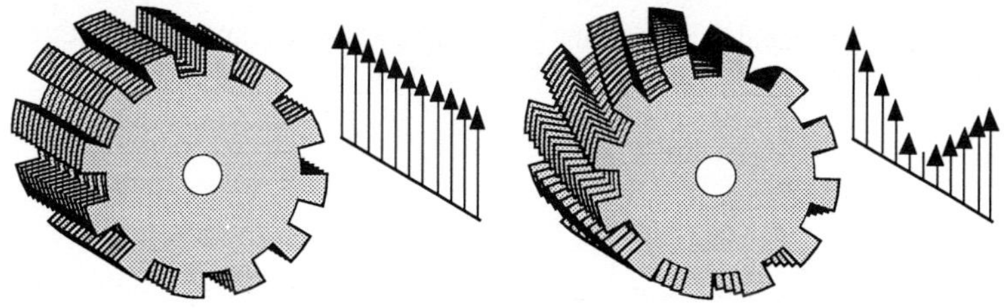

Figure 9.8 Rotor à encoches droites (g) et inclinées (d)

Bien entendu, et ça ne simplifie pas les choses, tous les phénomènes précédents, et ceux qui suivent, ont lieu simultanément. On assiste donc à des combinaisons des fréquences précédentes (sommes et différences) ... et de leurs harmoniques puisque ces phénomènes pulsatoires sont loin d'être sinusoïdaux.

Passons maintenant en revue les causes de vibrations, plus connues, d'origine purement mécanique (Fig. 9.9). Ce sont celles qu'on retrouve dans tout système en rotation.

- Première cause mécanique : le **balourd statique**. Celui-ci résulte d'un décalage du centre de gravité par rapport à l'axe de rotation.

- Deuxième cause mécanique : le **balourd dynamique**. Il se produit lorsque l'axe principal d'inertie n'est pas confondu avec l'axe de rotation.

- Troisième cause mécanique : le **cintrage** de l'arbre. Quand l'arbre est légèrement cintré, il y a naissance de sollicitations axiales et radiales sur les paliers. Celles-ci sont en phase.

- Quatrième cause mécanique : le **tangage** de l'arbre. Sous l'action de forces extérieures, naissance de sollicitations axiales et radiales cette fois en opposition de phase sur chaque palier.

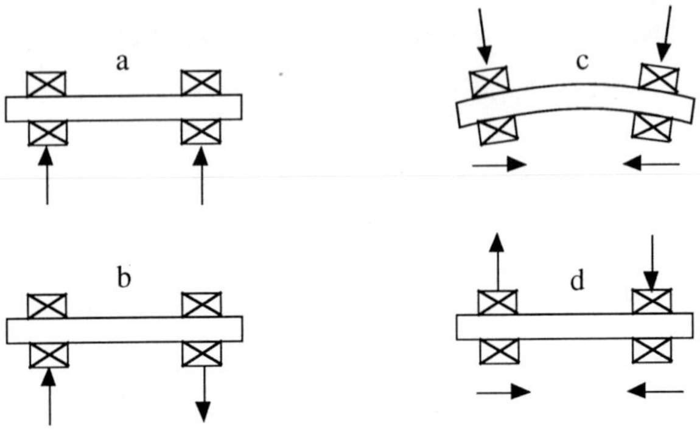

Figure 9.9 Les balourds

Dans la plupart des cas, les vibrations générées par ces défauts mécaniques se produisent principalement à la fréquence de rotation (peu d'harmoniques) :

$$f_5 = f_r$$

❑ Paliers

Selon les cas, l'axe moteur peut être porté par des paliers lisses ou des roulements à billes qui sont souvent différents sur les deux extrémités.

Un roulement de diamètre moyen D comprend une bague intérieure, une bague extérieure et n billes de diamètre d. Dans l'hypothèse d'un roulement sans glissement,un défaut sur la bague intérieure, ou un défaut sur la bague extérieure génèrent des vibrations de fréquence f_6 ou f_7 :

$$f_6 = n/2\, f_r\, (1 - d/D) \quad et \quad f_7 = n/2\, f_r\, (1 + d/D)$$

9.3 Résultats expérimentaux et interprétation

❑ Cadre de l'étude

Le moteur GEMINI 25/16 a servi de référence dans une étude menée par le Laboratoire Vibrations & Acoustique de l'INSA de Lyon [13]. Le tube de l'actionneur mesure 496 mm pour un diamètre extérieur 47 mm. L'actionneur complet, de masse 2.4 kg permet d'entraîner à 16 tours/minute une charge présentant un couple résistant de 25 mN (soit 70 kg sur une poulie de diamètre 70 mm). Le stator a 12 encoches et le rotor 17 encoches. Deux roulements sont utilisés sur le motor :

Roulement côté réducteur : 8 billes d = 3.5 mm / D_{ext} = 17 mm / D_{int} = 10 mm.

Roulement côté libre : 7 billes / d = 3 mm / D_{ext} = 15.4 mm / D_{int} = 9.4 mm.

❑ Analyse vibratoire

Cette analyse a été conduite en disposant un accéléromètre sur le tube moteur. Des spectres enregistrés, nous extrayons en figure 9.10 un détail basse fréquence de l'ensemble avec moteur seul (en bas), puis avec moteur et réducteur (en haut).

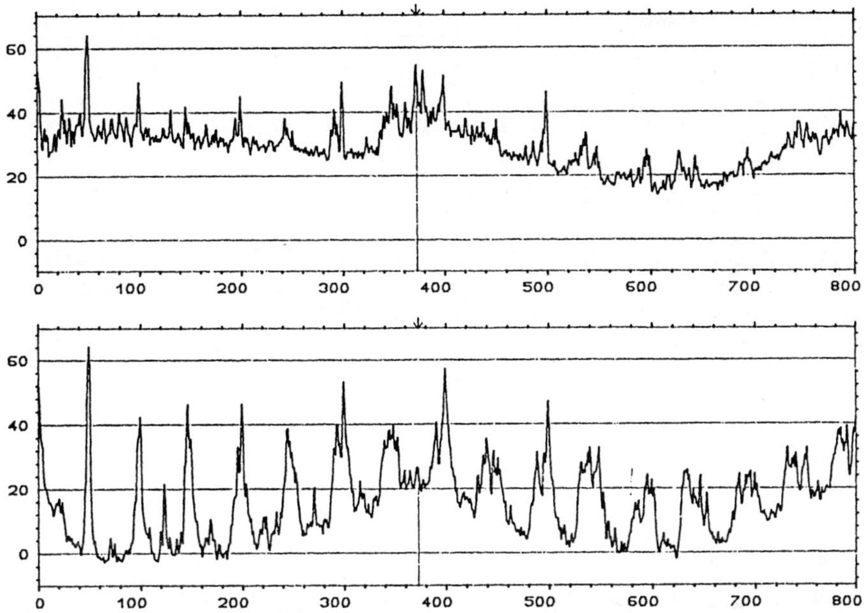

Figure 9.10 Spectres vibratoires à vide [13]

Pour le moteur seul, on retrouve la présence de raies bien marquées dont l'interprétation correspond presque parfaitement à l'inventaire précédent, dans lequel on intègre les valeurs numériques propres au moteur, et sa fréquence de rotation (secteur 50 Hz).

C'est ainsi que figurent sur le tableau 9.4 les fréquences calculées, mesurées sur ce spectre, ou lors d'essais complémentaires, non représentés, en charge nominale dans les deux sens de rotation.

Lorsque le moteur est associé au réducteur, on constate une augmentation spectaculaire du bruit de fond : 10 à 20 dB en moyenne, et près de 30 dB aux basses fréquences. La contribution du réducteur pèse donc très lourd dans la puissance vibratoire globale.

Fréquences en Hz	A vide		Descente 70 kg		Montée 70 kg	
	calculé	mesuré	calculé	mesuré	calculé	mesuré
Rotation arbre	49	49	52	52	39	38
Roulement 1 - bague extérieure	146	146	153	144	114	-
Roulement 2 - bague extétieure	130	126	137	132	102	-
Roulement 1 - bague intérieure	248	242	261	260	194	188
Roulement 2 - bague intérieure	214	212	225	-	168	162
Encoches stator	591	588	621	-	462	-
Encoches rotor - fondamental	837	834	880	878	654	652
Encoches rotor - harmonique 2	1674	1664	1760	1756	1308	1304
Vibrations tôles	100	100	100	100	100	100

Tableau 9.4 Fréquences du moteur [13]

En figure 9.10, le curseur de l'analyseur de spectre est positionné sur une raie à 373 Hz qui ne figure pas dans le spectre du moteur seul : il s'agit de la fréquence d'engrènement du premier étage. Une analyse spectrale plus globale (de 0 à 3.2 kHz), non représentée, permet de mieux faire ressortir les pics d'énergie, et ainsi d'identifier l'ensemble des raies, comme indiqué sur le tableau 9.5.

Fréquences en Hz	A vide		Descente 70 kg		Montée 70 kg	
	calculé	mesuré	calculé	mesuré	calculé	mesuré
Engrènement 1er étage	376	373	396	396	295	294
Bandes latérales	328/426	426/422	344/448	344/448	256/333	258/-
Harmonique 2	752	754	792	792	589	588
Bandes latérales	704/803	-	740/844	740/842	550/628	552/628
Harmonique 3	1130	1134	1188	1188	884	886
Bandes latérales	1081/1180	1084/1184	1136/1239	1138/1238	845/923	844/920
Harmonique 4	-	-	1584	1584	1178	1180
Bandes latérales	-	-	1532/1636	1534/-	1140/1217	1140/1220
Engrènement 2ème étage	42	42	44	44	33	-
Harmonique 2	83	82	88	88	65	64
Harmonique 3	125	126	132	132	98	98
Harmonique 4	167	168	176	176	132	132

Tableau 9.5 Fréquences du réducteur [13]

L'accord est quasiment parfait entre prédictions théoriques et mesures. On remarquera en particulier sur ce tableau que toutes les raies liées à la fréquence de rotation voient leur position évoluer selon qu'on est à vide, en charge menante ou en charge menée.

Résultat important : le spectre vibratoire (0 à 3.2 kHz) fait également apparaître une forte diminution du niveau moyen des vibrations lorsque la fréquence augmente.

❑ Analyse acoustique

L'analyse vibratoire précédente est complétée par une analyse acoustique en pression globale (avec répartition spectrale), et par une analyse intensimétrique.

Dans l'analyse d'intensimétrie acoustique, douze points de mesure ont été régulièrement répartis sur une génératrice située à 10 cm de l'axe de l'actionneur. Deux autres points ont été pris dans l'axe, de chaque côté des extrémités.

L'intensité mesurée dans l'axe est de plus de 3 dB inférieure à ce qu'on mesure au droit du tube : l'émission est donc essentiellement radiale, localisée comme prévisible au niveau du moteur et réducteur, avec un niveau moyen également supérieur de 3 dB à ce qui est mesuré au droit de la zone connectique et compte-tours.

Fait remarquable : on constate dans la répartition spectrale, aussi bien en pression qu'en intensité, une prédominance écrasante des hautes fréquences.

❑ Comparaison des spectres. Coefficient de rayonnement

Pour simplifier, on découpera ici le domaine fréquentiel en trois zones :

- Zone basses-fréquences (BF), regroupant les octaves 125 et 250 Hz.
- Zone moyennes-fréquences (MF), regroupant les octaves 500 et 1000 Hz.
- Une zone hautes-fréquences (HF), regroupant les octaves 2000 et 4000 Hz.

On compare, sur la figure 9.11 les contributions de chaque zone au niveau global.

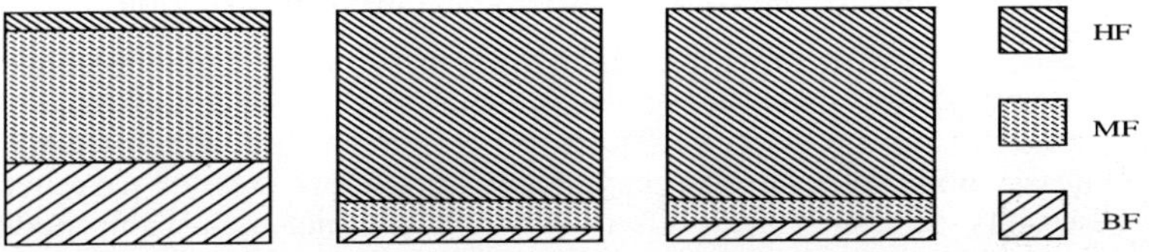

Figure 9.11 G : spectre vibratoire - M : spectre pression LP - D : spectre intensité

On constate sur ce diagramme que la composition du spectre vibratoire en basses fréquences est relativement importante (à gauche), alors qu'elle devient très faible dans le spectre en pression acoustique (centre) ou en intensité acoustique (à droite).

C'est le **facteur de rayonnement** du tube actionneur qui explique qu'une minorité de HF au niveau vibratoire prenne résolument le pouvoir au niveau acoustique.

Le facteur de rayonnement σ traduit le rapport entre la puissance acoustique rayonnée, et la puissance vibratoire mise en jeu (Annexe 4). C'est en quelque sorte le rendement de conversion de l'énergie, d'ondes mécaniques en ondes acoustiques.

$$\sigma = \textit{(Puissance acoustique émise) / (Puissance vibratoire)}$$

La puissance acoustique est déterminée à partir des mesures intensimétriques, comme vu au chapitre 8. La puissance vibratoire se calcule à partir de la vitesse quadratique efficace, mesurée à l'aide d'un accéléromètre. Il est ainsi possible de déterminer le facteur de rayonnement.

Dans le cas étudié, on obtient un facteur de rayonnement global inférieur à 5% (0,046). Mais la figure 9.12 nous montre à quel point le facteur de rayonnement du tube n'est pas constant . **C'est cette facilité structurelle du tube à transformer l'énergie vibratoire en énergie acoustique aux hautes fréquences qui explique les répartitions spectrales obtenues avec l'actionneur complet.**

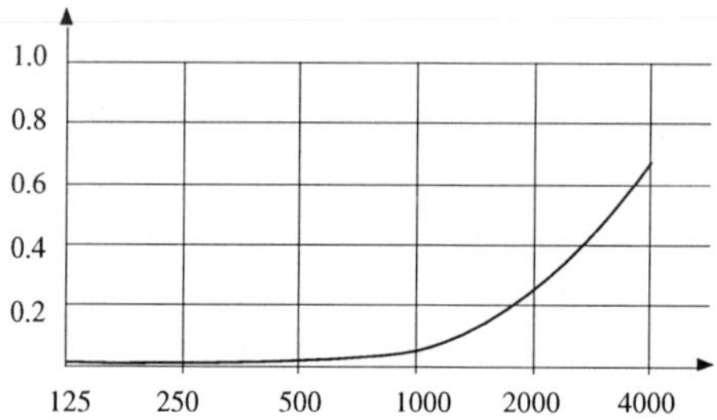

Figure 9.12 Facteur de rayonnement du tube actionneur [13]

❑ Conclusions

Sans prétendre à l'exhaustivité, cette présentation nous a montré que les causes de vibrations et d'émission sonore sont clairement identifiées pour les fréquences principales. Mais l'extrême complexité du spectre de raies secondaires, qui contribuent largement au niveau global, ne facilite pas le processus d'amélioration.

La présence de fréquences vibratoires bien marquées constitue une cause d'excitation potentielle des structures raccordées à l'actionneur. Le nombre de ces fréquences, leur relatif étalement (sauf aux hautes fréquences) et leur position généralement variable avec la vitesse, donc avec la charge, rendent impossible d'éviter d'exciter certains modes résonants des structures. C'est donc en premier lieu l'amplitude de ces fréquences excitatrices qu'il s'agit de réduire.

Notons enfin que la présence, dans le spectre, de fréquences pures de haut niveau génère inévitablement des phénomènes d'ondes stationnaires dans des enceintes semi-anechoïques, qui viennent fausser les mesures de bruit. De même, les phénomènes de directivité de la source deviennent non négligeables pour ces fréquences si elles sont élevées. La bonne caractérisation acoustique des actionneurs tubulaires nécessite donc l'utilisation d'une salle réverbérante, ou encore de mesures intensimétriques.

9.4 Description d'un 1er processus d'amélioration de l'actionneur

❑ Nature des modifications

Les résultats qui viennent d'être décrits mettent en évidence le rôle important du réducteur, et du premier étage en particulier, dans la génération des vibrations. Les seules mesures applicables, avant une refonte complète du produit (intégrant les préoccupations acoustiques dans un cadre plus global), ne peuvent que porter sur des améliorations compatibles avec la structure existante : donc optimisation du profil des dentures, mais en conservant la géométrie générale de chaque pièce.

Par ailleurs, un effort particulier est consacré à la réduction des tolérances de fabrication des pièces élémentaires. Les écarts dus à l'empilement des tolérances expliquent que dans un même lot de fabrication d'un type d'actionneurs, certains se révèlent plus bruyants que d'autres.

Il faut savoir que les pignons satellites sont réalisés en polymère injecté (par exemple polyamide), et qu'un même moule à plusieurs empreintes permet bien entendu de réaliser plusieurs pièces "identiques" en une seule opération. La variabilité des pièces est due aux différences dimensionnelles entre les empreintes, aux gradients de température et de pression dans le moule, aux conditions extérieures, aux variations des caractéristiques physico-chimiques de la matière. Les pièces réalisées aujourd'hui par les industriels fournisseurs de SOMFY atteignent l'extrême limite des performances envisageables en technologie injectée.

❑ Les essais

Tous les essais comparatifs décrits dans ce paragraphe ont été effectués en mesure de pression LP, selon le standard en vigueur à SOMFY jusqu'en 1994 : mesures en chambre semi-anéchoïque, à 1300 mm de l'axe actionneur et 1350 mm du sol, par microphone BK 2209 et analyseur BK 2143. L'analyse spectrale est effectuée en moyennage temporel linéaire pendant 10 secondes, décomposition en bandes tiers d'octave et correction selon la pondération A.

Les mesures sont réalisées lors d'un cycle de montée, lors d'un cycle de descente, et à vide. Dans ce dernier cas, l'actionneur est simplement suspendu au bâti par deux cordes ou sandows. Dans les mesures en charge, l'actionneur entraîne une poulie massive, fixée au bâti rigide par un dispositif évitant la transmission de vibrations vers ce dernier : c'est l'actionneur seul qu'il s'agit ici de caractériser.

Afin de qualifier les résultats obtenus avec les modifications ci-dessus (appliquées depuis janvier 1993), 50 actionneurs de type 30/16 ont été prélevés par échantillonnage sur un lot de série, avant application de la modification. Ils ont tous été caractérisés selon le protocole indiqué, puis leur réducteur a été remplacé par un réducteur fabriqué selon le nouveau processus. Chaque actionneur ainsi modifié est de nouveau complètement caractérisé.

❑ Les résultats

Le tableau 9.6 donne tout d'abord une appréciation de la dispersion des résultats. Y figurent l'écart maximum entre les niveaux de l'actionneur s'étant révélé le plus bruyant du lot, et celui s'étant révélé le plus silencieux.

L'écart type σ est une donnée statistique représentative de la façon dont la population testée se regroupe autour de la moyenne Les résultats se répartissent sensiblement selon une "loi normale" : 68% des échantillons sont regroupés dans une plage de $\pm\sigma$ et 95% dans une page de $\pm 2\sigma$ autour de la moyenne.

Ecarts (dB)	A vide		Montée		Descente	
	max	écart-type	max	écart-type	max	écart-type
Avant modification	11	2,2	6	1,5	5	1,6
Après modification	9	1,8	6	1,3	5	1,3

Tableau 9.6 Dispersion des niveaux sonores en pression

On constate donc que les modifications ont eu pour premier effet de limiter la dispersion des résultats, notamment en réduisant la valeur de l'écart-type. Les produits sont plus homogènes sur le plan acoustique.

Mais les résultats sur la moyenne du niveau sonore global, reportés sur le tableau 9.7, sont plus significatifs encore :

	A vide	Montée	Descente
Gain (dB)	7	2	7

Tableau 9.7 Amélioration des niveaux LP moyens mesurés

Rappelons que les actionneurs étaient traditionnellement nettement plus bruyants en descente qu'en montée. L'effet des modifications est de provoquer un niveau équivalent dans les deux cas. Le niveau sonore à vide a également été amélioré de 7dB. Il reste un écart de 14 dB entre le niveau sonore à vide et celui à pleine charge.

Les spectres acoustiques qui suivent détaillent ces résultats comparés par bandes tiers d'octave de 50 à 20 kHz. La valeur indiquée dans chaque bande est la moyenne arithmétique des niveaux des 50 échantillons.

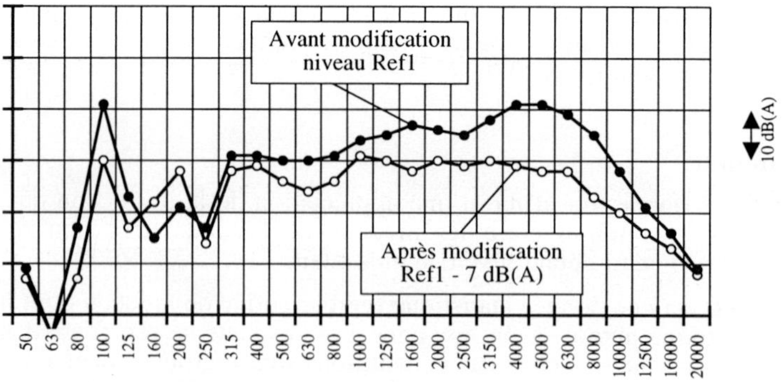

Figure 9.13 Spectre moyen de l'actionneur à vide

Le spectre à vide de la figure 9.13 fait apparaître une forte contribution du 100 Hz qui diminue de manière significative après modification. Voilà un résultat qui peut surprendre puisque le moteur lui-même n'a pas été modifié : or le 100 Hz provient des vibrations des tôles et des pulsations de couple dues au caractère elliptique du champ.

En fait, l'optimisation du profil des dentures du réducteur empêche ces pulsations de couple de provoquer des microchocs sur les dentures. Autrement dit, le moteur n'a pas été amélioré ici, mais le réducteur est devenu beaucoup plus tolérant au régime pulsatoire de celui-ci.

Le réducteur proprement dit s'est considérablement assagi aux moyennes et hautes fréquences, ce qui témoigne bien du rôle important du premier étage dans la génération du bruit

Sur le spectre en montée de la figure 9.14, le niveau de pression est beaucoup plus élevé qu'à vide : les effets purement électromagnétiques semblent s'effacer devant les composantes vibratoires engendrées par le réducteur. La prédominance de la fréquence d'engrènement et de ses harmoniques se traduit par une forte contribution des bandes 315 et 630 Hz. La modification du réducteur n'apporte qu'une faible amélioration.

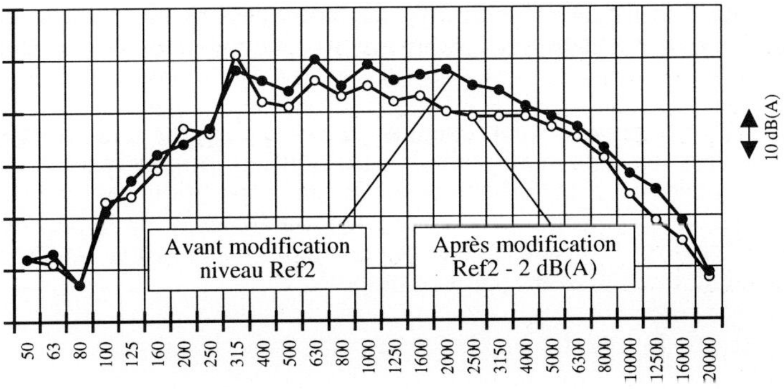

Figure 9.14 Spectre moyen de l'actionneur en charge menée

Cette amélioration est par contre très marquée en descente (Fig. 9.15). A l'oreille, la disparition de la pointe de la bande 1600 Hz est très sensible, de même que les fluctuations temporelles du bruit tendent à s'estomper : la régularité du niveau sonore rend celui-ci beaucoup plus sympathique.

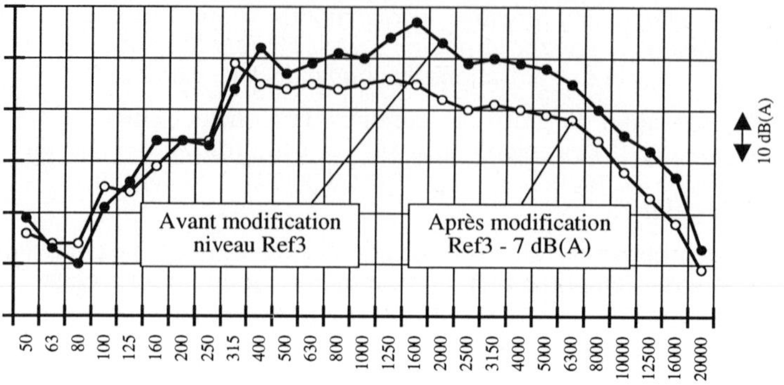

Figure 9.15 Spectre moyen de l'actionneur en charge menante

9.5 Description d'un second processus d'amélioration

❑ Nature des modifications

Il s'agit cette fois d'évaluer le résultat de modifications plus profondes touchant la structure du produit, et permises par un renouvellement complet de la gamme.

La figure 9.16 représente par exemple une vue éclatée d'un réducteur de cette nouvelle génération. Les modifications partagent leur origine entre considérations de tenue des matériaux à la fatigue ou à l'usure, répartition des contraintes, facilité d'assemblage, mais toujours avec un souci d'amélioration de la performance acoustique ou vibratoire du produit. A ce niveau interviennent non seulement les pièces d'engrènement, mais aussi les platines support.

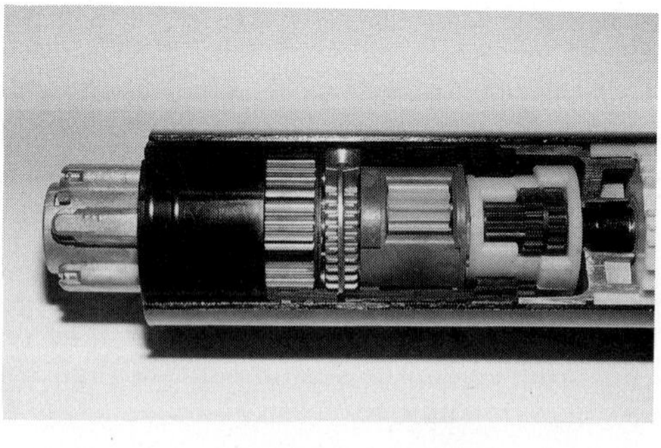

Figure 9.16 Nouveau réducteur SOMFY gamme LT

Le moteur lui même a pu être dimensionné en tenant compte des résultats mentionnés précédemment, ce qui contribue très sensiblement au comportement de l'ensemble.

❑ Les essais

Les résultats présentés ici portent sur des lots d'actionneurs, destinés aux homologations des nouveaux produits. Il s'agit d'actionneurs LT50 intégralement réalisés avec des pièces issues d'outillages série. Selon les références, les lots comprennent entre 15 et 60 actionneurs.

Entre cette nouvelle génération et la précédente, SOMFY est passée d'un standard de mesures en chambre semi-anéchoïque à des mesures en salle réverbérante qui permettent de qualifier les produits en puissance acoustique. Les comparaisons sont bien entendu effectuées avec des actionneurs de l'ancienne gamme (déjà améliorés comme décrit précédemment), placés dans les nouvelles conditions de mesure, et portent ici sur le gain en niveau de pression acoustique. Les lots de l'ancienne gamme LS50 comprennent entre 5 et 15 actionneurs.

❑ Les résultats

Le tableau présente, pour chacune des références : le gain obtenu obtenu sur le niveau moyen, à vide, en charge menée et en charge menante, ainsi que le gain obtenu sur l'écart-type.

Type (Couple/Vitesse)		6/17	10/17	15/17	20/17	25/17	40/12
A vide	Gain moyen	2,0	2,5	4,1	7,0	1,6	-1,7
	Gain écart-type	-0,1	0,6	0,0	-0,6	-0,1	-0,2
Montée	Gain moyen	3,6	5,1	8,7	8,4	4,5	2,4
	Gain écart-type	0,3	0,6	0,0	-1,1	0,0	0,0
Descente	Gain moyen	3,3	6,8	9,8	10,4	2,4	4,8
	Gain écart type	0,1	0,2	-0,5	-1,4	0,1	0,3
Nombre échantillons (LT/LS)		39/15	31/15	15/10	40/10	59/10	35/5

Tableau 9.8 Gains en dB(A) obtenus sur la gamme LT

A une exception près (et pour un fonctionnement à vide), on constate que des gains très significatifs ont été obtenus. Cela n'apparaît pas sur le tableau, mais l'écart entre le fonctionnement montée et le fonctionnement descente est également resserré : on gagne ainsi jusqu'à 1,9 dB(A) qui viennent s'ajouter à ceux déjà obtenus en 1993.

Mais la disparité des gains illustre toute la difficulté de la lutte contre le bruit : d'un modèle à l'autre, ce sont pourtant les mêmes principes qui ont été appliqués.

La lecture du tableau montre qu'il arrive que des gains très intéressants sur le niveau de pression acoustique s'accompagnent d'une dégradation de l'écart-type : cas par exemple du 20/17 en montée, qui gagne 8,4 dB(A) en moyenne mais en perd 1,1 en écart-type. Globalement, le progrès reste certain puisque 95% des produits de ce type verront leur gain compris entre 10,6 dB(A) au mieux, et 6,2 dB(A) au pire.

9.6 Un processus permanent

❑ ... Mais limité

Si les multiples résultats présentés ici témoignent de ce qu'il est possible d'obtenir, il serait très présomptueux de conclure que ce type d'action, répété tous les six mois, permettrait de cumuler des gains tout aussi significatifs. Il faut d'ailleurs très honnêtement avouer que certaines voies d'amélioration explorées se révèlent parfois décevantes, voire même négatives, sans que l'interprétation mette en avant des causes irréfutables.

Le processus d'amélioration est pourtant permanent au niveau des bureaux d'études, avec application en production à l'occasion des renouvellements d'outillage lorsque les gains sont confirmés. Mais chaque victoire constituée par l'atténuation d'une raie du spectre met alors en évidence la raie voisine, auparavant négligée, et sur laquelle il convient alors de s'acharner.

❑ La durée de vie : comparer ce qui est comparable

Mais on se doute bien que, dans ce genre de démarche, les gains les plus importants sont ceux qu'on récolte dans les premiers temps. Une fois ceux-ci acquis, les leviers d'action deviennent plus limités, et mettent en jeu des compromis. Il est ainsi connu que certains matériaux conduisent à des améliorations du niveau sonore, mais au détriment de la durée de vie de l'actionneur. Critère qu'il est sage de ne pas sacrifier sur l'autel de la lutte anti-bruit.

Cette dernière remarque est d'ailleurs loin d'être innocente, et doit être soigneusement prise en compte dans les comparaisons de matériels de tous types lorsque leur provenance est différente.

❑ La vitesse : se ramener aux mêmes conditions

En ce qui concerne les équipements motorisés, on n'oubliera pas que la vitesse effective est également un facteur clé dans les comparaisons : à charge égale, un moteur plus lent est nécessairement moins bruyant, puisqu'il transmet une puissance mécanique plus faible. Il ne s'agit pas d'un phénomène mineur, loin s'en faut. On montre en effet [13] qu'une transmission provoque, quel que soit son type, un accroissement de bruit d'environ 6 dB par doublement de la fréquence de rotation, pour une charge donnée.

Petit jeu : entre un actionneur de marque Y, donné pour une puissance acoustique LW de 60 dB à pleine charge et 15 tr/min, et un actionneur X rayonnant 58 dB à 10 tr/min dans les mêmes conditions de charge, le moins bruyant n'est peut-être pas celui qu'on pense...

... En effet, c'est le moteur Y qui est objectivement le moins bruyant : de 1 dB, lorsqu'on ramène la comparaison à des termes identiques. S'il était capable d'entraîner la charge à 15 tr/min (soit un demi-doublement de vitesse), le moteur X rayonnerait une puissance LW = 58 + 6dB/2 = 61 dB.

Chapitre 10

AMELIORATIONS SUR LE PRODUIT ENTRAINE

10.1 Méthode. Moyens d'essais CSTB

Dans le cadre de l'opération de recherche confiée au Laboratoire d'Acoustique de l'Etablissement de Grenoble du CSTB, l'objectif est cette fois l'amélioration du produit complet, sans modification de l'actionneur de motorisation : celui-ci est à prendre tel quel. Il s'agit de bien dissocier les améliorations apportées par la conception du produit, de celles apportées par des modifications de la source.

Tous les produits utilisant les moteurs SOMFY présentent la même structure de base, désignée par "axe motorisé", et constituée par (Fig. 10.1) :

- le moteur proprement dit (on n'y touche pas ...),
- le tube d'enroulement,
- la roue d'entraînement et la bague d'adaptation,
- l'embout.

Le tube est supporté par l'embout d'un côté, et de l'autre côté par l'ensemble bague-couronne-compte-tours, qui joue le rôle de palier.

Bien entendu, les dimensions des différents éléments varient selon l'application, mais la structure reste la même. Dès qu'on s'intéresse également au caisson, et aux dispositifs de fixation, les solutions mises en oeuvre deviennent beaucoup plus variées, et spécifiques de chaque type de produit.

L'étude a donc été décomposée en deux parties, avec le contenu suivant :

❑ **Sur le produit de base**, l'axe motorisé :

- Analyser la situation, constater.
- Interpréter, rechercher les voies de propagation.
- Améliorer.
- ... Et boucler si nécessaire.

❑ **Sur des produits spécifiques**, représentatifs de chaque famille principale (volet roulant, store vénitien et écran de cinéma) :

- Quantifier les gains possibles.
- Rechercher les causes d'amélioration-détérioration.
- Améliorer le produit, lorsque sa conception le permet simplement.
- Etablir des recommandations.

Le CSTB dispose d'une salle réverbérante de grand volume (75 m^3), permettant des mesures normalisées de puissance acoustique LW des équipements (selon la norme NF S 31022 *Détermination de la puissance acoustique émise par les sources de bruit.*)

Les mesures sont effectuées par bande de tiers d'octave, de 50 à 5000 Hz, à l'aide du matériel suivant :

- microphone BK4166, monté sur pied mobile, avec son alimentation AKSUD 11C,
- magnétophone numérique TEAC RD 200T,
- enregistreur papier BK 2306,
- analyseur BK 2143, relié à ordinateur PC par bus IEEE.

Les mesures d'accélération, permettant de déterminer l'énergie vibratoire, sont effectuées à l'aide d'accéléromètres BK 4374, alimentés par BK 2635.

10.2 Produit de base : l'axe motorisé

L'actionneur choisi est un 30/16 (valeur nominale du couple : 30 N.m, valeur nominale de la fréquence de rotation : 16 tr/min), disposé dans un tube de diamètre 60 mm long de 1,50 mètre, dont il occupe le tiers. Le tube est en acier d'épaisseur 1 mm.

Tous les essais réalisés avec le tube motorisé sont effectués "à vide" : le moteur n'entraîne que le tube, et rien d'autre.

Pour des raisons de commodité, dans ce type d'essais, on préfère suspendre le tube, par des sandows, à une potence. Lorsque le moteur est alimenté, c'est donc en fait celui-ci qui tourne, à l'intérieur du tube immobile. Situation rigoureusement équivalente, sur le plan acoustique, à la situation normale.

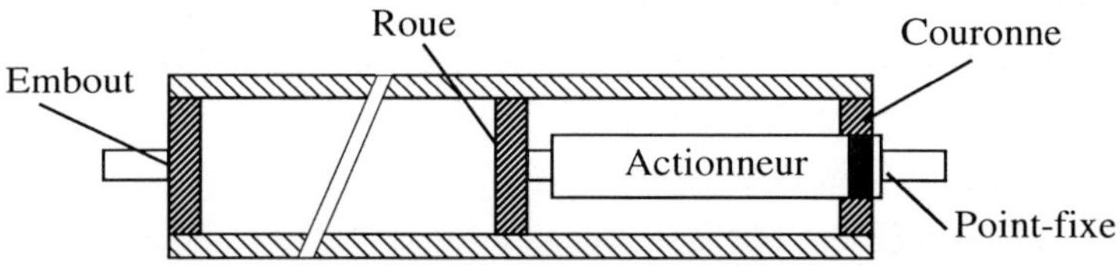

Figure 10.1 Axe motorisé

❑ Le constat

Le diagramme de la figure 10.2 permet de comparer les niveaux de puissance, et la répartition spectrale, pour le moteur seul et pour le tube motorisé.

On constate une détérioration globale de l'ordre de 3 dB(A) lorsque le moteur est placé dans le tube, avec en particulier des résonances dans les bandes 160, 800 et 1600 Hz. Tous les niveaux de puissance mesurés entre 125 et 1000 Hz sont au moins 10 dB(A) supérieurs à ceux provoqués par le moteur seul.

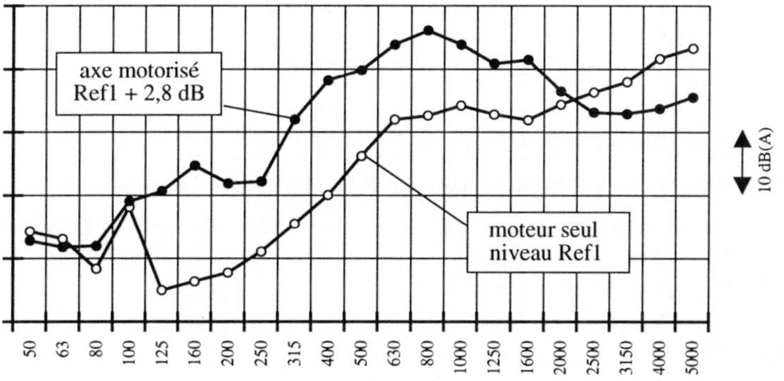

Figure 10.2 Puissances acoustiques du moteur seul et de l'axe motorisé

Au-delà de 2000 Hz, par contre, il y a inversion des niveaux : le tube joue alors mieux le rôle d'écran phonique qu'on aurait souhaité rencontrer dans tout le spectre. De 2000 à 5000 Hz, la loi de masse s'applique assez bien : combinée à la croissance du niveau de puissance de la source (environ ici 6 dB par octave), constatée dans cet intervalle pour le moteur seul, la décroissance de 6 dB/octave due à loi de masse entraîne un niveau sensiblement constant.

Partout ailleurs, les résonances masquent complètement le rôle d'écran du tube, lequel est d'ailleurs d'autant plus faible que la fréquence est basse.

❑ Interprétation

Ces résonances peuvent avoir plusieurs origines :

- Origine acoustique : ondes stationnaires longitudinales.

L'air, compris dans la partie libre du tube, est le siège d'ondes stationnaires longitudinales, dont la valeur des fréquences des différents modes (i) est donnée par :

$$f_i = i.c\,/\,(2L)$$

En prenant pour L la partie libre du tube (1 m) et 340 m/s pour la célérité c du son dans l'air, les trois premiers modes apparaîtraient à 170, 340 et 510 Hz. Cet effet peut en particulier expliquer le pic observé dans la bande 160 Hz.

- Origine acoustique : ondes stationnaires transversales.

En prenant cette fois des ondes radiales, on remplace la longueur L du tube par son diamètre D (0,06 m) dans la formule précédente. Les deux premiers modes apparaîtraient à 2833 et 5666 Hz, fréquences qui ne ressortent pas sur le spectre, ce qui exclut une influence notable de ce type d'excitation.

- Origine vibratoire : excitation solidienne.

Transmises par la roue et la bague, les vibrations excitent le tube en vibrations transversales Les fréquences des modes peuvent se calculer en assimilant le tube à une poutre élancée, en configuration appui-appui. Prenant les caractéristiques de l'acier (masse volumique, module d'Young) on obtiendrait pour les quatre premiers modes : 171, 683, 1537 et 2733 Hz (Annexe 4). Ces valeurs sont indicatives puisqu'elles dépendent des conditions aux limites, mais soulignent la capacité du tube à réagir en résonance dans le domaine de fréquence en cause.

De la même façon, on pourrait imaginer une excitation du tube par un mode en anneau, mais la fréquence correspondante se situe à 27 kHz.

- Origine vibratoire : ondes de flexion du tube, par excitation aérienne.

Engendrées cette fois par la coïncidence entre ondes sonores et paroi du tube. Pour 1mm dépaisseur d'acier, la fréquence vaut 10 kHz, donc n'intervient pas ici.

❑ Traitements

C'est au travers de l'efficacité des traitements (Fig. 10.3), de type acoustique, ou de type vibratoire, qu'on recueille une information significative sur l'importance relative des modes de résonance ou de propagation.

Le traitement aérien mis en oeuvre consiste :

- A réduire l'émission directe du moteur, en insérant celui-ci dans un manchon d'acier de 2 mm d'épaisseur. Le traitement par confinement est très sensible aux fuites acoustiques (cf. §4.7). Afin de limiter celles-ci, la surface latérale du tube actionneur (extrémité réducteur) est recouverte d'un mastic isolant. La zone correspondant à la couronne et au point fixe n'est pas traitée.

- A réduire le niveau d'ondes stationnaires à l'intérieur de la partie libre du tube, à l'aide de matériau absorbant (laine minérale ou laine de verre).

Le traitement solidien mis en oeuvre consiste à permettre l'isolation vibratoire entre l'actionneur et le tube :

- Par insertion d'un manchon d'accouplement, de type viscoélastique. Il s'agit d'un produit catalogue PAULSTRA®, de type Miniflex, dimensionné ici pour une application faible charge (5 N.m). Compte tenu de la raideur en torsion du caoutchouc utilisé, et des dimensions de l'accouplement, la fréquence de résonance théorique est de 7 Hz.

- Par remplacement de la couronne compte-tours, en plastique, par une bague moulée en mousse de silicone.

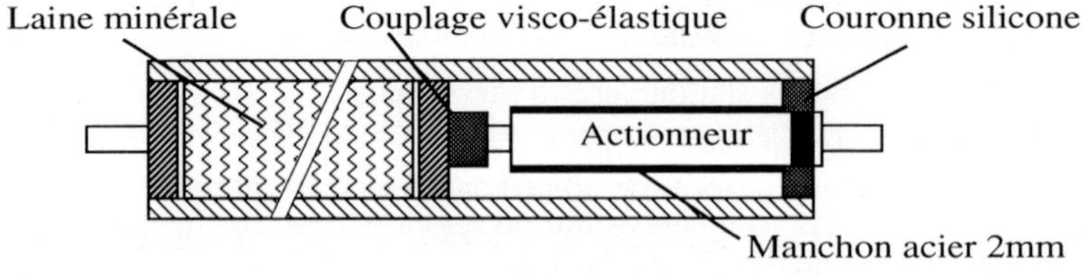

Figure 10.3 Traitements combinés

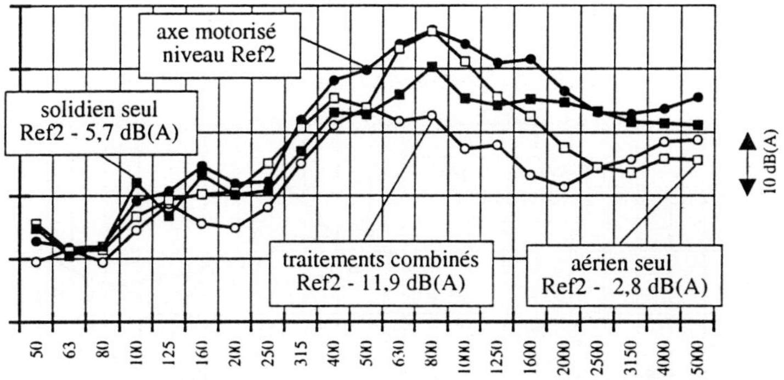

Figure 10.4 Efficacité comparée des traitements sur la puissance acoustique

❑ Résultats

- Traitement aérien seul :

Celui-ci provoque une atténuation globale de l'ordre de 3 dB(A). Il est totalement inefficace à la fréquence correspondant au maximum d'émission acoustique (800 Hz), ce qui indique clairement qu'il s'agit là d'une transmission solidienne.

Au-delà de 800 Hz, le traitement aérien se révèle particulièrement efficace, le gain étant de l'ordre de 6 à 10 dB selon les bandes de fréquence.

- Traitement solidien seul :

L'atténuation globale est cette fois proche de 6 dB. La transmission solidienne est deux fois plus importante que la transmission aérienne. L'effet bénéfique de l'isolation solidienne se fait sentir dès 200 Hz.

- Traitement combiné : aérien et solidien.

L'atténuation globale devient cette fois proche de 12 dB(A).

Il est très intéressant de noter que **le gain résultant est supérieur à la somme des gains** obtenus précédemment, ainsi que le met en évidence le diagramme de la figure 10.5. La combinaison mathématique des deux traitements devrait donner 53 dB, alors qu'on obtient réellement 49, 3 dB(A).

Ce résultat, a priori surprenant, trouve son origine *dans l'interaction des traitements,*

- Interaction du traitement acoustique sur la transmission solidienne :

Cet effet est lié à la mise en place du manchon isolant, qui rigidifie le tube moteur, lequel sert de référence d'alignement aux constituants du moteur. Il s'ensuit une réduction du niveau vibratoire propre au moteur.

- Interaction du traitement vibratoire sur la transmission aérienne :

Les ondes sonores générées à l'intérieur du tube ont pour source le moteur, mais aussi la roue d'entraînement. L'isolement vibratoire de celle-ci a pour effet de réduire le niveau d'ondes stationnaires dans le tube.

... et dans l'interaction source-milieu :

la puissance acoustique et vibratoire émise par le moteur n'est pas indépendante du milieu de propagation, qui ne correspond pas du tout aux conditions de champ libre.

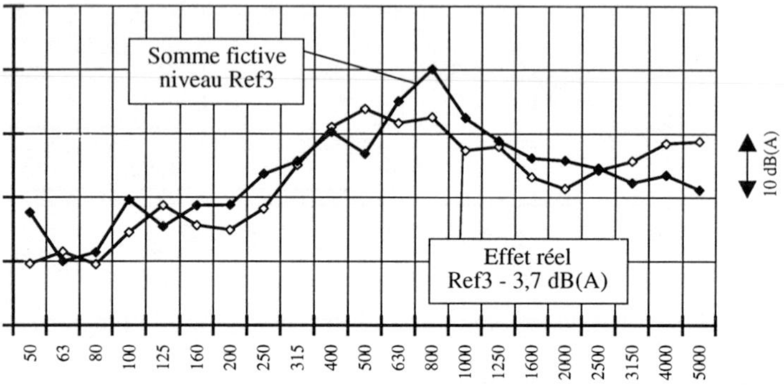

Figure 10.5 Somme des effets, et effet de la somme

❑ Axe motorisé : conclusions

Il résulte de ces différentes interactions qu'il n'y a pas un point miracle, sur lequel agir de façon préférentielle, mais qu'il y a lieu de combiner l'ensemble des traitements pour obtenir des résultats significatifs. Ce n'est malheureusement pas le cas de figure le plus confortable pour le concepteur, qui devra saupoudrer son "budget anti-bruit" pour en tirer le maximum.

Des améliorations substantielles seront également apportées par un bon choix de tube d'enroulement, qui doit limiter au mieux l'amplitude des ondes de flexion ou de torsion : épaisseur, rigidité, section circulaire plutôt que polygonale (cf. §10.5).

10.3 Bloc-baie PVC.

❑ Bloc-baie

Comme dans tous les secteurs, on trouve dans le Bâtiment une tendance à l'intégration en usine de l'ensemble des produits concourant à la réalisation d'une même fonction. Le Bloc-baie (figure 10.6) offre ainsi une alternative séduisante aux opérations de pose successive d'une menuiserie de fenêtre, d'un caisson de volet roulant, et enfin du volet proprement dit. Ces composants se trouvent intégrés dans l'élément Bloc-baie, livré prêt à poser, et pré-réglé en ce qui concerne par exemple la course de volet roulant motorisé.

On trouve des produits réalisés en PVC ou en aluminium.

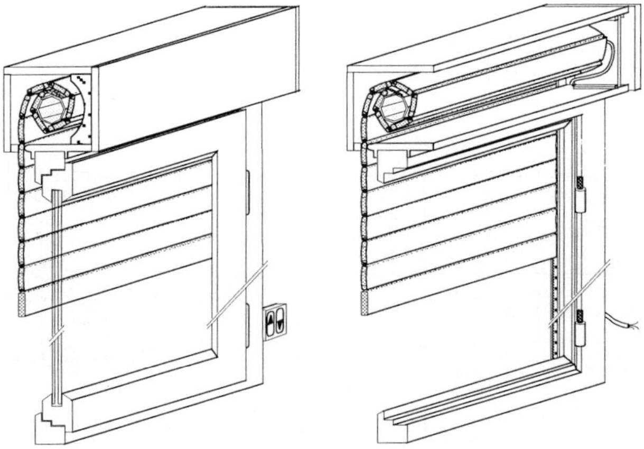

Figure 10.6 Bloc-baie

❑ Installation

Le bloc-baie est installé dans la salle réverbérante, posé sur un joint souple, et fixé au mur par deux équerres, solidaires du châssis du vitrage et isolées du mur par des plots antivibratiles. Un caisson en plâtre BA13 est fixé autour de la fenêtre. A l'intérieur de ce caisson, le mur est habillé de laine de verre, pour supprimer les réflexions, et ainsi simuler un champ libre.

Parallèlement au mur de la salle, une cloison PLACOSTIL est construite autour de la fenêtre, sur une hauteur de 2,5 m et une largeur de 4,6 m.

Le montage expérimental est représenté ci-contre. Il permet donc de tester le bloc-baie, en considérant que la puissance acoustique rayonnée dans la salle réverbérante est la même que celle d'un montage fonctionnel dans l'habitat.

Le volet a pour largeur 1 m. Il est entraîné par un moteur 25/16.

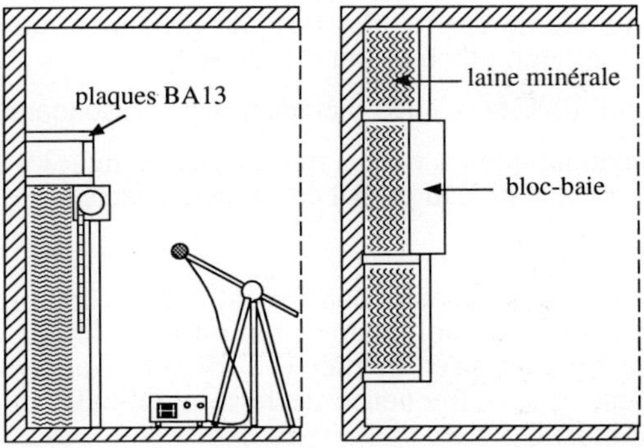

Figure 10.7 Installation du caisson PVC dans la salle réverbérante (coupe et haut)

❑ **Constat**

Les trois premiers essais sont réalisés à vide, de façon à caractériser le moteur, l'axe motorisé, et l'efficacité du caisson (Fig. 10.8).

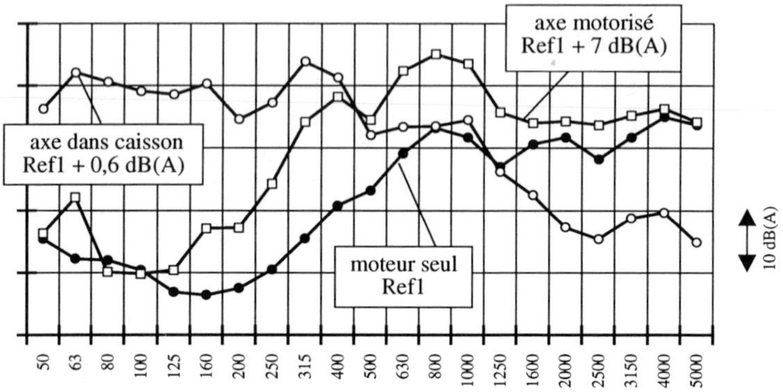

Figure 10.8 Moteur seul, axe motorisé, caisson

La puissance acoustique de l'actionneur seul à vide sert de niveau de référence.

Lorsqu'on adjoint la roue d'entraînement, la couronne, le tube et l'embout, ce niveau s'élève de 7,2 dB(A), ce qui correspond à un quintuplement de la puissance acoustique émise. On retrouve les défauts inhérents à la structure de l'axe motorisé, vus précédemment. La forme du tube, ici hexagonal et perforé, est peu favorable à la limitation des déformations.

Par contre, le fait d'insérer le tube motorisé dans le caisson fait chuter le niveau de puissance acoustique de 6.6 dB. Ce gain témoigne ici de la bonne conception du caisson PVC :

- la fixation latérale de l'axe motorisé est effectuée à l'aide de flasques PVC, coulissant sur la partie latérale du coffre. Ces flasques présentent un effet amortissant très supérieur à ce que donnerait une fixation métallique,

- les parois du caisson PVC sont elles-mêmes très peu résonnantes.

On remarquera cependant que les basses fréquences excitent les parois du caisson. Du fait de la pondération A, le niveau global en est peu affecté.

Les quatre essais suivants, en charge, confirment le bon comportement de la structure PVC, vis-à-vis des excitations solidiennes. On retrouve le fait que le comportement en descente est plus bruyant qu'en montée (+2 dB(A)). L'analyse spectrale fait apparaître des composantes basse fréquence de forte amplitude, dues au glissement des lames dans les coulisses.

Lorsqu'on retire le capot avant du caisson, l'élévation de puissance est très importante

(10 à 12 dB(A)). Si la transmission était solidienne, c'est le contraire qui se passerait : le caisson joue donc parfaitement son rôle d'écran, et ne provoque aucune amplification. L'ensemble est résumé sur le tableau 10.1.

1	Moteur 25/16 à vide : niveau de référence	0
2	Idem 1 + roue + couronne + tube	7,2
3	Idem 2 = insertion dans caisson PVC fermé	0,6
4	En charge MONTEE caisson fermé	1,7
5	En charge MONTEE face avant caisson ouverte	14
6	En charge DESCENTE caisson fermé	3,3
7	En charge DESCENTE face avant caisson ouverte	13,9
8	En charge MONTEE caisson fermé, avec manchonnage de l'actionneurr par un tube acier 2 mm	-3

Tableau 10.1 Bloc-baie PVC
Ecart en LW par rapport au moteur à vide dB(A)

Les mesures de vitesse vibratoire sont réalisées en disposant un accéléromètre en différents points de la structure. Elles confirment que la transmission vers le vitrage et les montants est très faible. L'énergie acoustique sort ici essentiellement par le coffre, selon une transmission aérienne (Fig. 10.9).

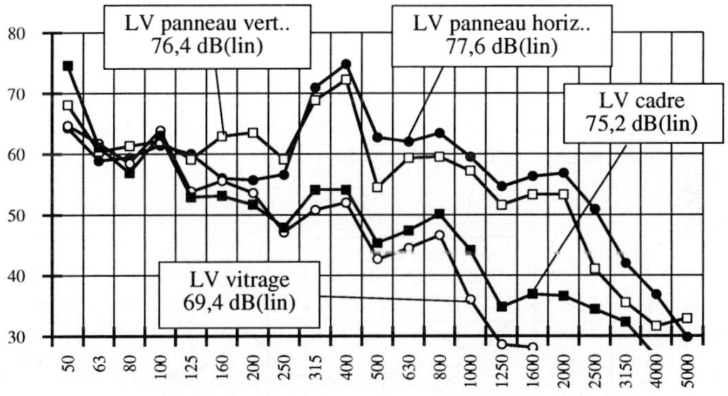

Figure 10.9 Spectre vibratoire du bloc-baie PVC

❑ Traitement

Dans ces conditions, le traitement à préconiser (si nécessaire, car les niveaux de puissance sont ici satisfaisants) sera essentiellement de type aérien. Le traitement acoustique réalisé dans le cas de l'axe motorisé (manchonnage moteur, insertion de laine de verre) suffit à améliorer le niveau, qui chute de 5 dB par rapport à l'essai correspondant (n°4).

Il n'est pas certain qu'un traitement solidien visco-élastique dans la liaison du moteur vers le tube d'enroulement pourrait encore diminuer le niveau émis. En effet, du fait de l'élasticité des flasques de fixation du tube d'enroulement, on risque fort de se trouver dans la situation de systèmes couplés décrite au paragraphe 7.5 : ajouter de l'élasticité à un système qui l'est déjà n'apporte rien.

10.4 Bloc-baie aluminium

❑ Produit testé

Le composant utilisé réalise une fonction porte-fenêtre à un seul battant, de hauteur 200 cm sous caisson, et de largeur 133 cm. Le caisson a 20 cm de côté. Le vitrage proprement dit mesure 100 cm en largeur. Le tube d'enroulement est de faible diamètre (40 mm), ce qui conduit à utiliser un moteur type LS40 8/14 (8 Nm, 14 tr/min).

❑ Installation

L'installation est réalisée selon la même disposition que précédemment, de manière à permettre la mesure de la puissance acoustique rayonnée vers l'intérieur d'un local, en situation réelle. Le produit est entouré par une paroi de type placo-plâtre : hauteur 240, largeur 100 et 110 de part et d'autre, soit une surface totale de cloison égale à 5.3 m^2.

❑ Constat

Comme en §10.3, les trois premiers essais visent à caractériser le moteur seul, l'axe motorisé isolé, puis monté dans le caisson fermé, afin de situer l'efficacité de ce dernier. On obtient les spectres de la figure 10.10

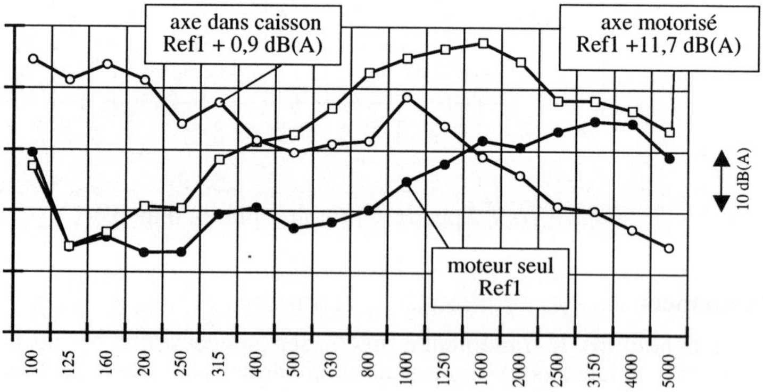

Figure 10.10 Moteur seul, axe motorisé, caisson

Les essais suivants permettent ensuite de mesurer la puissance acoustique en charge.

1	Moteur 8/14 à vide : niveau de référence	0
2	Idem 1 + roue + couronne + tube	+ 11,7
3	Idem 2 = insertion dans caisson Alu fermé	+ 0,9
4	En charge MONTEE caisson fermé	+ 2,7
5	En charge MONTEE face avant caisson ouverte	+ 12,2
6	En charge DESCENTE caisson fermé	- 1,9
7	En charge DESCENTE face avant caisson ouverte	+ 6,9

Tableau 10.2 Bloc-baie Aluminium
Ecart en LW par rapport au moteur à vide dB(A)

On constate comme précédemment que l'insertion du moteur dans l'axe d'enroulement dégrade considérablement le niveau de puissance acoustique (près de 12 dB). Par contre, le caisson joue très bien son rôle d'isolement, puisqu'il provoque près de 11 dB d'atténuation. L'actionneur utilisé a un comportement opposé au précédent, en présentant un niveau vibratoire nettement plus faible en charge menante (ou à vide) qu'en charge menée.

Les mesures de vitesse vibratoire situent, comme précédemment, le caractère dominant du caisson dans l'émission acoustique : au niveau des pics de résonance, l'écart entre vitesse quadratique du caisson et celles du cadre ou du vitrage est supérieur à 10 dB. Le niveau vibratoire du caisson est par contre beaucoup plus faible ici que dans le cas du bloc-baie PVC (gain de 12dB lin) pour les raisons expliquées plus bas.

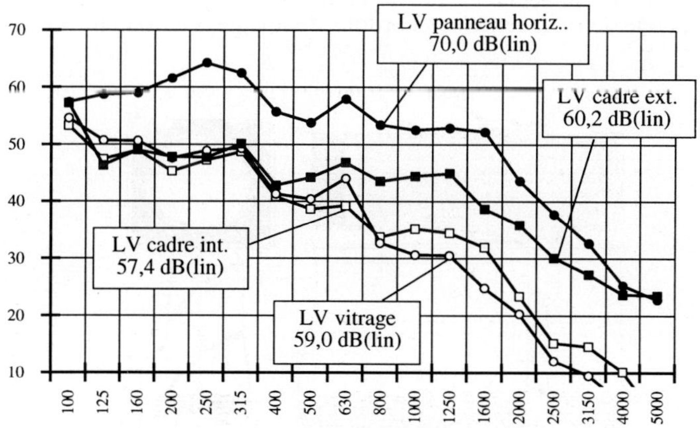

Figure 10.11 Spectre vibratoire du bloc-baie Aluminium

❑ **Traitements**

Nous voilà de nouveau face à un produit industriel optimisé au plan acoustique, malgré un sérieux handicap par rapport à la structure soeur en PVC, puisque ce dernier présente un coefficent d'atténuation des vibrations par pertes internes en flexion beaucoup plus important.

On constate que le caisson se révèle très efficace, bien que métallique, et que l'ensemble de la structure est peu excité.

Cela s'explique par une conception particulièrement soignée du produit par le fabricant : l'ensemble des parois internes du caisson est habillé d'un isolant en feuille flexible (IFF, voir §12.2) de faible épaisseur (3 mm), qui suffit à éviter toute résonance des tôles, contribue à l'isolation aérienne, tout en assurant également une fonction d'isolation thermique. Par ailleurs, un joint élastomère est intercalé entre le caisson et le cadre métallique de la fenêtre. Les transmissions solidiennes sont véritablement réduites au minimum. On a ici l'exemple même du produit conçu pour éviter tout bruit de manoeuvre, que celle-ci soit manuelle ou motorisée.

C'est par contre au niveau de l'installation que de substantielles améliorations peuvent être obtenues , comme on le verra au paragraphe 11.9.

10.5 Store vénitien

La figure 10.12 représente schématiquement le mode de réalisation de la motorisation d'un store vénitien. Le même moteur doit assurer une fonction d'orientation des lames, et une fonction de montée-descente. Ceci est assuré à l'aide d'un dispositif dit "basculateur", dont le principe est d'assurer l'entraînement d'une pièce cylindrique sur presque un tour complet entre deux butées. Après avoir tourné dans un sens ou dans l'autre et être arrivée en butée, cette pièce glisse sur l'axe de rotation si celui-ci continue à tourner. Deux "échelles" de cordelette, ou plus, sont raccordées au basculateur, tandis que deux lacettes, ou cordons de levage, s'enroulent sur l'axe.

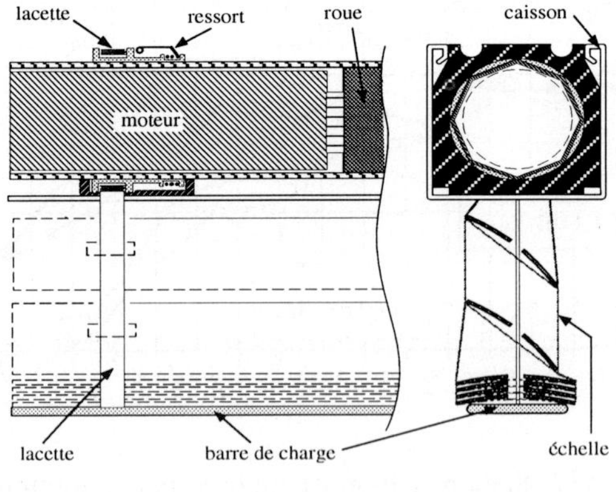

Figure 10.12 Entraînement d'un store vénitien

Malgré une structure un peu particulière, on retrouve donc, sur le vénitien utilisé, tous les constituants de l'axe motorisé : moteur, bague, roue d'entraînement, tube, ici octogonal. Par contre, la suspension de l'axe motorisé ne s'effectue pas à l'aide du point fixe moteur et d'un embout, mais avec des accessoires spécifiques plastique servant de paliers, et insérés dans le profil du tube.

La largeur du vénitien est de 1 m. Il est fixé, pour les essais en salle réverbérante, sur le caisson du bloc-baie PVC, à l'aide des pattes de fixation standard.

❑ Constat

Trois essais ont d'abord été réalisés à vide, pour caractériser le moteur, l'axe motorisé, l'efficacité du caisson.

Le moteur seul présente un niveau de puissance acoustique prise comme référence.

Lorsqu'on ajoute les accessoires et le tube octogonal, le niveau s'élève de près de 2 dB(A)

Mais lorsque l'axe motorisé est disposé dans le caisson en U, et qu'il fonctionne à vide, le niveau de puissance émise croît encore de 8,6 dB(A). Le caisson présente donc un effet catastrophique, en favorisant de nombreux modes de résonance.

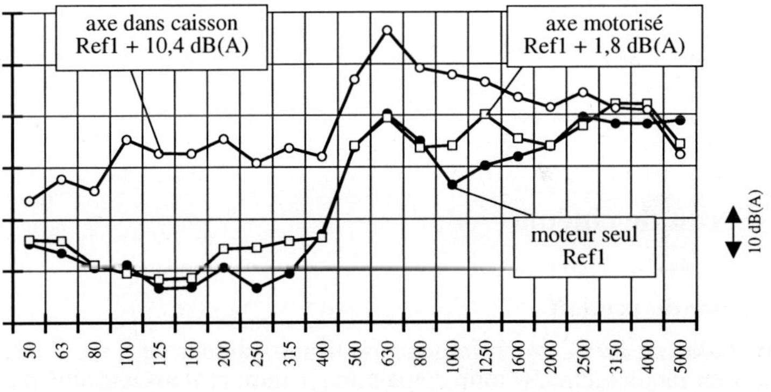

Figure 10.13 Spectres de puissance acoustique d'un store vénitien

Deux essais sont réalisés en fonctionnement normal, en montée et en descente du produit complet. Les résultats sont pratiquement identiques, et très peu différents du comportement à vide, dans lequel les sangles d'entraînement étaient sectionnées. Un moteur de vénitien d'intérieur est peu chargé par rapport à son couple nominal, et glisse très peu.

❑ Traitements

Compte tenu des résultats, une meilleure conception du produit laisse entrevoir un gain potentiel de 10 à 12 dB(A).

Le gain est d'autant plus important que les dimensions du store favorisent les phénomènes de résonance du caisson. Un deuxième vénitien de longueur 2m65, muni du même dispositif d'entraînement, et monté sur une paroi lourde, a subi simultanément un traitement d'amortissement de la tôle (goudron visco-élastique), un capotage de la partie haute et une suspension visco-élastique de l'actionneur. Les résultats de la figure 10.14 se passent de commentaires.

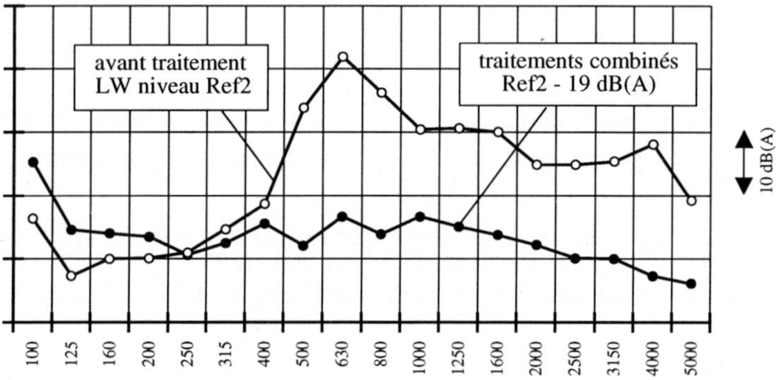

Figure 10.14 Vénitien 2,65 m avant et après modifications [12]

10.6 Ecran de cinéma

❑ Structure du produit

L'écran étudié mesure 2 m en largeur, pour une hauteur de 2 m. Il s'enroule sur un tube en acier de diamètre 50 mm, d'épaisseur 1 mm, et il est entraîné par un moteur 6 N.m / 16 tr.min^{-1}.

La structure interne de l'écran est celle d'un axe motorisé associé à un caisson métallique en profilé d'aluminium. Ce caisson est constitué d'une structure support, en L, et d'une face avant rapportée, maintenue par vis de fixation.

L'axe motorisé est fixé au profilé par deux équerres en extrémité.

❑ Constat

Les essais ont été réalisés en charge, en montée et en descente.

Dans un premier essai, l'écran complet est utilisé normalement. On mesure un niveau de puissance acoustique de 75,1 dB(A) en montée, et 73,6 dB(A) en descente.

A signaler le fait que pendant la durée d'une montée complète (environ 30 secondes), le niveau moyen décroît d'environ 3 dB, alors qu'il augmente d'environ 6 dB au cours d'une descente. Ce phénomène s'explique par le déroulement, ou l'enroulement, de la toile de l'écran autour du tube. Cette toile joue ici un rôle d'isolant acoustique.

Dans un deuxième essai, la face avant du caisson est déposée. Le niveau de puissance en montée diminue : 72,6 dB(A), et de même en descente : 70,0 dB(A).

Dans un troisième essai, l'ensemble du caisson est déposé. L'écran reste fonctionnel sous forme d'axe motorisé. On constate une chute importante de la puissance acoustique émise : 61,8 dB(A) en montée, 60,2 dB(A) en descente.

❏ Traitement

Ce modèle d'écran a fait l'objet d'une étude approfondie, menée par la filiale allemande de SOMFY [14].

Pour des raisons de commodité, les mesures ont été effectuées en niveaux de pression acoustique LP, à une distance de 1,35 m et une hauteur de 1,38 m. Les résultats présentés ici, de façon résumée, sont à considérer plutôt en valeur relative qu'absolue.

Traitement T1 : montage sur plots antivibratiles, ajoutés aux flasques support.
Traitement T2 : raccordement des flasques au châssis par anneaux caoutchouc.
Traitement T3 : roue d'entraînement caoutchouc (raideur trop importante).
Traitement T4 : jointement lâche entre face avant et châssis.
Traitement T5 : collage de bandes amortissantes en différents points. ($\Delta m = +2\%$).
Traitement T6 : bague caoutchouc sur couranne compte-tours.
Traitement T7 : flocage de fibres polypropylène ($\Delta m = +1\%$).
Traitement T8 : paliers en Hytrel™.
Traitement T9 : tube empli de mousse plastique.

	Gain dB(A)	T1	T2	T3	T4	T5	T6	T7	T8	T9
M1	0									
M2	4	✓								
M3	2		✓							
M4	1			✓						
M5	6	✓		✓						
M6	4	✓		✓	✓					
M7	11	✓		✓		✓				
M8	5			✓		✓				
M9	6			✓		✓	✓			
M10	10	✓		✓		✓	✓			
M11	4			✓				✓		
M12	9	✓		✓				✓		
M13	9			✓				✓	✓	
M14	9			✓				✓	✓	✓
M15	4			✓				✓		✓
M16	9	✓		✓				✓		✓

Tableau 10.2 Effet combiné d'améliorations sur un écran

Le traitement de loin le plus efficace consiste à disposer un matériau visco-élastique sur les plaques du caisson pour absorber les vibrations. La combinaison de ces traitements avec une suspension de l'actionneur conduit à des améliorations de 10 à 17 dB.

Chapitre 11

AMELIORATION DES CONDITIONS D'INSTALLATION

11.1 Produits et conditions d'installation

Les produits motorisés décrits au chapitre précédent ne constituent qu'un échantillon des multiples composants utilisés dans l'automatisation des fermetures et protections solaires du Bâtiment.

Si l'écran de cinéma et le store vénitien sont suffisamment représentatifs des produits d'intérieur pour convenir à une étude de l'influence des conditions d'installation, il n'en est pas de même des produits intégrés du type bloc-baie, dont la pose spécifique laisse très peu de place aux variantes, et qui ne représentent qu'une partie seulement des produits d'extérieur.

Au titre des volets roulants, il conviendra donc de se préoccuper également des produits dits traditionnels, des produits dits monoblocs, et enfin des produits installés en caissons-tunnel.

Au titre des stores d'extérieur, on retiendra le cas représentatif du store à bras et du store à projection.

❑ Volet roulant traditionnel

On désigne sous ce terme un tablier de lames bois, PVC ou aluminium accroché par des sangles au tube d'enroulement de l'axe motorisé, qui est normalement fixé par des équerres métalliques sur la maçonnerie. Les lames du tablier sont guidées par des glissières métalliques, également fixées à la maçonnerie ou parfois aux menuiseries.

Le volet s'enroule dans un caisson qui peut être partiellement intérieur au local (traditionnel intérieur) ou totalement extérieur à celui-ci (traditionnel extérieur).

Les figures 11.1 et 11.2 représentent très schématiquement, en page suivante, le mode d'installation de ces produits sur le bâtiment.

❑ Volet roulant monobloc

Ce type de volet roulant est aussi désigné sous l'appellation "volet de rénovation" car le plus souvent installé en remplacement d'autres volets, ou pour offrir une protection non prévue à l'origine de la construction du bâtiment.

L'axe motorisé est cette fois fixé sur les joues d'un caisson métallique, lequel repose directement sur les coulisses. Ces dernières sont fixées à la maçonnerie, à l'extérieur du logement, comme indiqué à la figure 11.3.

La conception du volet monobloc rend sa pose particulièrement rapide pour l'installateur expérimenté.

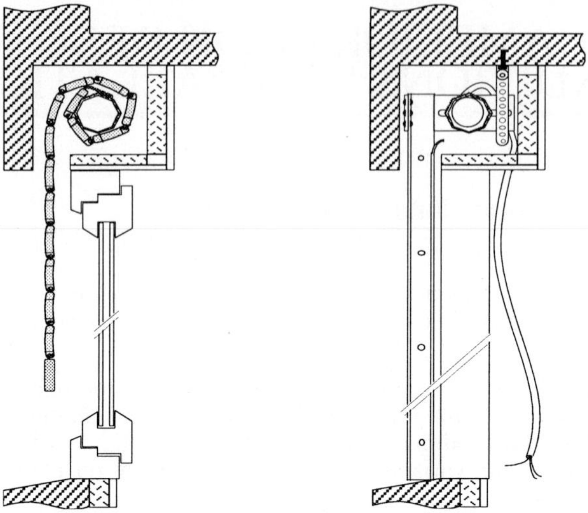

Figure 11.1 Volet roulant traditionnel intérieur

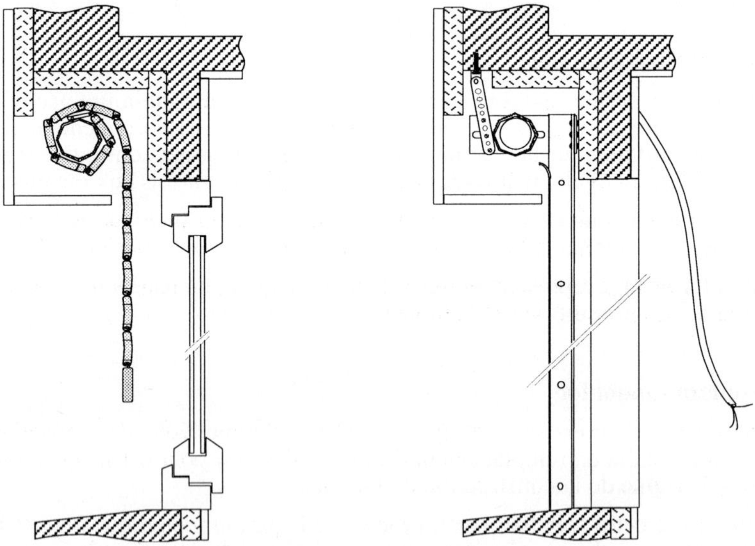

Figure 11.2 Volet roulant traditionnel extérieur

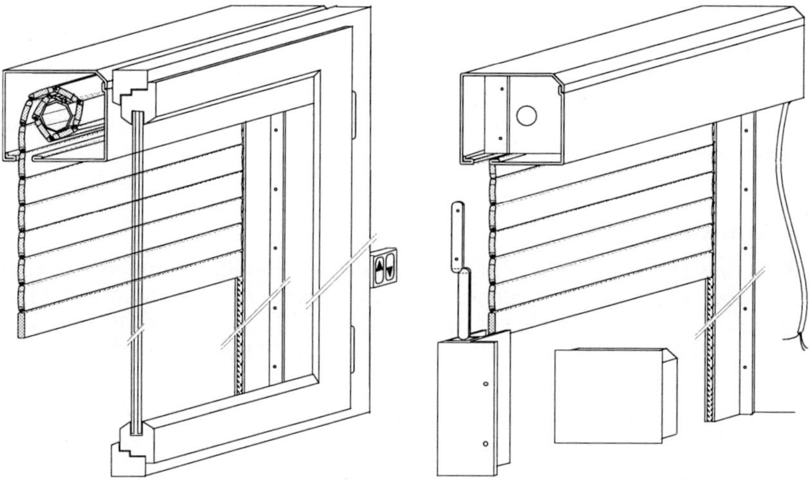

Figure 11.3 Volet roulant monobloc

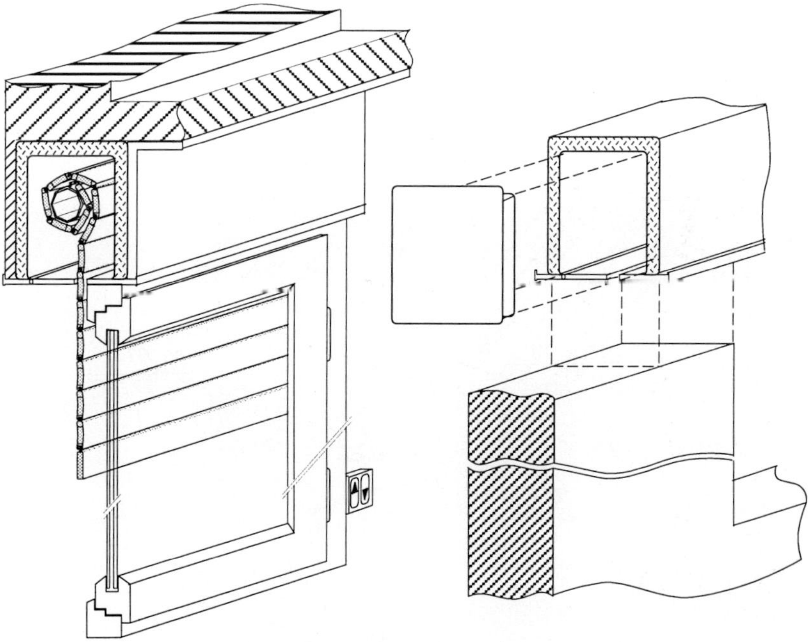

Figure 11.4 Volet roulant en caisson tunnel

❑ Volet roulant en caisson tunnel

Le caisson tunnel réalise une intégration astucieuse de l'emplacement du volet roulant dans la structure du bâtiment. Il s'agit d'un élément de linteau creux, réalisé par exemple en fibralite ou encore en polystyrène expansé, sur lequel sera coulé le béton en phase de construction gros oeuvre. L'axe motorisé est fixé sur des joues qui sont prises dans la maçonnerie (fig. 11.4)

❑ Store à bras

Un store à bras repose essentiellement sur un carré métallique creux, disposé horizontalement, dont les extrémités supportent les fixations de l'axe motorisé (Fig. 11.5). Cette barre est fixée à la façade par deux équerres. Elle supporte également les points d'ancrage de deux bras articulés (bras, coude, avant-bras) au bout desquels est attachée la barre frontale.

La toile du store est fixée d'une part à la barre frontale, et d'autre part au tube d'enroulement. Deux puissants ressorts, logés dans les articulations des coudes, exercent une poussée sur la barre frontale, qui maintient ainsi la toile bien tendue. Il s'agit d'un produit typique de l'habitat individuel ou des applications commerciales (protection des vitrines ou des terrasses de café...).

Un "store cassette" correspond à la même structure, mais intégrée dans un coffret de protection de l'ensemble du store en position fermée. La barre mobile d'extrémité du store sert alors souvent de couvercle au caisson. Celui-ci est métallique et doit être conçu avec précaution pour éviter les mises en résonance.

Figure 11.5 Store à bras

❑ **Store à projection**

Le store à projection est plus répandu dans l'habitat collectif ou dans les bâtiments tertiaires. L'axe motorisé est fixé à la maçonnerie par des équerres. La toile du store est simplement tendue par la barre de charge (Fig. 11.6).

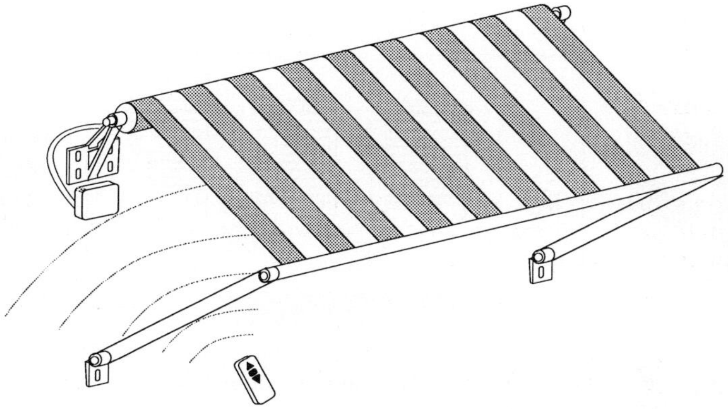

Figure 11.6 Store à projection

❑ **La construction**

Les conditions d'installation des produits d'intérieur, des blocs-baie, et des produits ci-dessus dépendent largement du type de construction, et plus particulièrement :

- De la nature des parois : parois lourdes / parois légères.

- De la nature de l'isolation thermique : isolation intérieure, isolation extérieure.

De très nombreuses variantes existent dans chaque classe. En ce qui concerne la construction traditionnelle en habitat collectif ou individuel, on trouve le plus souvent en Europe un système de dalles et refends coulés en chantier.

La façade (d'épaisseur classiquement 16 cm) est alors soit coulée en chantier simultanément, soit comblée après coup avec une maçonnerie de parpaings creux ou de briques, ce qui donne une façade lourde (béton coulé) ou moyennement lourde (parpaings, briques).

Mais on rencontre également des façades légères, pour lesquelles le remplissage vise essentiellement la fonction d'isolation thermique. On utilise alors des stratifiés de bois avec polystyrène ou laine de verre ou minérale.

On rencontre enfin dans le tertiaire des éléments de façade sur support métallique (aluminium), venant recouvrir l'ensemble de la baie et pouvant donner naissance à un mur rideau.

En ce qui concerne l'isolation thermique, sa mise en place intérieure jouera un rôle important dans l'atténuation des vibrations solidiennes, alors qu'une isolation extérieure aura une très faible incidence acoustique vis-à-vis de ces dernières.

❑ **Les automatismes de contrôle**

Rajoutons à cet inventaire des paramètres à prendre en considération sur le plan phonique la possibilité d'un usage individuel ou d'un usage groupé des produits (commande générale) par exemple sous contrôle d'un automatisme comme représenté sur les figures 11.7 et 11.8.

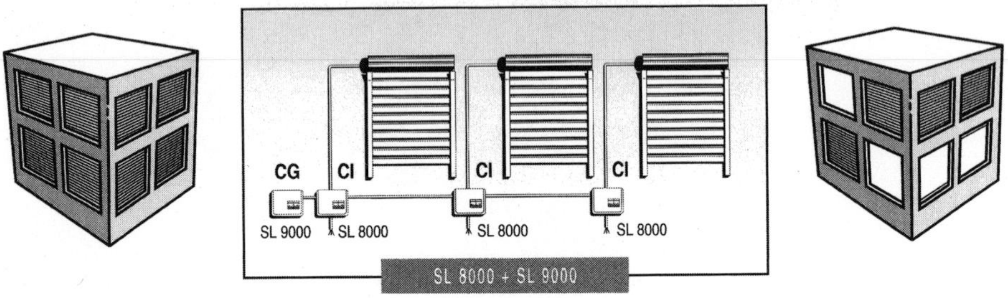

Figure 11.7 Commande générale

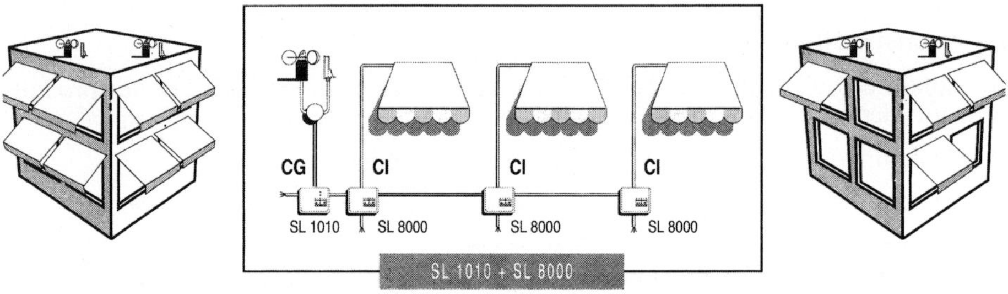

Figure 11.8 Automatisme Vent-Soleil

11.2 Choix de chantiers-tests

La liste des produits cités, quoique restrictive, en compte déjà 7, susceptibles d'être installés dans 3 types de locaux (Individuel, Collectif, Tertiaire), sur 2 types de parois (lourde ou légère), avec 2 possibilités pour l'isolation thermique et 2 genres d'usage potentiel.

Supposons qu'on veuille croiser tous ces paramètres : on tombe sur un premier total de 7x3x2x2x2 = 168 combinaisons ! Et le sujet est loin d'être traité en détail : les variantes relatives à chaque configuration ont été ici négligées. Leur introduction fait croître le nombre de combinaisons à une cadence exponentielle.

La technique des plans d'expérience est couramment utilisée dans l'industrie ou la recherche scientifique pour réduire de manière significative le nombre d'essais relatifs aux multiples combinaisons de paramètres indépendants agissant sur un processus. Tout laisse malheureusement à penser que la méthode serait de peu d'effet ici. Nous avons préféré laisser cette piste aux générations futures, et nous livrer à une démarche plus intuitive dont la logique apparaîtra au lecteur au travers des très nombreuses conclusions qu'elle permet d'obtenir.

Six chantiers-tests seulement sont donc retenus dans cette étude. Ce faible nombre masque une quantité beaucoup plus importante de combinaisons. En fait on s'efforce, dans le choix de ces chantiers, de tester simultanément plusieurs produits ou modes de fonctionnement dans un même type de bâtiment.

Le tableau 11.1 donne une vue récapitulative des combinaisons couvertes par ces chantiers.

	Destination			Paroi		Isolation		Commande	
	indiv.	collect.	tertiaire	légère	lourde	int.	ext.	indiv.	groupée
Intérieur : vénitien	-	-	CT1	CT1	CT1	-	-	CT1	CT1
Intérieur : écran	-	-	CT1	CT1	CT1	-	-	-	-
VR traditionnel intéieur	CT2	-	-	CT2	CT2	CT2	-	CT2	-
VR traditionnel extérieur	CT2	CT3	-	-	CT3	-	CT3	CT3	CT3
VR caisson tunnel	CT4	-	-	-	CT4	CT4	-	CT4	CT4
Store à bras	CT5	-	-	-	CT5	CT5	-	CT5	-
Store à projection	-	CT6	CT6	CT6	CT6	CT6	-	CT6	CT6

Tableau 11.1 Combinaisons couvertes par les chantiers-tests

Si les blocs-baie ne figurent pas dans cette étude expérimentale nécessairement limitée, les mesures effectuées dans le cadre "améliorations-produits", et décrites au chapitre précédent, donnent néanmoins matière à plusieurs préconisations d'installation regroupées au paragraphe 11.9.

Compte tenu de l'implantation de la Division Industrielle de SOMFY, ces chantiers sont tous situés en Haute-Savoie (France). Certains ont permis de simples constats alors que d'autres ont donné naissance à validation d'opérations d'amélioration des conditions d'installation.

Nous allons maintenant les passer en revue de façon détaillée.

11.3 Chantier-Test CT1

❑ Description des locaux

Ce premier chantier-test nous permettra de caractériser les produits d'intérieur : stores vénitiens et écran de cinéma. Ceux-ci sont installés dans une salle de conférence, située dans un bâtiment tertiaire de construction traditionnelle. Cette salle est rectangulaire (9mx7m), avec une hauteur sous plafond égale à 3 mètres. Elle est disposée entre une façade largement vitrée et un couloir de circulation (figure 11.9)

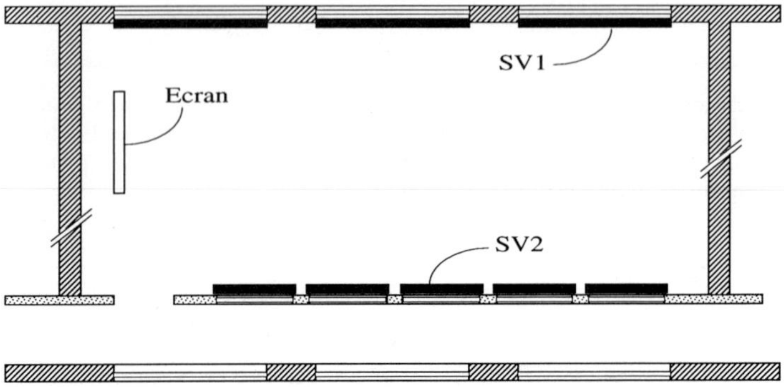

Figure 11.9 Plan de la salle et des abords

La façade est en béton 30 cm. Les vitrages sont équipés de stores vénitiens d'intérieur (SV1). Deux murs de refend, également en béton, séparent la salle des locaux adjacents. La séparation avec le couloir de circulation est réalisée par une cloison vitrée sur structure bois. D'autres stores vénitiens (SV2) permettent d'isoler visuellement la salle du couloir. Le sol est couvert de moquette, tandis qu'un faux plafond acoustique est fixé en suspension à 30 cm de la dalle plafond en béton.

Un écran de cinéma est disposé en encastrement dans ce faux plafond.

❑ Store vénitien SV1

Parmi les stores disposés en façade, le store SV1 testé mesure 2,65 m. Il est directement fixé au linteau béton. Il y a donc transmission solidiennne des vibrations sur la paroi lourde, mais les niveaux de vitesse vibratoire sont insignifiants. Compte tenu de l'absence de panneaux d'isolation thermique ou de structures légères montées en appui sur l'intérieur de la façade, ces vibrations solidiennes sont sans influence acoustique. L'étude commence donc par une situation dans laquelle les conditions d'installation ne dégradent aucunement les caractéristiques acoustiques du produit testé !

Ce qui ne veut pas dire que celui-ci ne mérite pas notre attention : une résonance particulièrement prononcée du caisson le rend en effet excessivement bruyant, et justifie le traitement correctif décrit précédemment au § 10.5. Traitement sur lequel nous ne revenons pas, sinon pour rappeler qu'il apporte un gain de 19 dB(A))...

❑ Store vénitien SV2

La figure 11.10 donne maintenant le détail de montage des vénitiens installés sur la cloison de séparation salle-couloir. Nous voilà dans une configuration d'installation défavorable, puisque le produit est cette fois monté sur une structure légère.

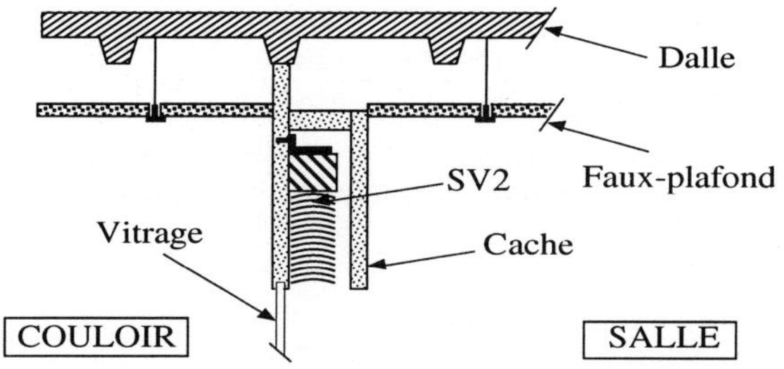

Figure 11.10 Montage d'un vénitien SV2 sur la cloison vitrée

Le vénitien testé mesure 1,20 m. Le parti-pris est de ne procéder à aucune transformation sur le produit lui-même, mais d'agir uniquement sur son environnement.

Une première action consiste à habiller de laine de roche la face interne d'un cache en bois, prévu dans la menuiserie. La figure 11.11 montre que ce simple traitement provoque une amélioration de 8 dB(A) sur le niveau de puissance acoustique.

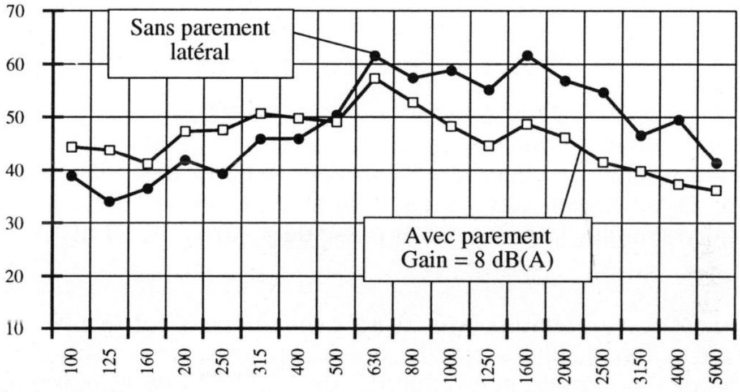

Figure 11.11 Amélioration apportée par le confinement de SV2

Mais ce niveau LW reste ici beaucoup trop élevé du fait qu'on s'interdit ici de supprimer ici la forte résonance du caisson métallique.

Le produit est ensuite fixé sur la cloison, au même emplacement, mais à l'aide de suspensions visco-élastiques.

Ce traitement n'amène quasiment aucune amélioration dans la salle de conférence elle-même.

En effet, le niveau de puissance acoustique mesuré provient pour l'essentiel d'une transmission aérienne, issue du rayonnement de l'ensemble du produit. C'est la très forte valeur de cette transmission aérienne qui explique l'efficacité du parement latéral, lorsque celui-ci est correctement traité.

Cela ne veut pas dire que la suspension soit sans effet. La figure 11.12 nous permet d'apprécier les niveaux de vitesse vibratoire des vitrages de séparation, avant et après mise en place de la suspension. Ces mesures sont effectuées avec un accéléromètre, comme décrit au chapitre 8.

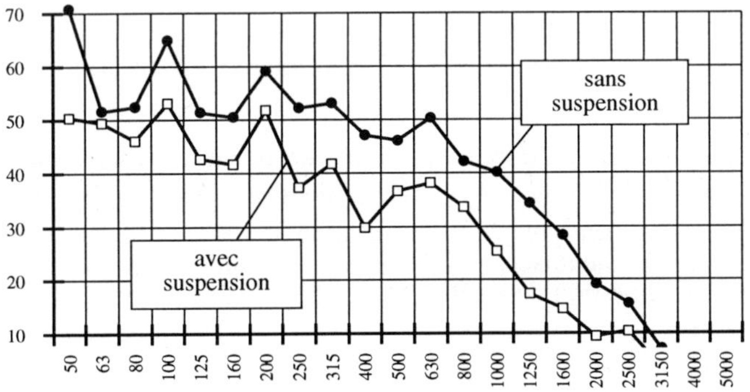

Figure 11.12 Vitesse vibratoire quadratique de la cloison vitrée

L'analyse de la puissance transmise par la cloison montre une contribution prédominante de la composante rayonnée par le vitrage. A partir des données connues sur le coefficient de rayonnement des vitrages 5mm équivalents, on calcule [12] que la puissance totale rayonnée vers le couloir passe de 49 dB(A) à 39 dB(A).

Dans le cas de SV2, on aboutit donc à un gain de 8 dB sur le niveau intérieur par utilisation d'un parement latéral, tandis que l'utilisation d'un visco-élastique dans la fixation du produit provoque une réduction de 10 dB(A) de la puissance acoustique rayonnée par la cloison vers les espaces voisins.

❑ Ecran de cinéma

L'écran de cinéma est inséré dans un caisson métallique en aluminium, lui-même fixé au plafond béton par quatre tiges rigides. Le faux plafond vient reposer en appui sur la partie inférieure des faces latérales.

Une couche de laine de roche (10 cm) est disposée sur le faux plafond, et entoure l'écran (Fig. 11.13). Celui-ci est donc relativement isolé au niveau aérien, au moins pour trois faces et les deux joues.

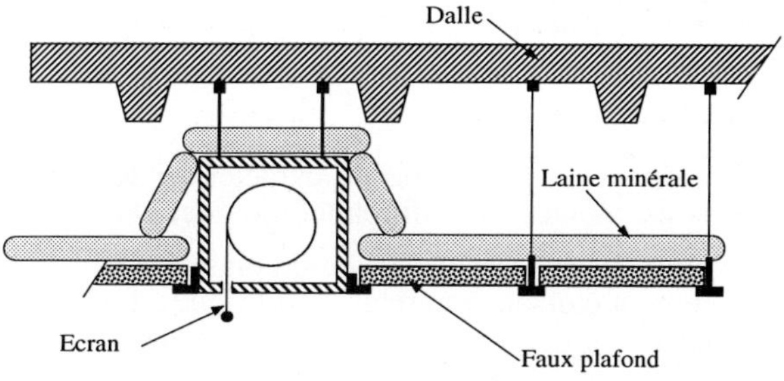

Figure 11.13 Fixation de l'écran de cinéma

On pourrait donc s'attendre à ce que le démontage du faux plafond dégrade assez sérieusement le niveau de puissance acoustique transmis vers la salle.

Le résultat d'une telle opération est reporté à la figure 11.14.

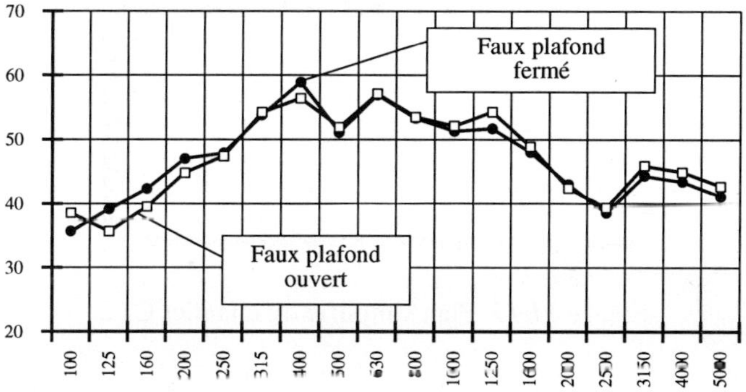

Figure 11.14 Influence du faux plafond

On constate que l'effet d'isolation acoustique du faux plafond ... est nul. On gagne même de 0 à 2 dB(A) dans les bandes de fréquences supérieures à 2 kHz lorsqu'il n'y a pas de faux plafond.

L'explication est simple : venant en appui sur les parois latérales de l'écran, les panneaux du faux plafond sont directement soumis à l'excitation solidienne du caisson. Et ceux-ci se mettent alors à rayonner au moins autant de puissance qu'ils en absorbent par ailleurs (avec la complicité de la laine de roche) sur la transmission aérienne.

Il suffit d'une toute petite astuce de montage pour remédier à ce comportement, et donner de nouveau au faux plafond sa seule fonction d'isolation (cf. Fig. 13.6).

11.4 Chantier-Test CT2

❑ Description des locaux

Le chantier-test CT2 donne la possibilité de caractériser le bruit de manoeuvre de volets roulants motorisés, montés en traditionnel intérieur et extérieur.

Il s'agit d'une installation en maison construite de plain pied, avec murs extérieurs et murs de refend en béton, et cloisons intérieures en briques. La figure 11.15 donne une vue simplifiée des locaux.

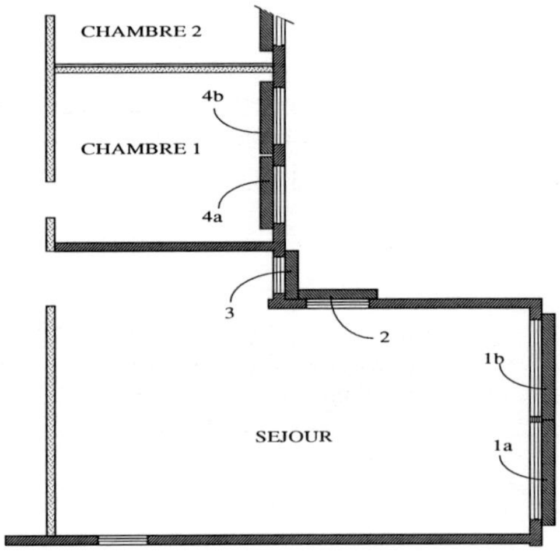

Figure 11.15 Plan simplifié du chantier CT2

Les volets roulants sont d'un modèle ancien, en lattes de bois. Les glissières métalliques ne comportent ni balais, ni caoutchouc amortisseur. Les chocs entre lames du tablier, ou entre lames et coulisses, sont ici relativement bruyants.

❑ Installation en caissons extérieurs

Un premier constat porte sur les produits d'occultation du séjour, tous montés en caissons extérieurs.

Les mesures, pour ce chantier et les suivants, sont effectuées en niveaux de pression normalisés (Lpn), c'est à dire qu'on se ramène à un temps de réverbération standard de 0,5 seconde.

La figure 11.16 compare les spectres en pression mesurée dans le séjour, lors de la manoeuvre du volet 1b, et lors de la manoeuvre du volet 2.

On constate un écart considérable : 12 dB(A), entre les deux manoeuvres.

Un tel écart ne peut pas s'expliquer par la différence de taille des produits. En effet, le volet 1b est trois fois plus large que le volet 2 : on pourrait donc admettre qu'il provoque un niveau sonore trois fois plus important. Cela conduirait à un écart au plus égal à 5 dB, et non égal à 12 dB.

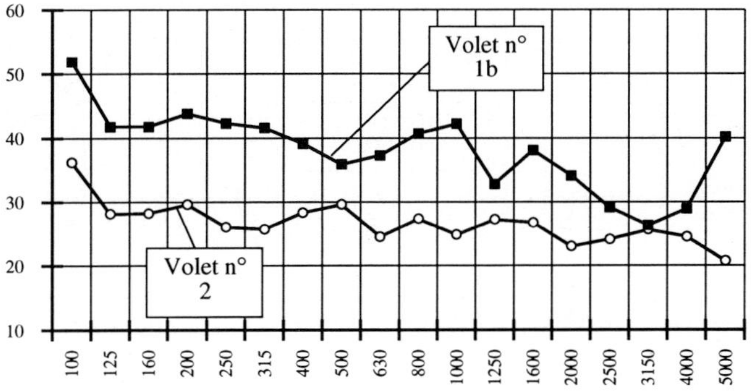

Figure 11.16 Spectres LP(séjour) lors d'une manoeuvre des volets séjour

En fait, ce sont bien les conditions de montage qui expliquent la différence considérable entre les deux produits. La cause n'est pas à rechercher au niveau des caissons, de principe identique dans les deux cas, mais des transmissions solidiennes par les coulisses. Cette transmission solidienne est sans effet dans le cas du volet 2 : les coulisses sont en effet fixées sur les poteaux d'encadrement, en béton. Par contre, les coulisses du volet 1 sont vissées directement sur la menuiserie de la baie vitrée, et provoquent une forte excitation solidienne de celle-ci.

❑ Installation en caissons intérieurs

Dans le cas de la chambre 1, les volets sont disposés en pose traditionnelle dans un caisson intérieur en contreplaqué. On constate dans cette pièce un niveau sonore très important.

Les coulisses du tablier sont correctement disposées, mais ce sont cette fois les équerres de fixation de l'axe motorisé qui ont été vissées dans la partie haute de la menuiserie fenêtre, au lieu d'être fixées dans le béton. Le simple fait de remettre en place les points d'ancrage sur le béton provoque une amélioration de 8 dB sur le niveau sonore (Fig. 11.17).

Il faut noter que le niveau de pression reçu dans les locaux voisins reste voisin de 35 dB, aussi bien vers la chambre 2 lorsqu'on manoeuvre le volet 5 que vers le séjour lorsqu'on manoeuvre le volet 4. Il s'agit d'une transmission solidienne, sensiblement identique avant et après modification du point de fixation de l'axe motorisé.

Seule une suspension visco-élastique de ce dernier permettrait de diminuer ce niveau de transmission, comme nous allons le voir plus en détail dans le cas de CT3.

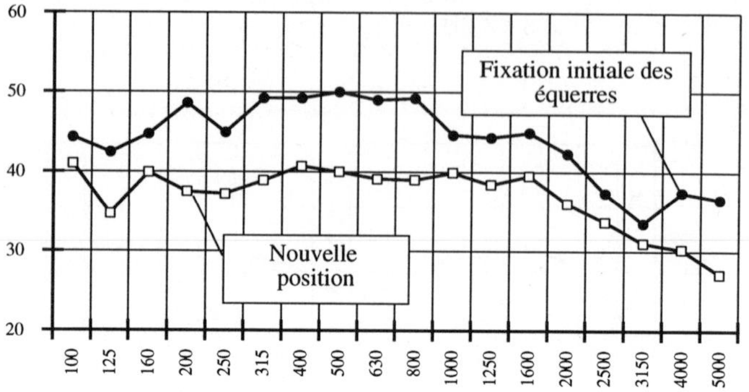

Figure 11.17 Spectres LP(chambre 1) lors d'une manoeuvre du volet 4

11.5 Chantier-Test CT3

❑ Description des locaux

Nous sommes maintenant dans un petit immeuble collectif de six logements, en deux niveaux.

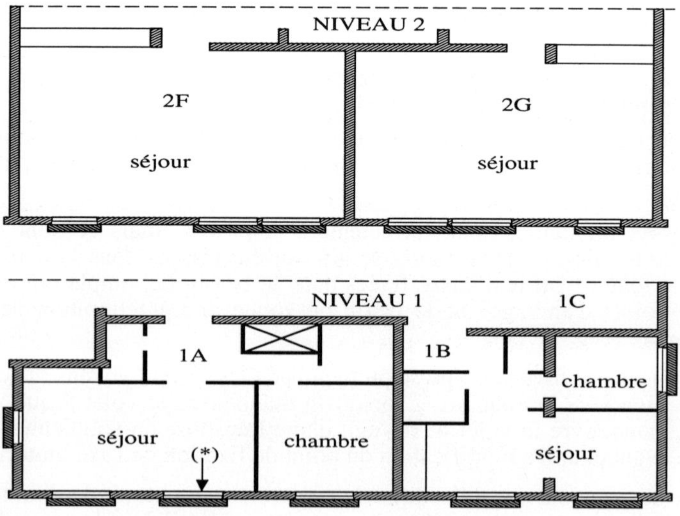

Figure 11.15 Plan simplifié du chantier CT3

La façade extérieure est en parpaings creux de 20 cm, doublée par l'extérieur avec une couche de polyuréthane, recouverte d'un bardage bois.

On s'intéresse en particulier dans ce chantier aux transmissions par la structure du bâtiment d'un logement vers les locaux voisins. Cette transmission met en cause les refends, également en montés en parpaings de 20 cm. Les cloisons intermédiaires sont en briques creuses. La dalle séparant les deux niveaux étudiés est un plancher de poutrelles et hourdis de 20 cm d'épaisseur, avec sous-couche parcourue par les tuyaux de chauffage, lesquels sont montés sur supports de polystyrène et recouverts d'une chape et d'un carrelage (Fig. 11.9).

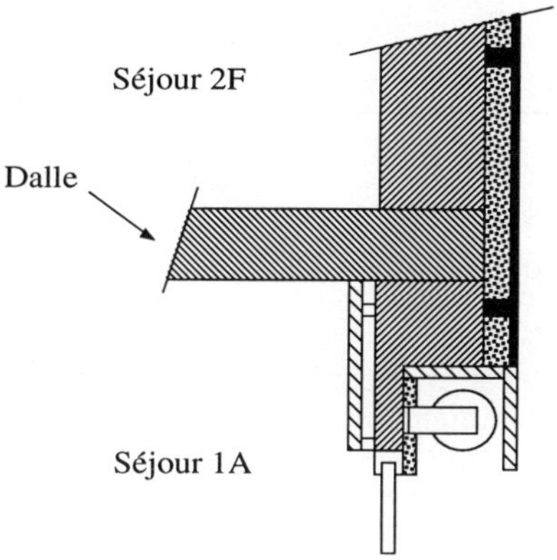

Figure 11.19 Détail de construction CT3

❑ Effets d'une suspension de l'axe motorisé dans le local d'émission

Il nous faut tout d'abord remarquer que l'installation des volets roulants en caissons extérieurs traditionnels conduit à d'excellents résultats sur le plan acoustique.

En effet, avant tout traitement correctif, la manoeuvre du volet testé dans le séjour de l'appartement 1A engendre dans cette pièce un niveau de pression acoustique de 35 dB(A).

Une suspension visco-élastique élémentaire est alors disposée sur l'axe motorisé.

Figure 11.20 Suspension viscoélastique expérimentale (Photographie SOMFY)

La mise en place de cette suspension provoque une réduction du bruit de manoeuvre dans la pièce d'émission (séjour 1A) égale à 4 dB.

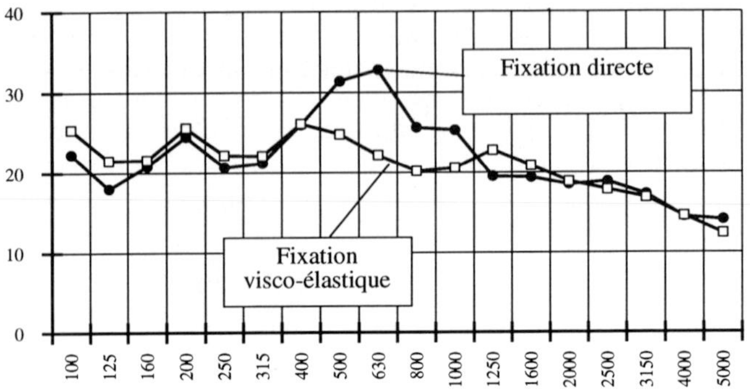

Figure 11.21 LP séjour 1A lors d'une manoeuvre d'un volet séjour 1A

En effet, bien que dans cet immeuble l'isolation thermique soit essentiellement assurée par l'extérieur du bâtiment, les pièces principales sont néanmoins habillées de lambris intérieurs, lesquels sont susceptibles d'être excités par les vibrations de la structure lourde. Dans ces conditions, la mise en place d'une suspension, destinée en premier lieu à réduire les transmissions vers les locaux adjacents, présente donc un effet bénéfique sur le local d'émission.

❑ Transmission solidienne verticale

Le logement 2F, situé un niveau au-dessus du précédent, est en cours d'aménagement au moment du chantier-test, et le doublage par lambris n'est pas encore disposé.

Dans ces conditions, aucune structure légère n'est mise en vibration par la transmission solidienne le long de la paroi lourde verticale, lorsque le volet du séjour 1A est manoeuvré.

On constate donc, sur la figure 11.22, que la mise en suspension de l'axe motorisé de ce volet provoque dans le local de réception (séjour 2F) un gain acoustique inférieur à celui obtenu dans le local d'émission.

Il faut d'ailleurs noter que les niveaux transmis sont très faibles, et n'ont d'ailleurs pu être mesurés ici qu'à la suite de circonstances très favorables : de fortes chutes de neige ayant provoqué une réduction massive du bruit de fond (20,8 dB). Cependant, les niveaux mesurés deviennent néanmoins très proches du bruit de fond dans certaines bandes de fréquence, ce qui contribue également à masquer le gain.

Contrairement à ce qu'on pourrait imaginer, l'achèvement des travaux de mise en place des lambris dans le séjour 2F se traduira probablement, dans le cas non suspendu, ... par une "détérioration" du confort acoustique par rapport aux valeurs relevées lorsque les murs sont nus. Rassurons-nous : le niveau résultant restera, dans le pire des cas, encore inférieur au seuil de 30 dB.

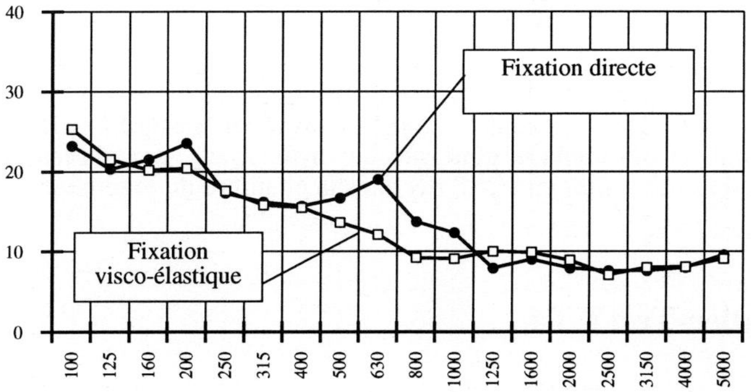

Figure 11.22 LP séjour 2F lors d'une manoeuvre d'un volet séjour 1A

Par contre, une fois l'aménagement achevé, la mise en suspension du volet 1A provoquera une amélioration plus substantielle. En effet, au niveau du séjour 1A, la suspension ne réduit que la composante solidienne, alors qu'une partie non négligeable du bruit de manoeuvre du volet correspond à une transmission aérienne à travers les vitrages. Le gain n'est donc que partiel, et pourtant représente déjà 4 dB(A).

A plus forte raison, la transmission de 1A vers 2F étant intégralement (ou presque) solidienne, la réduction doit être nettement plus importante.

Les mesures de vitesse vibratoire sur la façade de 2F, lorsque le volet 1A est manoeuvré, permettent d'apprécier les gains à attendre de la mise en suspension.

On constate une amélioration de l'ordre de 15 dB dans la bande prépondérante !

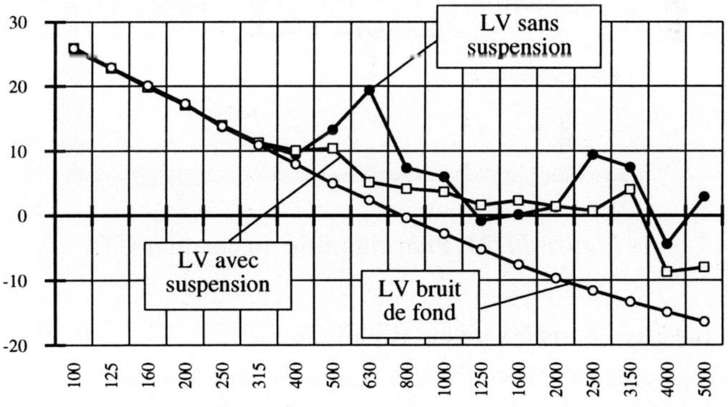

Figure 11.23 Vitesse vibratoire quadratique sur le mur séjour 2F

❑ Transmission solidienne horizontale

La transmission horizontale donne des effets beaucoup moins marqués qu'une transmission verticale depuis un niveau vers le niveau supérieur, du fait d'une plus longue distance, et donc d'un plus grand amortissement de la structure.

A titre d'exemples, la manoeuvre du volet, non traité, de la chambre 1A provoque dans cette même pièce un niveau de 37.5 dB tandis qu'on mesure 27 dB dans le séjour 1B. Inversement, la **manoeuvre générale** des trois volets, non traités, de l'appartement 1B se traduit par seulement 26.3 dB dans la chambre du logement 1A.

11.6 Chantier-Test CT4

❑ Description des locaux

Le montage de volets roulants en caissons tunnel est particulièrement rencontré dans les maisons individuelles. C'est le cas de l'installation du chantier CT4, pour laquelle nous nous bornons à constats et interprétations.

Il s'agit ici d'une construction récente et soignée, avec dalle et façade en béton. Les murs sont doublés thermiquement de l'intérieur, avec un complexe plâtre et polystyrène. Les volets sont en aluminium, avec lames isolées.

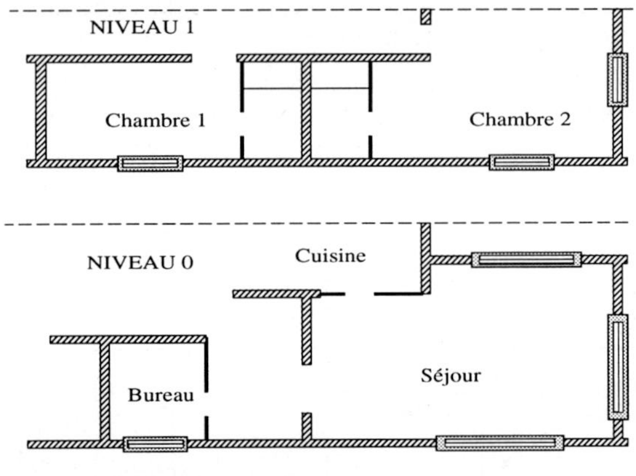

Figure 11.24 Plan simplifié du chantier CT4

❑ Niveaux mesurés dans les pièces d'émission

Les manoeuvres sont effectuées dans le bureau et dans le séjour.

En ce qui concerne le bureau, un niveau beaucoup trop important est relevé : 58 dB(A). Ce niveau résulte d'un défaut typique dans l'installation. En effet, le volet est installé sur une porte-fenêtre et le moteur utilisé comporte une commande de secours, par ensemble treuil-manivelle. La mise en place de cet ensemble a nécessité une perforation du caisson (probablement plus large que nécessaire) qui n'a pas été traitée acoustiquement. La transmission aérienne est donc très importante, et explique le très fort niveau mesuré, pour un volet par ailleurs de dimensions moyennes.

Dans le séjour, les dimensions des baies sont pratiquement doubles, et les niveaux sonores beaucoup plus confortables : 36 à 38 dB(A).

❑ Transmissions solidiennes

Pour ces mêmes volets, les niveaux de pression acoustique ont été mesurés dans les pièces d'habitation situées au niveau supérieur. On constate sur les figures 11.25 et 11.26 que les pièces en question sont extrêmement sollicitées.

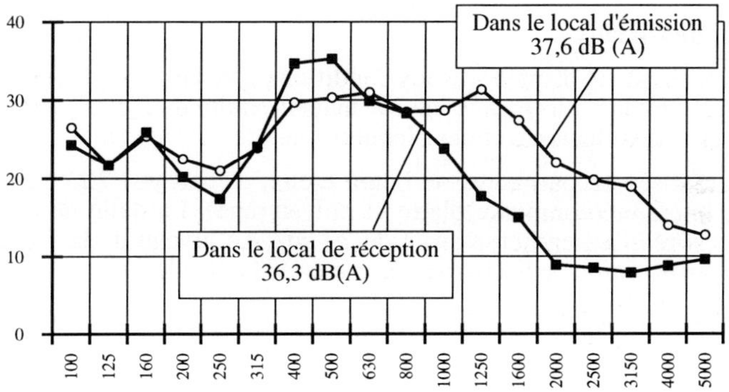

Figure 11.25 LP séjour et chambre 2 lors d'une manoeuvre du volet 2 séjour

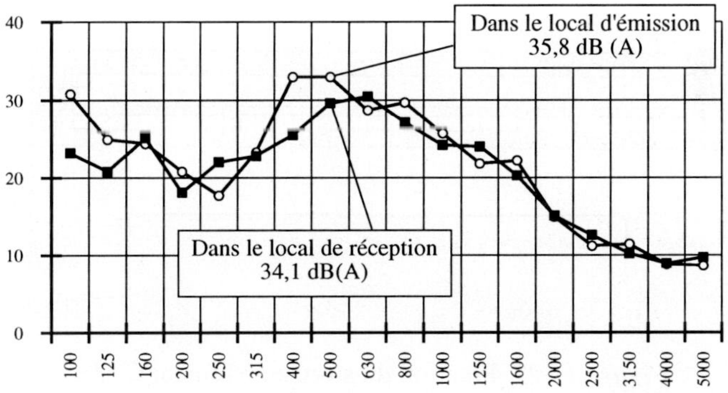

Figure 11.26 LP séjour et chambre 2 lors d'une manoeuvre du volet 3 séjour

On notera que, pour certaines bandes de fréquences, le niveau est supérieur, dans le local de réception (chambre 2), à celui mesuré dans le local d'émission (séjour).

On verra là encore la conséquence d'une excitation solidienne des façades, répercutée sur les panneaux légers de doublage intérieur, et principalement ici d'une excitation de la dalle. Une mise en place de suspensions serait de nature à régler le problème, pourvu que la nature des joues du caisson rende cette suspension efficace (cf. § 12.3).

On retrouve la même sollicitation importante dans le cas de la chambre 1, située au-dessus du bureau, avec un niveau de 41 dB(A) lorsque le volet 1 est manoeuvré.

Dans le cas d'une **manoeuvre générale** des volets du niveau inférieur, on mesure un niveau élevé dans la chambre 2 fermée : 42 dB(A).

11.7 Chantier-Test CT5

❑ Description des locaux

Il s'agit de caractériser et d'améliorer les conditions d'installation d'un store extérieur à bras articulés, monté en façade d'une maison individuelle d'environ 100 m2, comportant un rez-de- chaussée et des chambres au premier niveau.

La façade est réalisée en parpaings de béton creux, d'épaisseur 20 cm. Le doublage thermique est intérieur (complexe plâtre et polystyrène). La dalle de séparation des deux niveaux est réalisée en béton armé de 20 cm. Au niveau de la façade, un chaînage en béton armé remplace les parpaings creux de la façade.

Le store est fixé à la façade par deux équerres, scellées dans le chaînage béton, sous le niveau de la dalle.

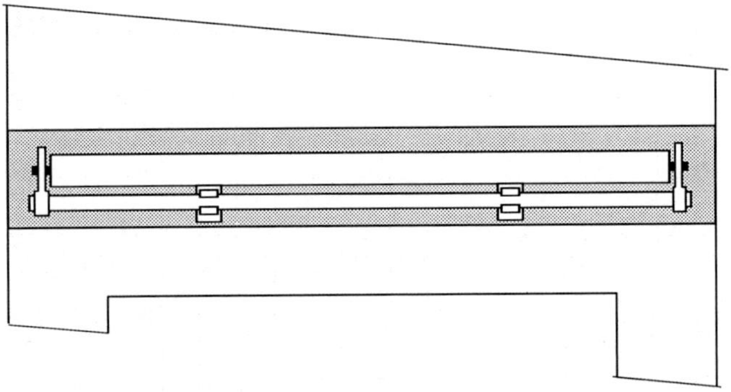

Figure 11.27 Fixation du store au bâtiment CT5

Lors d'une manoeuvre du store, le niveau de pression mesuré dans la chambre du premier étage est voisin de 37 dB(A) ce qui est excessif et s'explique aisément par une transmission solidienne importante.

On utilise alors le même type de fixation visco-élastique que dans CT3 pour améliorer les résultats. La figure 11.28 compare les niveaux de pression avant et après mise en suspension de l'axe motorisé : on passe de 36,9 à 36,3 dB.

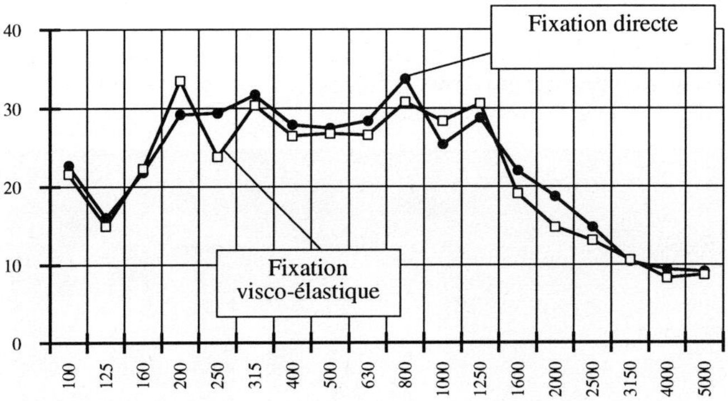

Figure 11.28 Effet de la mise en place d'une suspension de l'axe

Le gain est insignifiant ! Mais comme dans tous les domaines, les échecs rencontrés dans la lutte contre le bruit sont en général profitables et donnent matière à réflexion.

Dans le cas étudié, les équerres ont été placées à une trentaine de centimètres des extrémités de la barre support, alors que les noix de fixation du tube motorisé sont disposées aux extrémités de celle-ci. Le montage présente donc une certaine élasticité entre l'endroit où est disposée la fixation visco-élastique et la référence rigide.

Nous voilà involontairement dans le cas redoutable décrit au paragraphe 7.5, avec la fâcheuse démonstration qu'on ne lutte pas contre les lois de la Physique ! Heureusement, la parade est simple : il suffit par exemple de rapprocher les points de fixation des points de suspension, ce qui donne de bons résultats (Fig. 11.29).

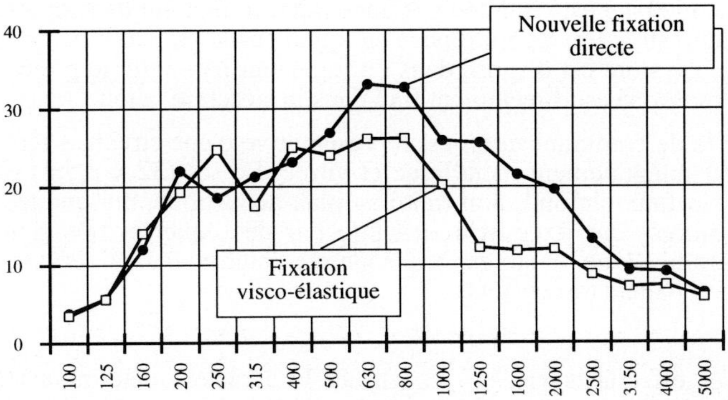

Figure 11.29 Mise en place des équerres conforme aux principes

11.8 Chantier-Test CT6

❑ Description des locaux

Nous terminons par l'étude dans un même chantier-test de stores à projection montés sur deux structures de type tertiaire très différentes.

Figure 11.30 Situation des stores à projection étudiés (Photographie SOMFY)

Dans la structure "massive", il s'agit de modules préfabriqués en béton armé, dans lesquels chaque baie est comblée par une structure métallique supportant les doubles vitrages. Cette structure légère repose en appui sur la structure béton, avec un mastic intercalaire. Le store est disposé dans un logement béton qui le protège des intempéries. L'axe motorisé est directement fixé dans la structure béton.

La passerelle de communication est représentative d'une structure tertiaire légère. La structure est intégralement métallique et vitrée. Le sol (32 x 2,5m) est recouvert de moquette. Un faux plafond, non traité au plan acoustique, masque les gaines techniques. Les stores sont fixés à la structure par des équerres très rigides. Un même moteur entraîne 2 ou 3 stores, les équerres intermédiaires servant uniquement à supporter des paliers traversants.

Les mesures effectuées visent à confirmer le caractère déterminant de la structure dans le niveau sonore, tout en montrant les améliorations qu'il est possible d'apporter dans les situations défavorables.

❑ Pose sur structure massive : commande individuelle et générale

Une fois encore, nous obtenons la confirmation chiffrée de l'intérêt acoustique d'une telle disposition.

Pour une manoeuvre du store relatif à un bureau, le niveau de pression normalisé mesuré est égal à 31 dB(A), pour un bruit de fond de 27 dB(A).

Pour une commande générale de l'ensemble des stores de la façade, ce niveau s'élève de 1 à 2 dB(A) seulement, alors que 14 moteurs sont actionnés simultanément et que le bureau choisi est dans une position centrale sur la façade.

Pour une commande générale de l'ensemble des stores de la façade sauf celui du local de réception, on mesure un niveau de pression impossible à différencier du bruit de fond.

❑ Pose sur structure légère : commande individuelle et générale

On ne sera pas surpris d'obtenir un niveau très important dans la structure légère. La figure 11.31 donne les résultats en commande individuelle avant et après amélioration, laquelle est effectuée en deux temps :

- Remplacement du moteur type LS par un moteur de la nouvelle gamme LT (gain de 6,6 dB(A)).

- Mise en place d'une fixation visco-élastique sur le point fixe moteur, les paliers traversants et l'embout (gain de 3,4 dB(A)).

Il faut remarquer, et cela concerne l'ensemble des transformations utilisant une fixation visco-élastique, que la **perception subjective d'amélioration est alors très supérieure** à ce que laisse supposer ce chiffre brut. Effet dû à la composition spectrale du bruit, dont les hautes fréquences, toujours désagréables, sont très atténuées. Par ailleurs, le fait qu'il n'y ait plus excitation de la structure rend la source beaucoup plus localisée, ce qui ajoute au naturel de la situation, et donc au confort ressenti.

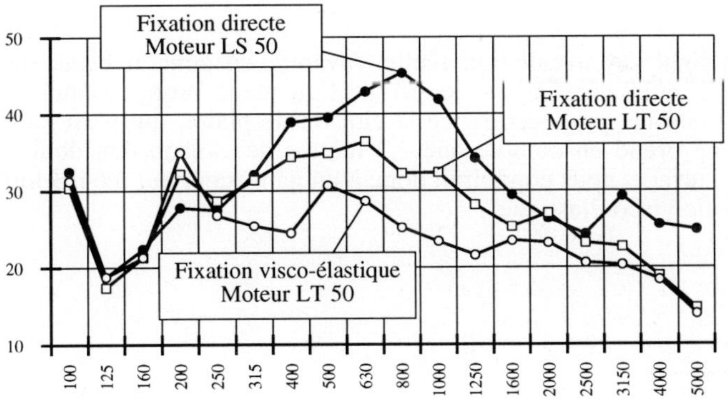

Figure 11.31 Stores sur passerelle CT6 [SOMFY]

Pour la manoeuvre d'un seul moteur, commandant trois stores, on est donc passé de 49,9 dB(A) à 39,9 dB(A) en niveau de pression normalisé.

Pour une commande générale sur la structure (11 stores, 5 moteurs), ces valeurs s'élèvent respectivement de 2,5 et 1,8 dB(A) seulement.

11.9 Installation des blocs-baie

Les essais réalisés en salle réverbérante du CSTB ont permis de traiter le cas de l'installation des blocs-baie. La figure 11.32 montrent qu'on gagne 3,4 dB en intercalant un mastic élastique entre le cadre et les cloisons venant en appui.

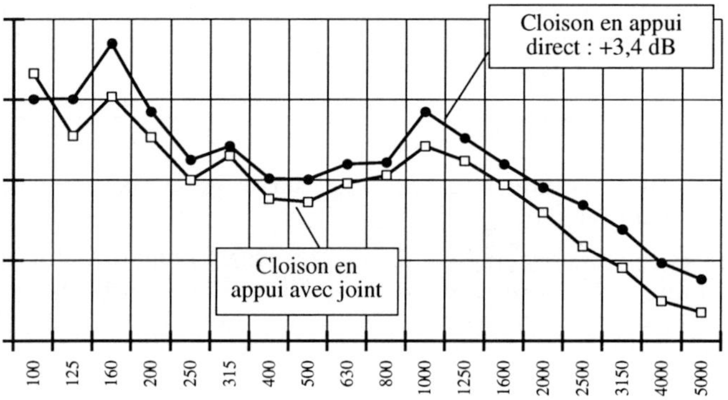

Figure 11.32 Effet de la mise en place d'une suspension de l'axe

Le gain final sur installation réelle s'avérera en général beaucoup plus important, puique la puissance rayonnée est pratiquement proportionnelle à la surface du panneau vibrant, en l'occurrence la cloison de plâtre, qui n'est ici que 5,3 m^2. Cette surface ne prend en compte que 2,2 mètres de cloison. Un doublement de largeur, donc de surface, nous conduirait donc à un gain supérieur à 6 dB lors d'une utilisation d'un mastic visco-élastique.

Troisième Partie

PRECONISER

Chapitre 12

CONCEPTION DES PRODUITS

12.1 Intégration des contraintes acoustiques

Prenons l'exemple de l'industrie automobile. Un étude présentée par le constructeur RENAULT [15] montre qu'il faut ajouter en moyenne 20 kg de produits insonorisants à la masse du véhicule lorsqu'on veut réduire de 3 dB(A) le niveau sonore dans l'habitacle (Fig. 12.1).

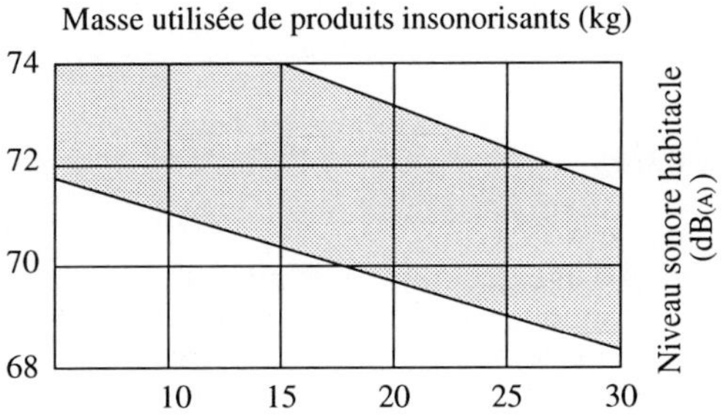

Figure 12.1 Masse de produits insonorisants et gain résultant

D'une façon générale, les constructeurs estiment à 10-15% la part de masse d'un véhicule résultant des exigences de confort-sécurité. Il est dans ce domaine difficile de démêler de manière tranchée pour certains matériaux leur rôle strictement acoustique ou sécuritaire.

Pour un véhicule léger de classe I2 comme la "Clio", la seule réduction des vibrations des tôles du tablier, des planchers avant et arrière, et des passages de roues arrière, nécessite 10 kg d'isolant sur les versions essence, et 14 kg sur les versions diesel. A cette valeur doit être ajoutée la masse importante des plots de suspension moteur et celle de tout le dispositif d'habillage sous capot.

Sans trop vouloir pousser cette analogie, il paraît donc tout à fait compréhensible que le concepteur-fabricant de produits destinés au bâtiment intègre les contraintes résultant d'une motorisation de ceux-ci. Démarche largement entreprise, et ce avec d'autant plus de poids que, dans la majorité des cas et fort heureusement, le Bâtiment reste un cadre de vie à plus fort taux d'utilisation que l'habitacle automobile...

Pour toutes les raisons évoquées au long de cet ouvrage, la réglementation ne saurait imposer un niveau donné de puissance acoustique pour les produits motorisés d'équipement du Bâtiment, comme elle peut le faire dans le cas d'un aspirateur ou d'une machine à laver. La structure et le mode d'insertion jouent en effet un rôle fondamental dans la valeur du niveau sonore résultant pour l'utilisateur.

Cependant, de même que le constructeur de moteurs mettra tout en oeuvre pour réduire le niveau sonore ou les vibrations de celui-ci, le constructeur du produit motorisé cherchera à réduire ou supprimer tous les effets de mise en résonance ou de rayonnement de ce dernier, et à favoriser une installation saine sur le plan acoustique.

Reprendre par le détail l'ensemble des remarques relevées au cours des études décrites précédemment lasserait à coup sûr le lecteur. Mais il paraît utile néanmoins de regrouper ici sous forme de préconisations les éléments essentiels à la conception acoustique de ces produits.

Eviter la transmission sonore directe
Eviter la mise en résonance des structures et leur rayonnement
Eviter la transmission des vibrations vers les structures d'appui

12.2 Règles générales

Les choix d'un matériau et d'une géométrie utilisés dans un produit résultent de considérations techniques, économiques, esthétiques, voire historiques, tout à fait légitimes et dans lesquelles il convient de ne pas s'immiscer, mais que nous allons néanmoins balayer d'un point de vue acoustique, en nous centrant sur l'environnement immédiat de l'axe motorisé.

❑ Isolation aérienne : masse des matériaux

Nous avons noté que la masse surfacique de l'enceinte de confinement constitue un levier efficace dans l'atténuation des transmissions aériennes. Pour une enceinte fermée, doubler l'épaisseur amène un gain de 6 dB sur ce type de transmission (en dehors des fréquences dites critiques). Aussi bien le tube d'enroulement du produit que le caisson qui contient celui-ci sont potentiellement des enceintes de confinement dont il faut tirer le meilleur profit.

La nature du matériau n'intervient pas dans cette atténuation, pour une masse donnée. L'épaisseur nécessaire à l'obtention d'un effet égal est bien entendu inversement proportionnelle à la masse volumique des différents matériaux, ce qui peut constituer un critère de choix. Le tableau 12.1 classe les matériaux usuels par masse volumique décroissante.

❑ Isolation aérienne : structures composites

S'il paraît plus simple de prendre directement une masse convenable par le choix initial de l'épaisseur du matériau utilisé dans le caisson, il est aussi possible de combiner une structure de masse initiale insuffisante, mais donnant la rigidité mécanique et l'esthétique du produit, avec un dépôt interne uniforme d'un autre matériau. On choisira alors un deuxième matériau offrant des propriétés intrinsèquement absor-

	Masse volumique (kg/m^3)	Epaisseur équivalente à 10 kg/m^2 (mm)
Acier	7800	1,3
Aluminium	2700	3,7
Contreplaqué	600	16,6
Aggloméré	650	15,3
PVC	1200	8,3

Tableau 12.1 Comparaison des densités de matériaux

bantes pour combiner les effets de la masse à ceux de l'absorption, ce qui conduit à préférer :

- La laine de roche (masse volumique = 30 à 330 kg/m^3).
- Les mousses de polyuréthane à alvéoles ouvertes (masse volumique = 30 kg/m^3).
- Les goudrons acoustiques (masse volumique = 1000 à 2000 kg/m^3).
- Les produits mixtes, tels celui représenté à la figure 12.2 et spécialement conçu pour les coffres de volets roulants (Annexe 5).

En aucun cas le polystyrène standard ne doit être utilisé au plan acoustique.

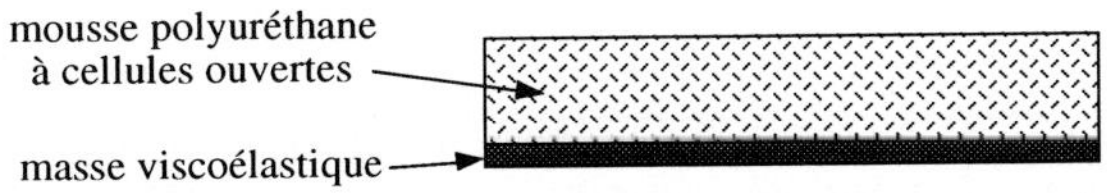

Figure 12.2 Isolant acoustique à couche lourde

❑ Isolation aérienne : les ouvertures

Le paragraphe 4.7 a montré à quel point l'ouverture est l'ennemi n°1 de l'isolation acoustique. Passages de manivelles, bouches d'aération sont donc à proscrire. Quand l'ouverture est cependant indispensable fonctionnellement, elle devra être réduite au strict minimum, et si possible traitée acoustiquement. Les constructeurs de trappes et entrées de ventilation proposent des produits spécialement adaptés à cet effet.

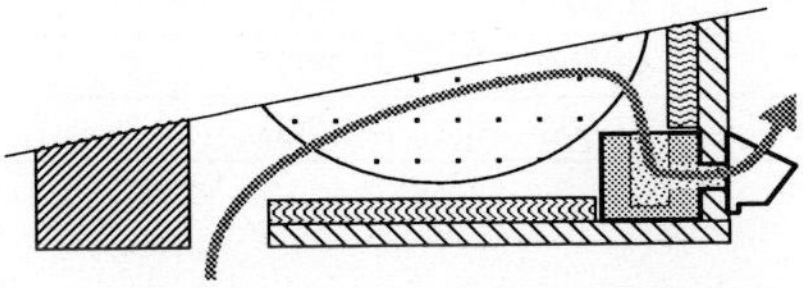

Figure 12.3 Principe d'aération acoustique

Ces produits sont référencés à l'annexe 5.

Dans le cas d'un produit déroulant (screen, écran), deux balais peuvent présenter l'isolation requise tout en appliquant un contact léger sur la toile (Fig. 12.4).

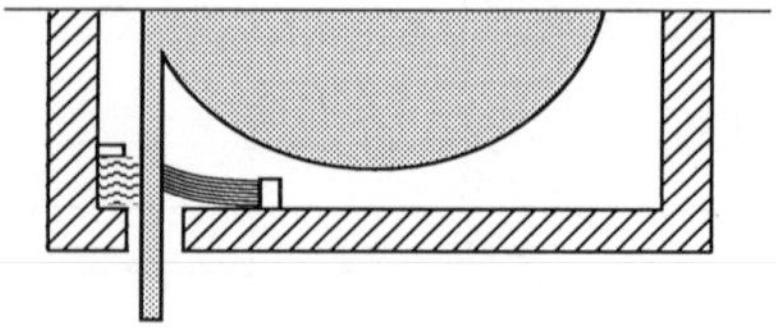

Figure 12.4 Quand la fente est indispensable...

❑ Réduction des vibrations

Le choix des matériaux a une incidence directe sur l'énergie vibratoire développée par une structure en réponse à une excitation donnée, et, par conséquence directe, sur le niveau de l'émission acoustique de la structure, ou sur le niveau de la transmission vibratoire vers les structures en appui.

L'intuition (et l'Annexe 4) montrent qu'on a tout intérêt à ce que la structure présente une impédance mécanique (cf. 1.6) élevée vis à vis des sollicitations, ce qui, pour une paroi d'épaisseur donnée, requiert à la fois une forte masse volumique et un module d'élasticité important.

Comment classer les matériaux, si le choix se présente ?

	Masse volumique ρ (kg/m^3)	Module d'élasticité E x 10^6 (N/m^2)	Impédance épaisseur 10 mm Z(Ω)	**Impédance pour M/S = 10 kg/m^2** **Z(Ω)**	**Facteur de pertes internes en flexion** **η (sd)**
Acier	7800	220 000	9600	**160**	**0,0020**
Aluminium	2700	72 000	3200	**440**	**0,0001**
Plomb	10600	71 000	6300	**1170**	**0,1500**
Caoutchouc	1100	5	17	**14**	**0,10 à 0,80**
Liège	250	30	20	**320**	**0,2500**
Contreplaqué	600	5 500	420	**1170**	**0,0120**
Aggloméré	650	4 600	400	**950**	**0,0130**
Sapin massif	600	300	100	**270**	**0,0250**
PVC	1400	3 450	500	**260**	**0,0400**
Verre	2500	62 500	2900	**460**	**0,0050**
Béton	2300	23 000	1700	**310**	**0,0200**

Tableau 12.2 Impédances et absorption vibratoire comparées

Le tableau 12.2 donne des indications sur les erreurs à ne pas commettre : si on se réfère à une même épaisseur, 10 mm, pour comparer les matériaux, c'est de loin l'acier qui paraît préférable pour réaliser un caisson : trois fois meilleur que l'aluminium, neuf fois meilleur que le béton... Mais attention : les masses des caissons sont alors dans un rapport supérieur à 3.

Il nous faut donc examiner ce qu'on obtient pour des parois **de même masse surfacique**. On a pris par exemple 10 kg/m^2, ce qui correspond à une épaisseur de 1,3 mm d'acier. Ce dernier devient alors bon dernier du classement, derrière le béton, deux fois meilleur et surtout derrière l'aluminium qui présente une impédance triple.

Le meilleur matériau est en fait celui qui allie une faible masse volumique et une forte élasticité, si on fait les comparaisons à masse surfacique égale.

Plus l'impédance est élevée, plus faible sera la vitesse vibratoire là où est appliquée la sollicitation qui donne naissance à une onde de flexion. Mais cette onde, en se propageant dans la plaque, y dissipe de l'énergie. Le **facteur de pertes** internes traduit cette dissipation. Il résulte de cette dissipation un amortissement plus ou moins rapide de l'onde de flexion le long de la plaque, et on comprendra sans mal qu'une forte atténuation compense largement une plus grande réactivité locale de la plaque aux sollicitations (Fig 12.3).

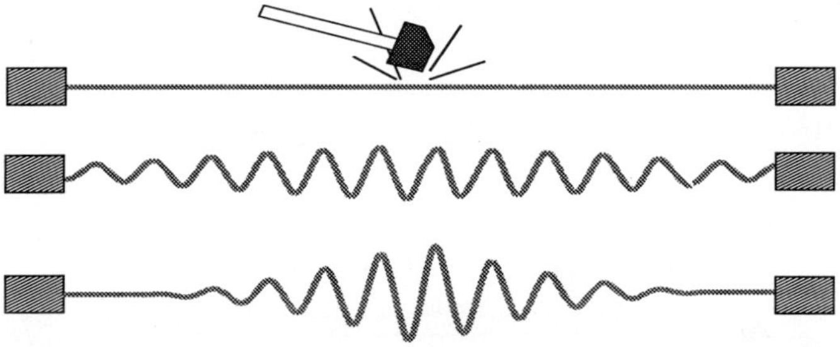

Figure 12.5 Atténuer beaucoup compense une plus forte réactivité

Fort malheureusement pour l'aluminium, on constate sur la dernière colonne du tableau, qu'il absorbe très peu les vibrations : 20 fois moins que l'acier ! Cette propriété remarquable pour certaines applications est catastrophique quand on se préoccupe d'éviter le rayonnement de plaques de grandes dimensions excitées localement.

L'acier lui-même n'est d'ailleurs pas un modèle du genre : on préférera à ce niveau le bois, le béton ou encore le PVC qui présente alors un excellent comportement.

❑ Traitement antivibratoire

Sans changer le matériau du caisson, il est possible de réduire considérablement le niveau vibratoire de celui-ci par adjonction de matériaux absorbants de type viscoélastique.

Par masse décroissante à efficacité égale, ces matériaux sont :

- les goudrons acoustiques,
- les insonorisants en feuilles flexibles,
- les tôles sandwich.

Avant de détailler ces produits, la figure 12.6 nous montre comment juger à l'oreille, et c'est en général suffisant pour une première approche, de l'efficacité du traitement : un test en percussion permet très simplement d'évaluer le rayonnement d'une structure, sans avoir recours à un pot vibrant ou toute autre source d'excitation.

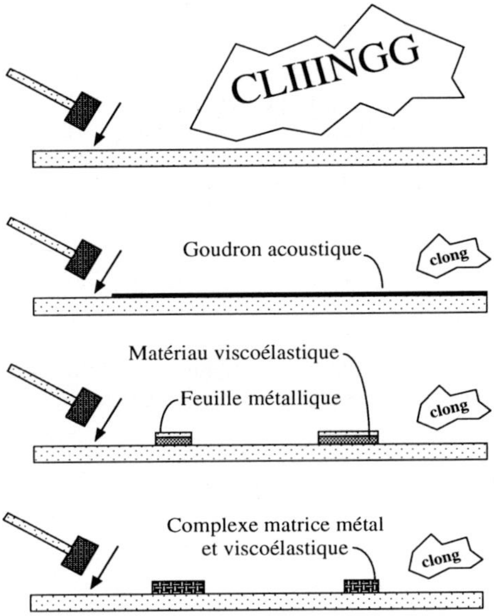

Figure 12.6 Test élémentaire. Efficacité garantie

❑ Les goudrons acoustiques

Comment agissent ces matériaux ? Toute mise en vibration d'un matériau visco-élastique se traduit par une dissipation d'énergie (conversion d'énergie vibratoire en énergie thermique du fait des frottements internes au sein même du matériau). C'est l'effet de base, utilisé dans les goudrons acoustiques. Comme cet effet est de peu d'ampleur, il est indispensable de plaquer une épaisseur importante sur la tôle en vibration pour obtenir des résultats efficaces.

Ce dernier inconvénient peut devenir un avantage : l'augmentation de masse de la paroi ainsi renforcée provoque également une meilleure isolation aérienne. Par ailleurs, le coût du traitement est peu élevé.

❑ Les I.F.F.

Mais il est possible d'augmenter considérablement l'effet d'absorption de la couche visco-élastique en contraignant celle-ci à subir des déformations plus importantes. On utilise alors des **Insonorisants en Feuilles Flexibles** (IFF) constitués d'une matrice métallique ou plus simplement d'une superposition d'une ou plusieurs feuilles métalliques prises dans du visco-élastique.

La figure 12.7 montre comment une vibration en flexion de la tôle support provoque également une flexion de la feuille métallique rapportée, qui entraîne un cisaillement important de la couche visco-élastique.

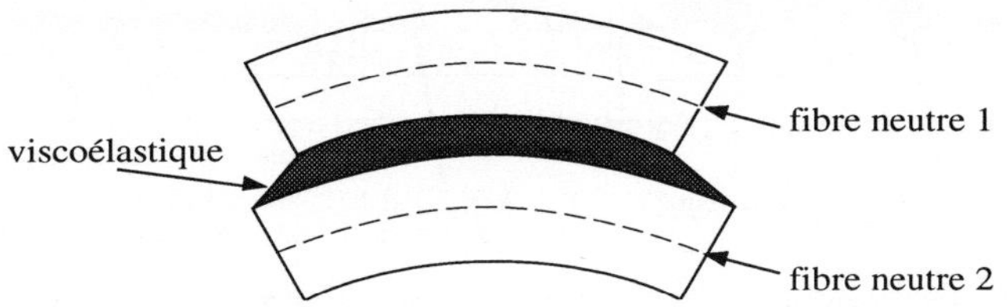

Figure 12.7 Efficacité accrue d'un visco-élastique par cisaillement

Compte-tenu de leurs performances, les IFF ne nécessitent qu'un recouvrement partiel de la surface à traiter au niveau vibratoire (Fig. 12.6).

❑ Les tôles sandwich

Egalement appelées tôles composites (ou encore VDSS : Vibration Damping Steel Sheet), les tôles sandwich poussent à la perfection le concept d'amortissement visco-élastique par contrainte de cisaillement.

La "tôle" est en fait un assemblage d'une très fine couche de polymère visco-élastique (45 μm) entre deux tôles d'acier d'épaisseur comprise entre 0,35 et 1mm, soit une épaisseur totale variant entre 0,75 et 2,05mm.

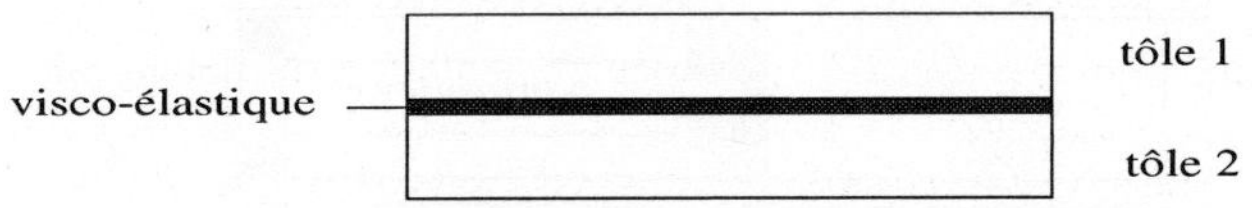

Figure 12.8 Tôle Sandwich

Si l'idée est déjà très ancienne, ce n'est que dans la dernière décennie que NIPPON STEEL au Japon, et SOLLAC en Europe, ont véritablement résolu tous les problèmes technologiques de mise en oeuvre de telles tôles, et les problèmes liés à une véritable production industrielle (figure 12.9).

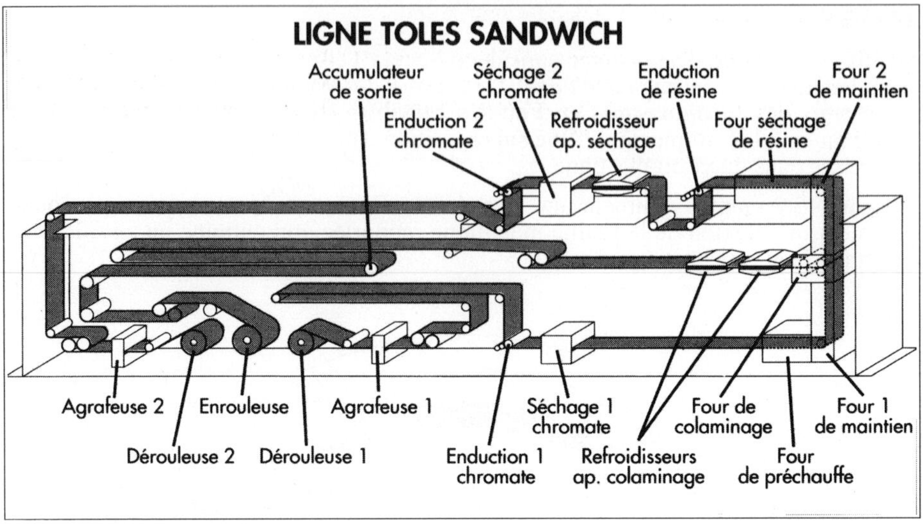

Figure 12.9 Ligne de production des tôles Solconfort™. (Document SOLLAC™)

Ces tôles, prélaquables, sont pliables et soudables électriquement par points. Il est raisonnable d'imaginer un fort développement de ce type de tôles parmi les applications que nous étudions ici, dans lesquelles cet usage paraît plus judicieux encore que dans le créneau automobile visé par les producteurs.

❑ Transmission visco-élastique

Nous avons noté qu'une transmission visco-élastique permet de limiter efficacement et le plus près possible de la source, la propagation de vibrations vers le tube d'enroulement et/ou vers les points de fixation sur la structure.

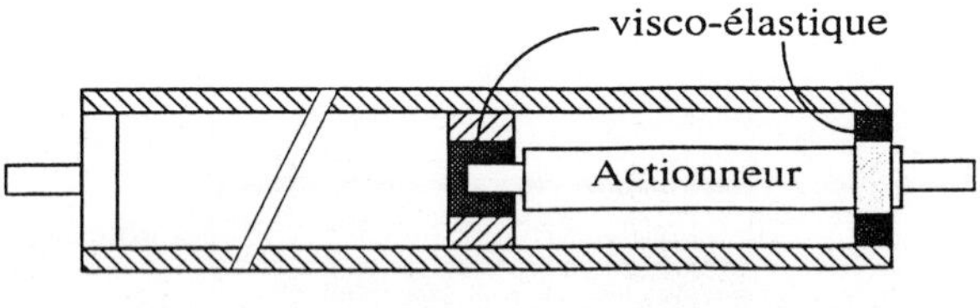

Figure 12.10 Transmission visco-élastique

Une telle transmission est d'autant plus facile à réaliser que le couple à transmettre est faible, ce qui est favorable, puisque les produits d'intérieur, plus sensibles au plan acoustique, sont aussi des produits de plus faible puissance.

Il est important de rappeler qu'une transmission visco-élastique au niveau de la roue d'entraînement ne sera efficace que couplée à une couronne, également visco-élastique et disposée au niveau du palier compte-tours.

La transmission n'est efficace que correctement dimensionnée, selon les règles indiquées au chapitre 7. **En particulier, l'inertie du produit entraîné doit être suffisamment élevée pour limiter les phénomènes d'oscillateurs couplés qui ôtent à la transmission son efficacité de filtrage.**

❑ Suspension visco-élastique

La configuration du produit peut conduire à préférer une suspension visco-élastique du tube motorisé dans le produit à une transmission visco-élastique entre le moteur et le tube. (On peut aussi vouloir combiner les deux !)

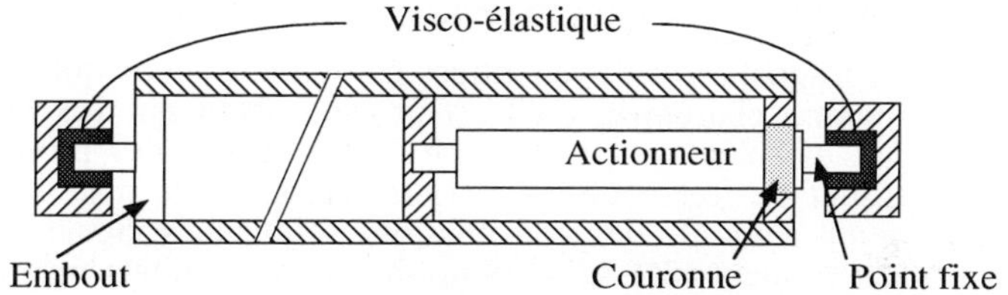

Figure 12.11 Suspension visco-élastique

La suspension n'est efficace que correctement dimensionnée, selon les règles indiquées au chapitre 7. **En particulier, la masse de la structure support (ou sa rigidité) doit être suffisamment élevée pour limiter les phénomènes d'oscillateurs couplés qui ôtent à la suspension son efficacité de filtrage.**

❑ Géométrie du tube d'enroulement ou du caisson

Sur le plan vibratoire, une section circulaire est toujours préférable à une section rectangulaire ou polygonale. Cette première forme évite en effet les nombreux modes de flexion autorisés par un assemblage de plaques (Fig. 12.12)

Figure 12.12 Géométries et flexion (D'après [2])

Ces concepts sont largement utilisés dans les conduites de ventilation. Lorsque la section rectangulaire s'impose, on utilise alors des arceaux de rigidité. Il n'est certainement pas inutile de se rapprocher de ces conditions pour les tubes d'enroulement et les caissons des produits qui nous concernent ici.

12.3 Produits spécifiques

❑ Blocs-baie

Les blocs-baie constituent des produits fortement intégrés, qui présentent pour leurs fabricants l'avantage d'avoir un comportement acoustique relativement indépendant des conditions d'installation, ce qui facilite leur caractérisation.

Le bloc-baie PVC n'appelle pas de remarques particulière, sinon que l'exemple décrit au chapitre 10 montre clairement qu'il est possible d'obtenir d'excellents résultats lorsque le produit est bien conçu et qu'on tire avantage des propriétés de forte impédance et surtout de fort coefficient d'atténuation de ce matériau. Il y a alors importante réduction naturelle des transmissions solidiennes. Seules des techniques d'isolation aérienne seraient nécessaires pour obtenir des résultats encore plus satisfaisants dans des conditions particulièrement exigeantes.

Le bloc-baie aluminium étudié et décrit dans ce chapitre 10 montre qu'il est également possible d'obtenir d'excellentes performances avec ce matériau, pourtant a priori peu favorable, mais à condition de désolidariser au mieux le caisson du reste de l'encadrement, et de tapisser les faces internes de ce caisson par un isolant IFF de faible épaisseur.

Dans tous les cas, la prise d'air extérieure, si elle existe, sera placée dans la menuiserie fenêtre et non dans celle du caisson. La fente de déroulement du volet sera réduite au strict minimum et éventuellement traitée par deux lamelles de caoutchouc.

❑ Volet roulant traditionnel en caisson intérieur

Le caisson sera réalisé en choisissant l'épaisseur maximum compatible avec les conditions de réalisation et de coût. Un excellent placage de la face avant contre les panneaux latéraux est indispensable, et les fuites acoustiques éventuelles seront traitées au mastic d'étanchéité. Notons que toutes ces recommandations vont de pair avec une bonne isolation thermique. Cette dernière est parfois un peu négligée lorsque le caisson sert au passage d'air de renouvellement, situation à proscrire sur le plan acoustique, sauf à utiliser, sur la face intérieure, des bouches d'aération traitées.

L'isolant thermique tapissant les faces internes du caisson sera préférentiellement de la laine de roche, ou tout isolant thermique à qualités acoustiques reconnues, et en aucun cas du polystyrène expansé.

❑ Volet roulant en caisson monobloc

Bien que ces volets ne génèrent pas de problèmes acoustiques importants du fait de leur mise en place extérieure au bâtiment, il sera bon, pour satisfaire le confort en période estivale avec fenêtres ouvertes, de limiter les vibrations du caisson par utilisation d'IFF, ou par une réalisation directe en tôle sandwich.

Il faut remarquer que le principe actuel de fixation peu rigide du volet monobloc sur les coulisses rendra pratiquement inefficace toute suspension élastique du tube motorisé.

❑ Volets roulants en caisson tunnel

Le principe du caisson tunnel donne une efficacité acoustique optimale pour un enveloppant en fibralite et non en polystyrène.

Les joues du caisson seront prises très rigides et/ou de forte masse, par exemple en béton. En effet, l'ensemble de la structure étant ensuite jointif à la maçonnerie, des joues trop souples ne suffisent pas à empêcher la transmission solidienne des vibrations vers le béton, alors qu'elles nuisent à l'efficacité de toute suspension visco-élastique du tube motorisé.

❑ Stores vénitiens

Les caissons de vénitien sont généralement réalisés en acier très peu épais, peu rigide, et sur trois faces seulement. Une accumulation de difficultés sur le plan vibratoire.

Au niveau acoustique, une structure fermée avec quatre faces rigidifiées (et deux bouchons d'extrémité) conduit à une très nette amélioration de la transmission aérienne.

Le rayonnement du caisson sera très sensiblement diminué par utilisation d'IFF, ou s'il est directement fabriqué en tôle sandwich.

Le manque de rigidité du caisson rend illusoire une suspension de l'axe motorisé à l'intérieur du caisson pour éviter la mise en vibration de celui-ci, sauf s'il est possible de faire correspondre le point de suspension avec le point de fixation à la paroi... et que celle-ci soit massive ou rigide.

Cette succession de sauf-si-à-condition-que témoigne de la difficulté de conception acoustique correcte d'un tel produit.

Au niveau des principes, la logique voudrait que le caisson soit complètement désolidarisé de l'axe d'enroulement, lequel serait fixé sur une structure rigide, comme le suggère la figure 12.13.

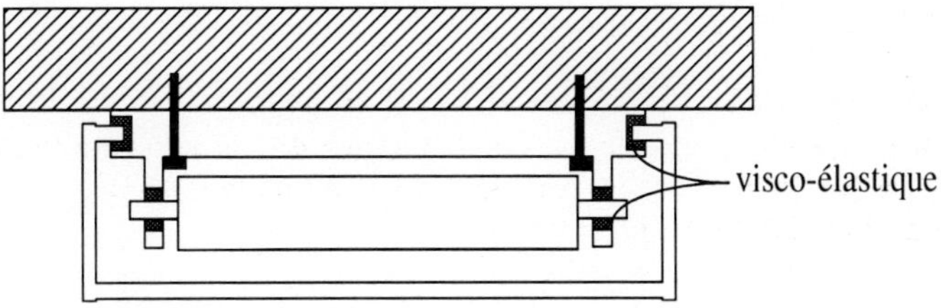

Figure 12.13 Structure d'un store vénitien à conception acoustique

❑ Ecrans

L'ensemble des remarques faites à propos des vénitiens peut s'appliquer aux écrans de cinéma, avec d'autant plus d'acuité qu'on devra tenir compte de la très forte sensibilité des auditeurs au niveau sonore de ce type de produit, comme mentionné en introduction du chapitre 8.

Les écrans sont le plus souvent disposés dans un caisson en profilé aluminium nettement plus rigide que dans le cas des vénitiens, mais qui nécessitera cependant un recouvrement partiel, au niveau des parois internes, avec un matériau IFF, ce qui constituera le traitement de base.

Si on désire pousser les décibels dans leurs derniers retranchements :

- Les équerres de fixation auront masse et une rigidité suffisantes pour rendre efficace une éventuelle fixation de type visco-élastique.

- Le tube d'enroulement sera enfin rendu parfaitement silencieux en disposant un accouplement élastique au niveau de l'entraînement et une couronne souple au niveau du palier compte-tours.

- Et, on prévoira des plots visco-élatiques pour la fixation des tiges de suspension du produit à la dalle. Ces plots seront disposés entre le sommet des tiges et la dalle.

Chapitre 13

INSTALLATION DES PRODUITS

13.1 Influence des conditions d'installation

Tous les résultats présentés au chapitre 11 montrent à quel point des gains très significatifs sont engendrés par la prise en compte de considérations acoustiques dans la façon dont le produit est installé sur le bâtiment.

Le concepteur de tels produits s'efforcera donc de faciliter une installation saine, et de diffuser auprès des installateurs les préconisations permettant de lutter efficacement contre les fuites acoustiques (transmission aérienne), les transmissions vibratoires sur les structures lourdes (transmissions solidienne) et l'excitation solidienne des parois légères.

Nous synthétisons rapidement ici ces différents éléments.

13.2 Fuites acoustiques

La question des fuites acoustiques a été mentionnée au chapitre précédent (12.2) à propos de la conception générale des caissons. Si l'on se place au niveau de l'installation proprement dite, ce point concerne essentiellement les volets roulants en coffret intérieur.

Il est logiquement de la responsabilité de l'installateur du produit :

- de s'assurer que les menuiseries réalisées sont parfaitement étanches à l'air,

- de colmater, ou de faire colmater, tout espace résiduel par un mastic acoustique, ou au moins par un mastic classique d'isolation thermique.

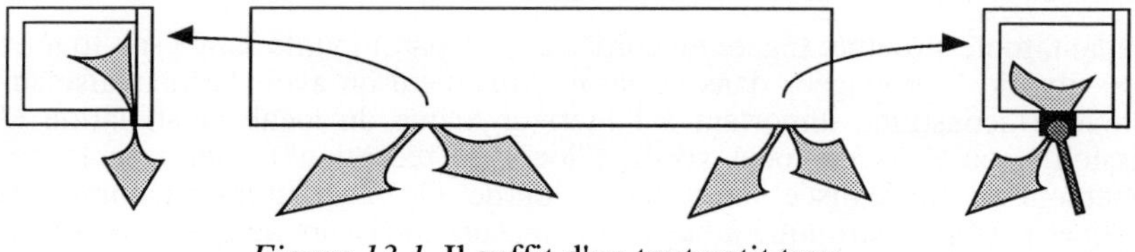

Figure 13.1 Il suffit d'un tout petit trou...

Si le volet roulant est équipé d'un dispositif de commande de secours à treuil-manivelle, une attention particulière sera apportée à l'étanchéité du passage de la transmission. Compte tenu du très faible taux d'utilisation d'un tel dispositif, un colmatage complet ne doit pas être exclu s'il s'avère que le mastic utilisé (silicone) laisse pivoter l'axe en rotation. La démultiplication du treuil est suffisante pour que l'effort supplémentaire engendré par ce frottement soit totalement négligeable.

Dans le cas de stores vénitiens, ou de certains écrans, il arrive souvent que les caissons soient partiellement masqués par un panneau de menuiserie, destiné à cacher le produit lorsque celui-ci est totalement remonté.

Un tel panneau ne jouera un rôle acoustique profitable que s'il est monté flottant (suspendu, ou liaison souple), et s'il est couvert par un absorbant sur sa face interne. Tout contact avec le caisson doit être évité (Fig. 13.2).

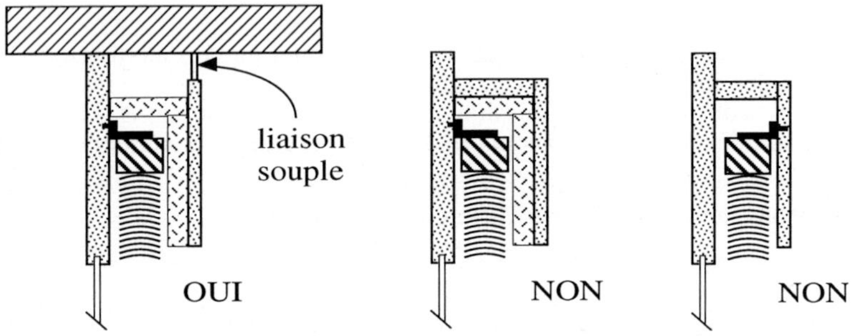

Figure 13.2 Utilisation rationnelle d'un cache

13.3 Pose sur structure lourde

Par principe, un produit devra toujours être disposé sur une paroi lourde (mur en béton coulé-banché, parpaings, ensemble briques et plâtre).

Les vibrations transmises à la paroi lourde n'entraînent pas d'émission acoustique directe de celle-ci, au moins de manière significative.

Cependant, toute structure légère raccordée à cette paroi lourde sera à son tour excitée par les vibrations propagées dans la paroi. Ainsi peut-on avoir la mauvaise surprise d'un niveau acoustique important à l'intérieur même du local d'installation ("local d'émission"), ou dans un local voisin ("local de réception"), bien que la pose de l'équipement ait été réalisée sur structure lourde. On rencontrera notamment ce cas lorsqu'une isolation thermique à base de panneaux intérieurs de plâtre et polystyrène est utilisée, ou encore dans le cas de murs lambrissés.

Une parade extrêmement efficace consiste alors à utiliser une fixation visco-élastique pour raccorder le produit à la structure lourde (Fig. 13.3).

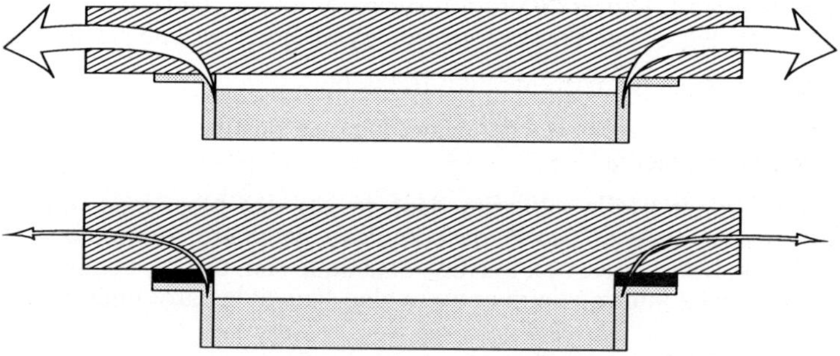

Figure 13.3 Lutte efficace contre les transmissions solidiennes

Il est du rôle des fabricants de moteurs, et/ou des fabricants de produits, de mettre de tels accessoires à la disposition des installateurs, avec éventuellement des abaques permettant un choix simple en fonction des caractéristiques massives du produit.

La suspension visco-élastique d'un produit sur une paroi lourde donne l'assurance d'une réduction très significative des transmissions solidiennes vers les locaux voisins.

❑ Attention aux contacts directs

Comme un court-circuit électrique, tout contact direct, même éloigné du point de suspension, ruine le rôle de celle-ci en dérivant la plus grande partie de la transmission solidienne : l'isolement est total, ou totalement inefficace (Fig. 13.4).

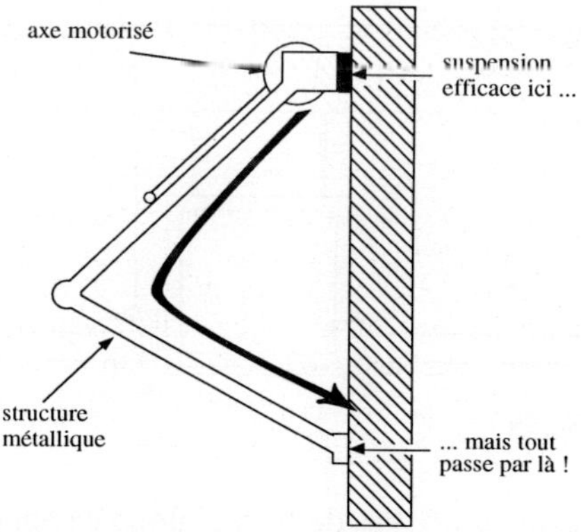

Figure 13.4 Un coup pour rien

❑ Attention aux structures légères en appui

Dans le cas d'une installation du produit sur paroi lourde, l'installateur devra veiller à ce que des parois légères ne viennent pas en appui direct sur une partie du produit.

Ce cas de figure est en fait extrêmement fréquent.

Nous avons mentionné le cas des panneaux latéraux destinés à masquer un store vénitien ou un écran de cinéma.

Mais on retrouve une telle situation dans le cas des blocs-baie, qui viennent en général en contact avec la paroi de complexe de plâtre servant à l'habillage des façades internes. Dans ce cas, un mastic acoustique sera utilisé, comme généralement préconisé, en couche intermédiaire entre le bloc-baie et la paroi intérieure.

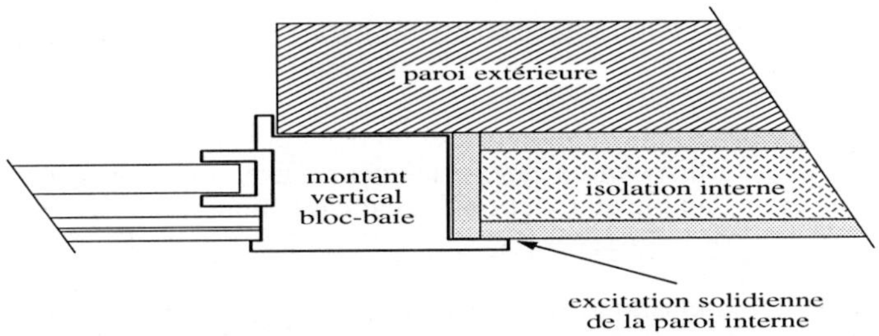

Figure 13.5 Précautions relatives aux blocs-baie

Cette recommandation vaut surtout pour les blocs-baie en aluminium, plus sujets aux transmissions solidiennes.

La même remarque s'applique également aux écrans de cinéma destinés aux salles de conférences, et généralement encastrés dans des faux plafonds (Fig. 13.6).

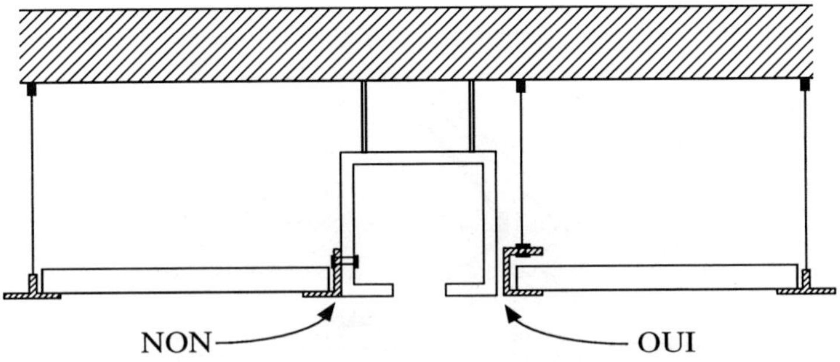

Figure 13.6 Pas de faux plafond en appui

13.4 Pose sur paroi légère

La pose d'un produit sur une paroi légère (mais supportant quand-même le poids du produit !) est en général un plaisir pour l'installateur (mieux vaut percer du bois que du béton banché) ... mais une catastrophe sur le plan acoustique.

A ce titre, il est impératif de recommander que, lorsque le choix est possible, la pose soit toujours réalisée sur la structure lourde (Fig. 13.7).

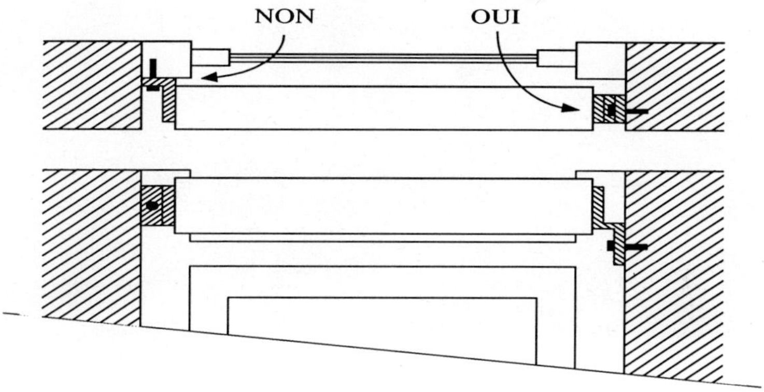

Figure 13.7 Fixation : sur la paroi lourde, pas sur l'encadrement !

Mais la paroi légère est une réalité incontournable dans certaines configurations.

Pour un produit de caractéristiques données, à poser sur paroi légère, l'installateur doit savoir qu'une fixation visco-élastique ne sera d'aucun effet, ou peut même faire empirer l'état vibratoire de la structure légère.

Par contre, la suspension retrouve ses vertus s'il est possible de disposer une contre-masse au niveau du point de fixation.

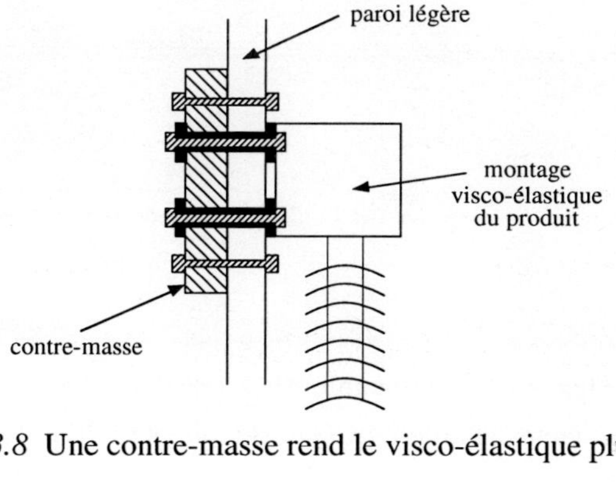

Figure 13.8 Une contre-masse rend le visco-élastique plus efficace

Figure 14.1 Immeuble BPO (Photo SOMFY)
Architectes : Odile DECQ et Benoît CORNETTE

Chapitre 14

INCIDENCE ARCHITECTURALE

14.1 Architecture et façade vivante

L'utilisation de systèmes d'occultation variable donne à l'architecte un degré de liberté supplémentaire dans la conception des façades du Bâtiment qui, comme le fait l'enveloppe biologique d'un organisme vivant, pourra s'adapter naturellement aux rythmes circadiens ou saisonniers.

La combinaison de considérations purement énergétiques et des conforts lumineux et thermique donne alors lieu à des réalisations dans lesquelles la prouesse esthétique le dispute au défi architectural (Figures 14.1 et 14.3).

Bien que ce ne soit pas le thème de l'ouvrage, nous aimerions souligner les enjeux qui feront de la façade vivante un des grands thèmes architecturaux du XXIème siècle : il s'agit non pas d'une mode, mais de la logique d'une réflexion sur les termes du confort et sur l'ensemble des aspects économiques du projet.

A titre d'exemple, le diagramme reproduit en figure 14.2 donne l'évolution de la température dans un local de 35 m^3 normalement ventilé, avec fenêtre de toit de 2m^2. Il s'agit ici d'une journée de juillet, sous le climat de Trappes, en région parisienne. La courbe du haut correspond au maintien ouvert de l'occultation, et celle du bas à son maintien fermé, qui conduit à l'obscurité. On constate sur la courbe intermédiaire qu'un dispositif contrôlant automatiquement le degré d'ouverture de l'occultation extérieure tout en satisfaisant un niveau d'éclairement confortable dans le local (ici 600 lux au point de mesure) permet de réduire de manière considérable les surchauffes d'été.

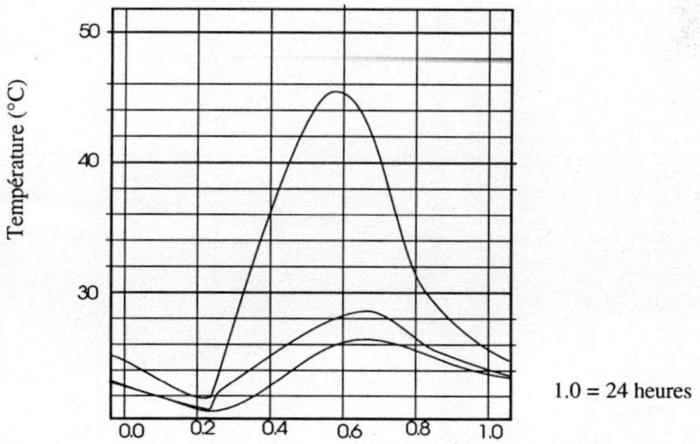

Figure 14.2 Effet thermique d'un élément de façade vivante

C'est ce type de considérations, associé à une prise de conscience maintenant bien partagée sur les dérives de l'architecture de verre, qui explique le développement déjà considérable des produits automatisés de l'enveloppe mobile du Bâtiment [19]. Ce développement doit aussi beaucoup à la réduction des coûts de maintenance permise par la motorisation des équipements.

Equipement séparé, ou intégré dans un élément de façade assemblé en usine, le produit automatisé de fermeture, de protection solaire ou d'occultation, deviendra à terme un produit banalisé.

Il n'est donc pas inutile que l'architecte, aujourd'hui bien au fait des techniques, voisines mais parfois contradictoires, d'isolation thermique et d'isolation acoustique traditionnelle (bruit routier, isolement entre unités, bruits des équipements collectifs) puisse choisir les meilleures solutions acoustiques en termes de produits et de conditions d'installation.

14.2 Les meilleurs choix

❑ Un des éléments amont du projet

S'il est clair que les produits d'équipement léger apparaissent chronologiquement dans le second-oeuvre, nous avons mentionné à quel point les choix effectués dans ce domaine impactent le bilan énergétique du bâtiment et la gestion des ambiances : confort thermique et confort visuel, considérations amont s'il en est.

Figure 14.3 Gestion des ambiances (Immeuble BPO) (Photo SOMFY)

De même que c'est dans les phases initiales du projet que ces éléments, bien intégrés à la façade, contribueront à son esthétique et à une lecture originale du bâtiment, c'est également en amont que le choix des structures portantes et des volumes se répercuteront sur la plus grande facilité à obtenir un "sans-faute" acoustique des équipements de l'enveloppe mobile.

Sans revenir en détail sur les nombreuses considérations présentées dans le chapitre précédent, nous regroupons ici, sous forme d'une conclusion générale, les remarques essentielles.

❑ Equipements intérieurs ou extérieurs ?

Quand la conception générale de la façade le permet, il est bien entendu préférable d'utiliser des produits extérieurs, ou compris dans une double peau. Cette remarque combine d'ailleurs aussi bien les bénéfices acoustiques que thermiques. Elle ne vise nullement à proscrire les très nombreux produits d'intérieur, qui présentent l'avantage d'une grande souplesse et de coûts plus faibles en général, mais un soin plus particulier devra leur être apporté au plan acoustique (facilité il est vrai par le fait que les puissances en jeu sont plus faibles).

En ce qui concerne les transmissions aériennes, on bénéficie alors de l'isolement de la façade (D_n supérieur à 30 dB(A)), ce qui est très suffisant dans tous les cas de figure.

Le bénéfice d'une installation des équipements en extérieur ne devra pas être perdu par une transmission solidienne directe sur les menuiseries ou les vitrages.

❑ Ancrage sur des parois lourdes

Indépendamment de toute contrainte relative à la capacité de la structure à supporter le poids de l'équipement de fermeture ou protection solaire, le choix d'une paroi lourde comme point d'ancrage des éléments motorisés garantit aussi bien l'absence d'émission directe par cette paroi que l'efficacité d'une éventuelle fixation de type visco-élastique au niveau du raccordement. Le recours à un montage désolidarisé par ce type de fixation pourra s'imposer si la paroi lourde supporte par ailleurs des éléments légers, susceptibles de prendre une vitesse vibratoire élevée lorsque la paroi lourde est le siège de vibrations.

Figure 14.4 Ancrage direct sur paroi lourde (Chantier-Test 6)

❑ Ancrage sur des structures rigides

Il est bien souvent indispensable que le raccordement soit effectué sur une structure portante métallique, a priori peu favorable sur le plan acoustique. La structure de type tubulaire, plus courante, est alors celle qui présente le meilleur comportement.

Il est indispensable que la structure présente une rigidité importante au point d'ancrage de l'équipement motorisé. C'est une fois de plus une condition de bon fonctionnement d'une éventuelle fixation visco-élastique, qui évitera l'excitation de la structure par l'équipement. Dans le cas représenté en figure 14.5, la mise en place extérieure a rendu superflu tout dispositif de désolidarisation. Cependant la rigidité de la structure utilisée, dont le rôle essentiel est de maintenir le rideau de verre, aurait permis éventuellement la pose de suspensions efficaces.

Figure 14.5 Immeuble BPO - Détail de fixation (Photo SOMFY)

A noter que dans cette réalisation, on doit probablement à la présence du visco-élastique utilisé dans le dispositif d'ancrage des panneaux de verre le fait que ceux-ci ne soient pas sollicités en vibration par la structure extérieure (Fig. 14.6).

Figure 14.6 Immeuble BPO - Raccordement au rideau de verre (Photo SOMFY)

❑ **Parois légères et structures peu rigides**

C'est dès la conception qu'il faut proscrire la mise en contact direct d'un équipement motorisé avec une structure de faible rigidité ou une paroi légère (vitrage, châssis de menuiserie métallique ou bois, placage léger, parement, faux plafond...)

❑ **Commandes groupées**

Les précautions seront d'autant plus prononcées qu'il est prévu d'actionner simultanément un grand nombre d'opérateurs dans un volume donné (hall, salle de concert, musée...).

14.3 Aspect réglementaire

L'aspect réglementaire a été développé au chapitre 5, en prenant l'exemple de la Suisse (norme SIA 181) et de la France (Nouvelle Réglementation Acoustique, ou NRA). Cette dernière réglementation ne vient d'ailleurs que confirmer, en ce qui concerne les équipements en question, des textes plus anciens. Mais c'est davantage le "climat général" et la plus ou moins grande attention des pouvoirs publics, qui donnent aux textes toute leur valeur. A ce titre, on peut dire que nous sommes entrés dans une ère intégrant très largement, et justement, les préoccupations acoustiques de l'utilisateur final du bâtiment.

Nous avons pu noter au chapitre 5 que, si la réglementation française paraît plus sévère que son homologue helvétique pour ce type de produits (avec une exigence de L_n à 30 dB(A)), le terme correctif de 9 dB introduit dans le code d'essais spécifique rend par contre le niveau effectif de 39 dB(A) tout à fait accessible, même dans le cas de commande groupée des produits de fermeture d'un même logement. L'exemple 5.4 nous a d'ailleurs montré qu'on arrive alors, au dB près - "l'épaisseur du trait" -, à la même exigence en puissance acoustique des deux côtés de la frontière. Les nombreux exemples et descriptions de chantiers-tests présentés dans cet ouvrage montrent que les niveaux d'exigence les plus sévères sont tenus, pourvu que soient faits les bons choix de produits et conditions d'installation dans un bâtiment intégrant lui-même la préoccupation acoustique.

Le contraire aurait d'ailleurs été bien surprenant : les normes sont faites pour inciter à l'amélioration générale, tout en présentant des exigences fortes ... mais accessibles.

14.4 Partager les rôles

Ce que l'architecte attend, au même titre que son client ou que les différents opérateurs en cause, c'est bien entendu une **certitude** sur la qualité acoustique du résultat final, et des **outils opérationnels** pour faire les bons choix de produits et de mise en oeuvre.

Dans un court (mais précieux) livret, intitulé : "NRA - Exemple de Solutions Acoustiques", le CSTB dresse la trame d'une démarche associant les composants et les solutions.

Les composants sont classés par types (AC0, AC1, AC2 ...) selon leur degré croissant de performance acoustique et vibratoire. La classification d'un composant dans un type donné résulte soit d'une certification, soit d'un essai de type de moins de 5 ans, ou encore dans certains cas d'une simple description physique du composant.

Selon la conception architecturale, la bonne conception acoustique pourra associer des composants de nature différente, tenant compte de la destination des locaux. Deux exemples :

- Un équipement individuel de chauffage devra être classé AC2 s'il est disposé dans une pièce principale ou dans une cuisine ouverte sur séjour, AC1 s'il s'agit d'une cuisine fermée.

- Une machinerie d'ascenseur doit être séparée d'appartements adjacents par un mur BA22 couvert d'un doublage de type AC2 s'il s'agit d'une pièce principale, AC1 s'il s'agit d'une pièce de service.

Voilà donc une démarche, très illustrée, qui se complétera au fil des mises à jour successives, et que nos études communes contribueront à mettre en place également pour les produits motorisés d'équipement léger du Bâtiment.

Bientôt, aussi dans ce domaine, l'architecte sera donc orienté vers un choix de produits AC2 ou AC1 selon la solution architecturale qu'il s'apprête à mettre en oeuvre.

Bientôt seulement, car malgré toutes les données déjà disponibles, et dont ce livre est le reflet, la nature très variée des produits et des conditions d'installation, la nouveauté du sujet rendent les choses plus complexes que dans le cas des composants actuellement présentés en aide à la conception NRA.

Mais il n'est pas un fabricant intégrateur de ces produits motorisés du Bâtiment qu'une telle démarche laisserait indifférent : définition de codes d'essais, critères de caractérisation, solutions acoustiques ... toute une profession se mobilise pour apporter non seulement les bons produits, mais aussi les bons outils de choix, aux architectes qui les combinent. Avec la conscience qu'une juste information sur les caractéristiques et les performances des produits est toujours favorable à ceux qui font l'effort de les améliorer.

ANNEXES

1 - Relations entre pression, intensité et puissance acoustiques

2 - Formule de Sabine

3 - Transmission à travers une paroi

4 - Vibration et rayonnement des structures

RELATIONS ENTRE PRESSION, INTENSITE ET PUISSANCE ACOUSTIQUES

❑ Propagation des ondes planes

Les équations relatives à la propagation des ondes dans un gaz, donc dans l'air, sont établies [2, 20] à partir de l'**équation d'Euler** (équivalent de la loi de Newton $F = m.\gamma$) d'une **équation de continuité** qui traduit la conservation de la masse, et d'une hypothèse que les variations dP de la pression P et dV du volume V s'effectuent sans échange de chaleur avec l'extérieur (situation **adiabatique**), ce qui se traduit par des variations relatives opposées :

$$dP/P = -\ \gamma.dV/V \qquad \text{(A1-1)}$$

Le coefficient γ ($\gamma = C_p/C_v$) vaut 1,4 pour l'air.

Lorsqu'il y a propagation d'ondes planes unidirectionnelles, on montre que :

- Ces ondes se propagent avec une célérité c qui ne dépend que de la température absolue T (en degrés Kelvin) et des paramètres physiques du gaz : masse molaire M et constante R des gaz parfaits :

$$c = (\gamma.\ R.T\,/\,M)^{1/2} \qquad \text{(A1-2)}$$

Le rapport R/M vaut 287 J/(kg.K) pour l'air, soit sensiblement:

$$\boldsymbol{c = 20\ \sqrt{T}} \qquad \text{(A1-3)}$$

ce qui donne 330 m/s à 0°C et 342 m/s à 20°C.

- Les particules d'air se déplacent de part et d'autre de leur position d'équilibre avec une élongation alternative s et une vitesse particulaire v alternative, en quadrature avec s (l'une s'annule quand l'autre est maximum).

- Les variations instantanées de pression, notées p, sont proportionnelles aux variations locales de masse volumique ρ :

$$p = c^2.\ \rho \qquad \text{(A1-4)}$$

Ces variations sont en phase avec celles de vitesse particulaire, et le rapport des variations de pression et de vitesse, constant dans le temps, est désigné par Z : **impédance caractéristique de l'air** :

$$\boldsymbol{Z = p\,/\,v = \rho_0.\ c \quad \text{ou} \quad p = \rho_0.\ c.\ v} \qquad \text{(A1-5)}$$

ρ_0 étant la masse volumique de l'air. Z vaut environ 400 N.s.m^{-3} à 0°C.

❑ Pression et Intensité acoustique pour une onde plane

On désigne en acoustique la puissance instantanée par $w(t)$ correspondant au mouvement particulaire. Cette puissance est égale au produit de la force exercée sur les particules (ici due à la pression) par leur vitesse de déplacement :

$$w(t) = f(t)\ .\ v(t) = p(t)\ .\ S\ .\ v(t) \qquad \text{(A1-6)}$$

S étant la surface d'onde plane considérée. **L'intensité acoustique instantanée *i(t)*** est égale à la puissance propagée par unité de surface :

$$i(t) = w(t) / S = p(t) \, . \, v(t) = [v(t)]^2 \, . \, (\rho_0 . c) = [p(t)]^2 / (\rho_0 . c) \qquad \text{(A1-7)}$$

en tenant compte de la relation (A1-5). On désigne par I la valeur moyenne dans le temps de l'intensité $i(t)$, et par P^2 la valeur moyenne de $[p(t)]^2$. P correspond à ce qu'on appelle la **valeur efficace** de la pression (le carré de la valeur efficace d'une grandeur est la valeur moyenne du carré de cette grandeur). On a alors :

$$\boldsymbol{I = P^2 / (\rho_0 . c) = P^2 / 400} \qquad \text{(A1-8)}$$

Si on prend des valeurs de référence I_{ref} et P_{ref} telles que :

$$I_{ref} = P_{ref}^2 / 400 \qquad \text{(A1-9)}$$

on a alors :

$$I / I_{ref} = (P / P_{ref})^2 \qquad \text{(A1-10)}$$

soit en prenant 10 fois le logarithme de cette expression, pour avoir les niveaux (dB) :

$$\boldsymbol{LI = LP} \qquad \text{(A1-11)}$$

❑ Propagation d'onde sphérique

Dans le cas d'une onde sphérique, se propageant à partir d'une source ponctuelle, on montre que la célérité des ondes est inchangée par rapport au cas précédent et qu'on a toujours la même relation de proportionnalité entre variations de pression et de masse volumique. Par contre, la relation (A1-5) n'est valable que pour une distance à la source grande devant la longueur d'onde. On montre que p et v sont en quadrature au voisinage immédiat de la source. A distance suffisante de la source, le comportement d'une onde sphérique devient analogue à celui d'une onde plane.

❑ Pression et intensité acoustique pour une onde sphérique

A une distance r suffisamment grande de la source, on peut donc utiliser l'expression (A1-8) donnant l'intensité I. Si on multiplie I par la surface S de la sphère de rayon r, on aura ... la puissance totale transportée par l'onde. Si la propagation s'est effectuée sans pertes, cette puissance est égale à la puissance moyenne W fournie par la source pour créer l'onde en question :

$$W = I \, . \, S = I \, . \, 4\pi \, . \, r^2 \qquad \text{(A1-12)}$$

$$P^2 = W \, . \, \rho_0 \, . \, c / (4\pi \, . \, r^2) \qquad \text{(A1-13)}$$

La présence d'un ou plusieurs réflecteurs peut modifier la puissance apparente de la source dans la portion d'espace où a lieu la propagation. Cela se traduit par un facteur multiplicatif de directivité Q.

Dans les conditions dites de champ libre, c'est-à-dire sans obstacle à la propagation des ondes issues de la source, on a donc :

$$\boldsymbol{P^2 = W \, . \, \rho_0 \, . \, c \, . \, Q / (4\pi \, . \, r^2)} \qquad \text{(A1-14)}$$

❑ Champ diffus (ou réverbéré)

On se place maintenant dans une salle réverbérante de grandes dimensions contenant une source de puissance *W*. Au bout d'un certain temps, et quel que soit l'emplacement d'un observateur, celui-ci va se trouver en présence d'une multitude d'ondes planes qui correspondent aux réflexions, sous toutes les incidences possibles, des ondes sur les parois. Compte tenu des dimensions, ces ondes peuvent être assimilées à des ondes planes.

A n'importe quel endroit, il y a donc équiprobabilité de trouver une onde plane se propageant dans toute direction de l'espace. Un intensimètre donnera alors le résultat :

$$I = 0 \tag{A1-15}$$

En champ réverbéré, l'intensité acoustique est nulle en tout point : il en passe autant dans un sens que dans l'autre.

Imaginons qu'on dispose en M un capteur plan qui ne prenne en compte que les ondes qui le traversent dans un sens donné : de la droite vers la gauche par exemple sur la figure A1.1. Chaque onde plane élémentaire, d'intensité moyenne notée ici i, et provenant d'une direction θ, contribue à l'intensité totale mesurée dans ce sens perpendiculaire au plan du capteur par une valeur : $i.\cos\theta$.

Toutes les contributions correspondant à une valeur donnée de θ et perpendiculaires au plan du capteur s'ajoutent, tandis que celles parallèles au plan s'annulent mutuellement.

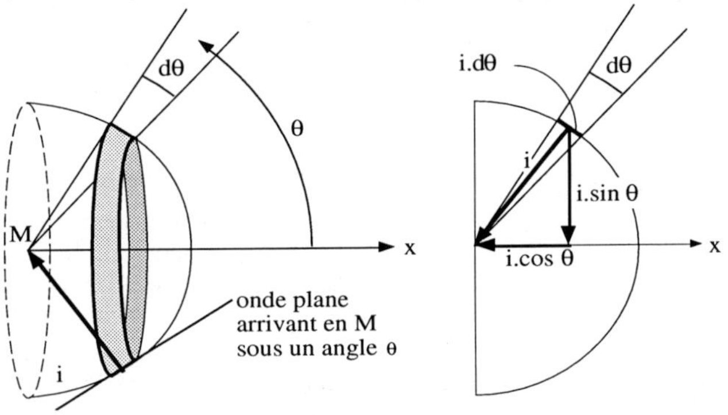

Figure A1.1 Comment intégrer l'intensité résultante sur 1/2 espace

Au voisinage d'une direction repérée par l'angle θ par rapport à Ox, on trouvera, du fait de la répartition équiprobable, un nombre de vecteurs proportionnel à la portion de surface dS de la sphère S ombrée sur la figure. Cette proportion vaut :

$$dS / S = 2\pi i \sin\theta \,.\, i\, d\theta / 4\pi\, i^2 = \sin\theta\, d\theta \,.\, 1/2 \tag{A1-16}$$

Tous ces vecteurs ont une même composante d'intensité i_x selon la direction Ox :

$$i_x = i \,.\, \cos\theta \tag{A1-17}$$

Pour un voisinage $d\theta$ autour de la direction θ, la somme des composantes de tous ces vecteurs est donc égale à :

$$i \,.\, \cos\theta \,.\, \sin\theta\, d\theta \,.\, 1/2 = i \,.\, d(\cos^2\theta) \,.\, 1/4 \qquad \text{(A1-18)}$$

Et lorsqu'on somme toutes les contributions en faisant varier θ de 0 à 90°, on obtient une intensité totale provenant du demi-espace considéré notée I' égale à :

$$\boldsymbol{I' = i / 4 = P^2 / (4\, \rho_0 \,.\, c)} \qquad \text{(A1-19)}$$

Le fait qu'on trouve en champ diffus une valeur 4 fois plus faible que pour un champ d'ondes planes de même direction se traduit par une perte de 6 décibels sur le niveau d'intensité :

$$\boldsymbol{LI' = LP - 6} \qquad \text{(A1-20)}$$

Or les pertes de puissance par absorption sur les parois sont proportionnelles à l'intensité incidente I' et au coefficient d'absorption α des parois. Si on appelle maintenant S la surface totale des parois, on peut écrire que la puissance moyenne W_a absorbée sur celles-ci vaut :

$$W_a = I' \,.\, S \,.\, \alpha = I' \,.\, A \qquad \text{(A1-21)}$$

$$A = \alpha \,.\, S = \text{aire équivalente d'absorption}$$

Le niveau sonore dans la salle cesse de croître lorsque cette puissance absorbée W_a compense la puissance W fournie par la source. En conditions de champ diffus, la relation liant la pression moyenne P à la puissance moyenne de la source s'écrit :

$$\boldsymbol{P^2 = 4\, W \,.\, \rho_0 \,.\, c \;/ A} \qquad \text{(A1-22)}$$

❑ Champ résultant

Lorsqu'il y a présence simultanée d'un champ direct et d'un champ réverbéré, la pression résultante instantanée est la somme des contibutions des pressions respectives p_d et p_r :

$$p(t) = p_d(t) + p_r(t) \qquad \text{(A1-23)}$$

$$[p(t)]^2 = [p_d(t)]^2 + [p_r(t)]^2 + 2\,[p_d(t)] \,.\, [p_r(t)] \qquad \text{(A1-24)}$$

La valeur moyenne dans le temps du double produit donne zéro car les deux termes ne présentent aucune cohérence de phase. Il en résulte qu'on a :

$$P^2 = P_d{}^2 + P_r{}^2 \qquad \text{(A1-25)}$$

ou :

$$\boldsymbol{P^2 = W \,.\, \rho_0 \,.\, c \,.\, [\, Q/(4\pi . r^2) + 4/A \,]} \qquad \text{(A1-26)}$$

FORMULE DE SABINE (1900)

❑ Energie d'ondes planes se propageant dans un volume V

Prenons un champ d'ondes planes se déplaçant dans une même direction avec la célérité c. Ces ondes traversent une section S perpendiculaire à la direction de propagation. L'énergie acoustique E contenue dans un volume parallélépipédique V, limité par S et de longueur L, traverse S au bout d'un temps $t = L/c$. On a donc :

$$E = I \,.\, S \,.\, t = I \,.\, V / c \qquad \text{(A2-1)}$$

On obtient cette même relation en remarquant que l'énergie totale est la somme des énegies cinétique et potentielle des particules d'air, quantités qui sont égales dans un mouvement alternatif sinusoïdal :

$$E = [\ 1/2\ m.v^2 \,.\, 2\ ]_{moy} = [\ m.v^2\ ]_{moy} = \rho_0 .\ V \,.\, [\ v^2\ ]_{moy} \qquad \text{(A2-2)}$$

et en appliquant également pour exprimer v en fonction de p (A1-5) :

$$E = V \,.\, [\ p^2\ ]_{moy} / (\rho_0 . c^2) \qquad \text{(A2-3)}$$

$$E = I \,.\, V / c \qquad \text{(A2-4)}$$

❑ Energie d'ondes planes réverbérées

Dans un champ diffus, constitué par des ondes réfléchies dans toutes les directions, la relation A2-2 permet toujours de calculer l'énergie contenue, de manière stationnaire, dans le volume V et donne le résultat A2-3.

On a vu en A1 que l'intensité I est nulle, puisque partout dans le volume on trouvera autant d'ondes circulant en sens opposés dans une même direction. Cependant, le résultat A2-3 peut s'exprimer en fonction de l'intensité I' des ondes incidentes provenant d'un demi-espace :

$$E = V \,.\, [\ p^2\ ]_{moy} / (\rho_0 . c^2) = 4I' \,.\, V / c \qquad \text{(A2-5)}$$

❑ Bilan énergétique d'une salle réverbérante

La salle réverbérante contient une source fournissant une puissance moyenne constante W. Pendant un intervalle de temps dt, l'énergie acoustique de la salle s'accroît d'une quantité $W.dt$. Il devrait donc y avoir croissance uniforme de l'énergie acoustique au cours du temps.

Mais les parois dissipent de l'énergie. Si on appelle W_a la puissance absorbée par les parois, l'énergie perdue dans le même intervalle de temps vaut $W_a.dt$. Bilan net :

$$dE = W.dt - W_a.dt \quad \text{ou} \quad dE/dt = W - W_a \qquad \text{(A2-6)}$$

Remarquons que si la puissance de la source est constante, il n'en est pas de même de la puissance W_a absorbée par la paroi : celle-ci est d'autant plus importante que l'intensité incidente I' sur les parois est grande (A1-21). On a donc :

$$dE/dt = 4V/c \,.\, dI'/dt = W - A.I' \qquad \text{(A2-7)}$$

$$dI'/dt = - I'/\tau + W/(A.\tau) \qquad \text{(A2-8)}$$

avec $\tau = 4V / (A.c)$ = **constante de temps** de la salle (A2-9)

Cette équation différentielle A2-8, qu'on rencontre dans de très nombreux processus d'équilibre physique, montre que ce dernier est ici atteint lorsque $I' = W/A$, puisqu'on a alors $dI'/dt = 0$. Physiquement, cela correspond à l'égalité de la puissance fournie par la source et de celle qui est dissipée par les parois.

Pour une mise en marche de la source dans une salle initialement silencieuse, l'intégration de l'équation donne :

$$I' = W/A\ (1 - e^{-t/\tau}) \qquad \text{(A2-10)}$$

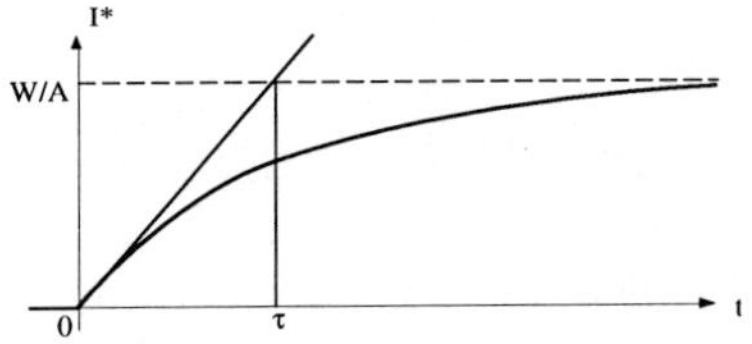

Figure A2.1 Etablissement de l'intensité (ou de la pression) acoustique

On trouve la même évolution temporelle pour la pression. Au bout d'une durée égale à τ, la valeur obtenue est à 63% de la valeur finale. 95 et 99% au bout de 3τ et 5τ. De même, il y a décroissance exponentielle des grandeurs si on coupe la source :

$$I' = W/A\ .\ e^{-t/\tau} \qquad \text{(A2-11)}$$

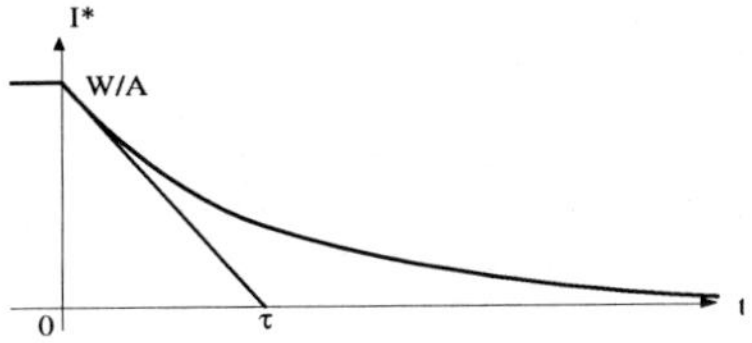

Figure A2.2 Disparition de l'intensité (ou de la pression) acoustique

En niveaux, la décroissance apparaît comme linéaire.

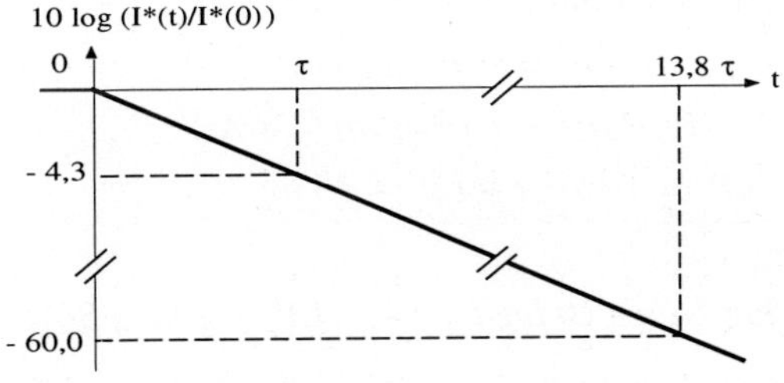

Figure A2.3 Diminution du niveau en dB après la coupure

On définit T_R par la relation suivante : si $t = T_R$, alors $E = E_0 / 10^6$. Soit :

$$T_R = \tau.\ ln\ 10^6 = 6\ \tau\ ln\ 10 = 55{,}2\ V / A.c \qquad \text{(A2-12)}$$

$$\mathbf{T_R = 0{,}16\ V/A} \quad \text{(si } c = 340 \text{ m/s)} \qquad \text{(A2-13)}$$

TRANSMISSION A TRAVERS UNE PAROI

On précise ici les conditions de détermination d'un indice d'affaiblissement acoustique, relatif à une paroi de séparation, d'aire *S*, comme représentée en figure A3.1.

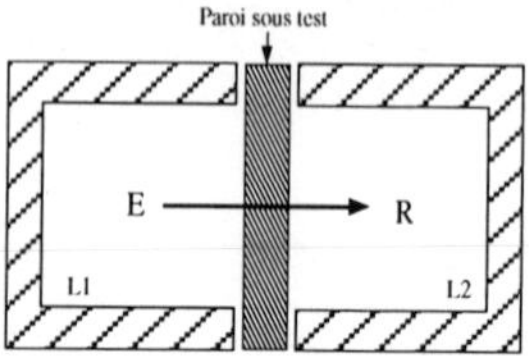

Figure A3.1 Transmission par une paroi

On suppose qu'on se trouve en condition de champ diffus, aussi bien dans le local émetteur 1 que dans le local récepteur 2. L'intensité incidente *I'* dans le local 1 sur la paroi *S* est donc donnée par A1-19 :

$$I_1' = P_1{}^2 / (4\, \rho_0 \,.\, c) \qquad \text{(A3-1)}$$

La puissance transmise W_t au local 2 par la paroi, est égale au produit de la puissance incidente par le coefficient de transmission *t* :

$$W_t = t \,.\, I_1' \,.\, S \qquad \text{(A3-2)}$$

Cette puissance est, pour le local 2, la source de puissance acoustique, W_2.

(Ce raisonnement est systématiquement utilisé dans la méthode dite "SEA" : l'énergie transmise d'un côté est vue comme source de l'autre côté).

Donc :

$$W_2 = t \,.\, I_1' \,.\, S \qquad \text{(A3-3)}$$

Comme le local 2 est considéré comme réverbérant, on applique A1-22 :

$$P_2{}^2 = 4\, W_2 \,.\, \rho_0 \,.\, c \;/ A_2 \qquad \text{(A3-4)}$$

Donc en combinant avec les relations précédentes :

$$P_2{}^2 = t \,.\, P_1{}^2 \,.\, S/A_2 \qquad \text{(A3-5)}$$

$$(P_2/P_{ref})^2 = t.\, (P_1/P_{ref})^2 \,.\, S/A_2 \qquad \text{(A3-6)}$$

$$LP_2 = 10 \log t + LP_1 + 10 \log S/A_2 \qquad \text{(A3-7)}$$

$$\mathbf{R = 10 \log 1/t = - 10 \log t = LP_1 - LP_2 + 10 \log S/A_2} \qquad \text{(A3-8)}$$

... voilà pourquoi l'aire équivalente d'absorption du local récepteur intervient dans la détermination de l'indice d'affaiblissement d'une paroi.

VIBRATIONS ET RAYONNEMENT DES STRUCTURES

On se reportera aux ouvrages spécialisés sur ce thème pour une étude complète, et en particulier aux références [20] et [21]. Il s'agit ici simplement de préciser quelques termes ou formules utilisés dans le corps du livre. **Attention, sauf au dernier paragraphe, nous reprenons ici les notations mécaniques : P pour la Puissance, W pour l'énergie.**

❑ Modes propres de quelques structures

- Poutre élancée tubulaire en configuration appui-appui :

$$f_i = (i^2 . \pi / 8L^2) [E (D_{ext}^2 + D_{int}^2) / \rho]^{1/2} \qquad (4\text{-}1)$$

i = rang du mode : entier

L : longueur du tube , D_{ext}, D_{int} : diamètres du tube

ρ : masse volumique

E : module d'élasticité

- Fréquence d'anneau d'un tube de rayon r :

$$f = 1/(2\pi.r) \sqrt{(E/r)} \qquad (4\text{-}2)$$

❑ Facteur de pertes

Le facteur de pertes η traduit l'importance des pertes dans une structure excitée à une fréquence f. Par définition :

$$\eta = \Delta W/(2\pi.W) \qquad (4\text{-}3)$$

ΔW = **énergie** dissipée par période

W = **énergie** totale de vibration (ou autre) de la structure.

Le facteur de pertes se mesure généralement au voisinage d'une résonance de la structure, à partir de la réponse en fréquence de celle-ci.

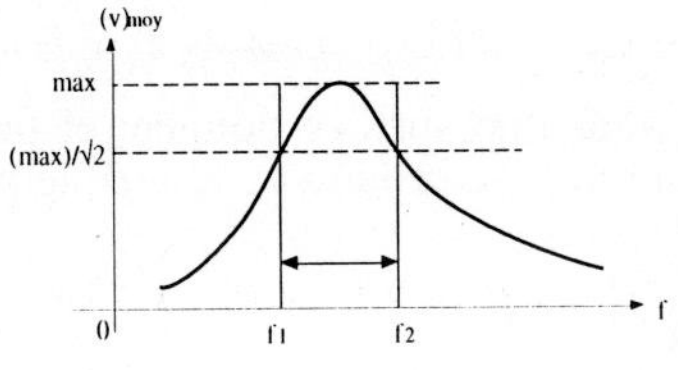

Figure A4.1 Mesure du facteur de pertes

Facteur de pertes η et taux d'amortissement ε traduisent le même phénomène ($\eta = 2\varepsilon$). Plus ils sont faibles, plus la résonance à la fréquence f_n est prononcée, et on a :

$$\eta = (f_2 - f_1) / f_n \qquad (4\text{-}4)$$

L'inverse Q du facteur de pertes est le **coefficient de qualité** de la structure.

Dans le cas d'une plaque mise en vibration, les pertes sont d'origine **internes** à la matière, sont dues au **rayonnement** de la plaque dans l'air, et à la **conduction** de l'énergie vibratoire au niveau des contacts de la plaque avec d'autres éléments :

$$\eta = \eta_i + \eta_r + \eta_c \qquad (4\text{-}5)$$

Les pertes par rayonnement sont toujours très faibles.

❑ Réponse vibratoire moyenne d'une plaque excitée en un point

Pour une plaque de très grandes dimensions, et d'épaisseur h, soumise localement à une force alternative (fréquence f) de valeur efficace F, on montre que la vitesse vibratoire efficace v_0 au point d'application est égale à F/Z, l'impédance Z valant :

$$Z \approx (4/\sqrt{3})\, h^2 \sqrt{\rho.E} \qquad (4\text{-}6)$$

Dans ce cas, la puissance P_t transmise par l'excitateur en ce point vaut :

$$P_t = F^2 / Z \qquad (4\text{-}7)$$

Un mouvement réduit au niveau du point d'application nécessite d'avoir simultanément h, ρ et E le plus élevés possibles. Mais bien souvent, une contrainte vient du fait qu'on ne peut pas dépasser une valeur donnée pour la masse M de la paroi par unité de surface S. On utilisera alors la formule faisant apparaître ces quantités :

$$Z \approx (4/\sqrt{3})\, (M/S)^2 \sqrt{E/\rho^3} \qquad (4\text{-}8)$$

Si on veut traduire le comportement vibratoire moyen de l'ensemble de la plaque, on écrira que l'énergie totale de vibration de celle-ci vaut :

$$W = M \,.\, <v^2> \qquad (4\text{-}9)$$

expression dans laquelle v est la valeur efficace de la vitesse, et <> symbolise qu'on en prenne une valeur moyenne spatiale sur l'ensemble de la plaque (du fait de l'amortissement, il y a décroissance quand on s'écarte du point d'excitation).

Le problème est de minimiser $<v^2>$. Ecrivons l'égalité, en régime permanent, de l'énergie fournie par l'excitateur et dissipée par les pertes au cours d'une période T :

$$P_t .\, T = \Delta W = 2\pi .\, W .\, \eta = 2\pi \,.\, M \,.\, <v^2> .\, \eta \qquad (4\text{-}10)$$

En combinant avec les trois expressions précédentes, on obtient :

$$<v^2> = \sqrt{3}\, F^2 \;/\; [8\pi .f.\eta .(M^3/S^2).\, \sqrt{E/\rho^3}] \qquad (4\text{-}11)$$

Expression qui stipule que, pour une surface donnée, et pour une masse imposée, il faudra choisir le matériau qui rende le produit $\eta .\sqrt{E/\rho^3}$ le plus élevé posible.

❑ Facteur de rayonnement

Le facteur de rayonnement σ est par définition le rapport de la puissance acoustique émise par une structure, et de celle d'une onde plane d'air animée de la même vitesse vibratoire : il vaut 1 si le couplage entre la structure et l'air permet de communiquer intégralement la vitesse de l'une aux particules de l'autre. En notations acoustiques :

$$\sigma = W / W_0 = W / [<v_{eff}>^2 .\, (\rho_0 .c)] \qquad (4\text{-}12)$$

Expression tirée de A1-7.

BIBLIOGRAPHIE

[1] *REEF - Acoustique* (Textes rédigés sous la direction de R. JOSSE) CSTB 1984
Ce traité contient de nombreux extraits de l'ouvrage de référence publié par R. JOSSE : *Notions d'acoustiqu*e - Eyrolles 1972 (épuisé)

[2] *Noise Control in Building Services* - Alan FRY
Sound Research Laboratories Ltd - Pergamon Press

[3] *Les effets du bruit sur la santé*
Ministère de la santé et de l'action humanitaire 1992

[4] *Measurement of acoustic intensity using the cross-spectral density of two microphone signals* - FAHY F.J. - J. Acoust. Soc. Am. 62(4) - 1977

[5] *Sound intensity* - FAHY F.J
Elsevier Applied Science - 1989

[6] *Intensimetrische schalleistungsermittlung bei dampfturbosatzen*
REINICHE W.L. - VGB Kraftwerkstech 66(7) - 1986

[7] Advanced techniques for noise source identification on a large generator unit - WILLIAMS R.G.D. YANG S.J. - IEEE Transactions 8(1) - 1993

[8] *Lärmmesspraxis am Arbeitplatz und in der Nachbarschaft*
Jörg NEUMANN und al. - Expert Verlag 1992 (7ème édition)

[9] *Phonoscopy : an acoustical holography technique for plane structures radiating in enclosed spaces* - M. VILLOT G. CHAVERIAT J. ROLAND - J. Acoust. Soc. Am. 1991 vol. 1 - 1992

[10] *Cepstrum analysis and gearbox fault diagnosis*
RANDALL R.B. - Bruel & Kjaer AN 13-150 - 1973

[11] *Mechanical sources of the noise radiated by gears*
SABOT J. BOUCHAREB A. - Internoise 88 - Senlis France - 1988

[12] *Etudes CSTB - SOMFY n° 291157 292171 293162*
VILLOT M. MARTIN C. - CSTB - 1992 - 1994 - Document interne

[13] *Etude INSA - SOMFY n° 2890*
BOUCHARD L. GUERIN B. - LVA - 1988 - Document interne

[14] *Schallpegelmessungen an einer automatisierten Filmleinwand und versuche zur reduzierung der Schallemissionen*
SOMFY GmbH - 1991 - Document interne

[15] *Projet MOSAIC : l'utilisation des tôles sanwich dans un objectif d'allègement*
MATHIOLON H. - Symposium Sollac-Solconfort™ - Paris - 1994

[16] *Isolation antivibratoire et antichocs*
MORLON J. (Paulstra™) - Techniques de l'Ingénieur - B595

[17] *Isolation antivibratoire et antichocs*
GARNIER B. (Metravib RDS™) - Techniques de l'Ingénieur - B5140/41

[18] *L'acoustique [Techniques, Normes, Réglementation, Mise en oeuvre, Fabrication, Marques-Produits]*
CATED - Editions du Moniteur

[19] *Automatic Light Control and Energy Savings using External Screens*
GREHANT B. TANTOT M. JAQUET P. - Symposium IQ93' - Singapour 1993

[20] *Notions élémentaires d'acoustique - Electroacoustique*
JOUHANEAU J. -Collection CNAM - Tec & Doc Lavoisier - 1994

[21] *Rayonnement acoustique des structures*
LESUEUR C. - Collection EDF DER - Eyrolles - 1987

On trouvera une **liste exhaustive de composants et matériaux** dans :

Annuaire du CIDB
(sous le patronage du Ministère de l'Environnement)
Diffusé par Editions Librairie Lavoisier

Centre d'information et de Documentation sur le Bruit
4, rue Beffroy - F 92200 Neuilly-sur-Seine

Parmi les très nombreux fabricants référencés, nous citons ici ceux qui nous ont fait part de leur offre en produits acoustiques spécifiques pour caissons de volets roulants : ALDES, ANJOS, ILLBRUCK, NICOLL

INDEX ALPHABETIQUE

A	aire équivalente d'absorption (m^2)
a	diamètre d'une source (m)
B	module de flexion (N.m)
c	célérité ($m.s^{-1}$)
D	isolement (brut) (dB)
D_n	isolement acoustique normalisé (dB)
d	distance (m)
E	module d'élasticité ($N.m^{-2}$)
F	force (N)
f	fréquence (s^{-1}) ou (Hz)
h	épaisseur (m)
i	angle d'incidence (rad)
i	intensité instantanée ($W. m^{-2}$)
I	intensité acoustique moyenne ($W.m^{-2}$)
K	raideur ($N.m^{-1}$)
LX	niveau de la grandeur "X" (dB)
M	masse (kg)
m	indice (nombre entier)
P	pression ($N.m^{-2}$)
P_0	pression atmosphérique ($N.m^{-2}$)
p, p_a	variation alternative de la pression
p	indice (nombre entier)
Q	facteur de directivité (sd)
Q	coefficient de qualité (sd)
r	indice (nombre entier)
R	indice d'affaiblissement (dB)
r	distance à une source (m)
T	période (s)
T	coef. de transmission (F ou C) (sd)
T	température thermodynamique (K)
T_R	temps de réverbération (s)
t	temps (s)
t	facteur de transmission (énergie) (sd)
V	volume (m^3)
v	vitesse particulaire ($m.s^{-1}$)
W	puissance (acoustique) moyenne (W)
w	puissance instantanée (W)
Z	impédance mécanique ($Ns.m^{-1}$)
Z	impédance acoustique ($Ns.m^{-3}$)

α	coefficient d'absorption Sabine (sd)
δ	élongation (ressort) (m)
δ	déviation statique (élastomère) (m)
δ	différence de marche (ondes) (m)
δV	volume élémentaire (m^3)
ε	taux d'amortissement relatif (sd)
η	facteur de pertes (sd)
λ	longueur d'onde (m)
θ	angle (d'émission ou d'incidence) (rad)
ρ	masse volumique ($kg.m^{-3}$)
σ	coefficient de Poisson (sd)
σ	facteur de rayonnement (sd)

M	mega- : 10^6
k	kilo- : 10^3
m	milli- : 10^{-3}
μ	micro- : 10^{-6}
sd	sans dimension
dB	décibel (sd)
kg	kilogramme
m	mètre
N	newton
P	pascal ($N.m^{-2}$)
s	seconde
rad	radian
W	watt ($J.s^{-1}$)

Achevé d'imprimer par Corlet, Imprimeur, S.A. - 14110 Condé-sur-Noireau (France)
N° 254-CR 500 MS 90° - N° d'Imprimeur : 6821 - Dépôt légal : octobre 1994 - *Imprimé en C.E.E.*